utb 5777

Eine Arbeitsgemeinschaft der Verlage

Brill | Schöningh – Fink · Paderborn
Brill | Vandenhoeck & Ruprecht · Göttingen – Böhlau Verlag · Wien · Köln
Verlag Barbara Budrich · Opladen · Toronto
facultas · Wien
Haupt Verlag · Bern
Verlag Julius Klinkhardt · Bad Heilbrunn
Mohr Siebeck · Tübingen
Narr Francke Attempto Verlag – expert verlag · Tübingen
Ernst Reinhardt Verlag · München
transcript Verlag · Bielefeld
Verlag Eugen Ulmer · Stuttgart
UVK Verlag · München
Waxmann · Münster · New York
wbv Publikation · Bielefeld
Wochenschau Verlag · Frankfurt am Main

Prof. Dr. Jürgen Ulm lehrt Elektrotechnik und leitet das Institut für Digitalisierung und elektrische Antriebe (IDA) am Campus Künzelsau der Hochschule Heilbronn.

Jürgen Ulm

Mathematische Methoden der Elektrotechnik

expert verlag · Tübingen

Umschlagabbildung: © Jürgen Ulm

Bibliografische Information der Deutschen Nationalbibliothek
Die Deutsche Nationalbibliothek verzeichnet diese Publikation in der Deutschen Nationalbibliografie; detaillierte bibliografische Daten sind im Internet über http://dnb.dnb.de abrufbar.

Dischingerweg 5 · D-72070 Tübingen

Internet: www.expertverlag.de
eMail: info@verlag.expert

Einbandgestaltung: Atelier Reichert, Stuttgart
CPI books GmbH, Leck

utb-Nr.: 5777
ISBN 978-3-8252-5777-4 (Print)
ISBN 978-3-8385-5777-9 (ePDF)
ISBN 978-3-8463-5777-4 (ePub)

Vorwort

Die Mathematik ist für den Naturwissenschaftler das universelle Werkzeug,

„*...denn die Mathematik ist die Grundlage alles exakten naturwissenschaftlichen Erkennens*"

(David Hilbert, dt. Mathematiker, 1862–1943).

Dem Erlernen der Anwendung des Werkzeugs gilt daher eine besondere Aufmerksamkeit. Wie so oft steht die Erkenntnis der Notwendigkeit gepaart mit der Motivation des Anwenders im Vordergrund. Ist das erklärte Ziel, physikalische Zusammenhänge mittels der Mathematik zu beschreiben, so ist hierzu nicht notwendigerweise eine mathematische Strenge vonnöten.
Wohl dürfte die Anwendung einer mathematischen Strenge diesem Anliegen kontraproduktiv gegenüberstehen. Des Weiteren gilt zudem der Gödel'sche Unvollständigkeitssatz der Mathematik, welcher sogar der Mathematik selbst ihre Schranken zeigt.
Erfahrungsgemäß ist ein Bestreben der Anwender zur mathematischen Strenge dann zu beobachten, wenn diese von der Mathematik und deren Möglichkeiten überzeugt und begeistert sind. Aus diesem Grund sollte der mathematischen Strenge zu Beginn nicht die höchste Priorität eingeräumt werden. Mathematik lebt aus der Freude ihrer Anwender und Anwendungen!

„*Es ist unmöglich, die Schönheiten der Naturgesetze angemessen zu vermitteln, wenn jemand die Mathematik nicht versteht. Ich bedaure das, aber es ist wohl so*"

(Richard Feynman, Physiker und Nobelpreisträger, 1918–1988),
denn

„*Das Buch der Natur ist in der Sprache der Mathematik geschrieben*"

(Galileo Galilei, 1564–1642).

Taschenrechner, Papier, Bleistift und Radiergummi in Kombination mit Kaffee bilden eine gute Basis.

Das universelle Werkzeug der Elektrotechnik ist die Mathematik. Mit ausgewählten mathematischen Methoden werden ebenso ausgewählte Themengebiete der Elektrotechnik bearbeitet. Die Bearbeitung erfolgt durch Vorstellen der Grundlagen, Aufgabenbeschreibung und ausführliche Aufgabenlösung. Aus dem Vorgehen resultiert auch die Zielgruppe der Leser. Diese sind aus Sicht des Autors:

- Studierende der Ingenieurwissenschaften, welche naturwissenschaftliche Themenstellungen mittels mathematischer Methoden bearbeiten möchten.
- Softwareingenieure, welche Differenzialgleichungen in Matrizenform in Mikroprozessoren implementieren möchten.
- Simulationsingenieure, die gerne mal „was zu Fuß“ nachrechnen möchten.
- Messtechnikingenieure, welche einen Messwert von einem Ort benötigen, an welchem kein Sensor adaptiert werden und für diese Stelle nur gerechnet werden kann.
- Mathematikerschrockene, bleich im Gesicht, überlebt und es nun nochmals mit Mathe probieren möchten.

Da unsere Wissenschaft spiegelbildlich aufgebaut ist, lohnt sich beispielsweise das vertiefte Einarbeiten in eine wissenschaftliche Disziplin. Hier sei vorzugsweise die Elektrotechnik empfohlen. Durch Auswechseln der Koeffizienten einer Differenzialgleichung erobert sich der begeisterte Leser dieses Buches eine weitere wissenschaftliche Disziplin (daher die Verwendung des Begriffs „spiegelbildlich"). Wer beispielsweise elektrische Netzwerke (Maschen) lösen kann, kann demzufolge auch thermische, magnetische, mechanische und hydraulische Netzwerke lösen. Die mathematischen Grundlagen umfassen Rechenregeln, Definitionen, Matrizen, gewöhnliche und partielle Differenzialgleichungen sowie Koordinatensysteme. Sie bieten den Zugang zum Verständnis der gewählten mathematischen Methoden und Anwendungen in der Elektrotechnik. Eine elementare Anwendung in der Elektrotechnik bildet der LCR-Schwingkreis, welcher mit Differenzialgleichungen beschrieben wird und dessen Eigenschaften vorgestellt werden. Die Bildung des inneren Produkts zur Lösung von Differenzialgleichungen haben die Integraltransformation, die Momentenmethode und die Green'sche Methode gemeinsam. In die beiden zuletzt genannten Methoden wird ausführlich mit Hilfe von Beispielen eingeführt. Mit der Momentenmethode erfolgt die Überleitung zur Finite-Element-Methode (FEM) und Finite-Differenzen-Methode (FDM) anhand von Anwendungsbeispielen. Anhand der Momentenmethode wird zudem in die Eigenwertproblematik eingeführt. Die Entwicklung von unendlichen Reihen durch wechselweise Anwendung des Durchflutungs- und des Induktionsgesetzes führt auf Besselfunktionen sowie auf das Phänomen der Feldverdrängung mit Wirkung der Stromverdrängung im Leiter. Ausgewählte Normen sollen dem Leser Hinweise zur Erstellung von wissenschaftlichen Dokumentationen liefern. Es sei noch ein Hinweis zur erweiterten Nutzung des Buches gestattet: Neue Übungsaufgaben lassen sich durch einfaches Abändern der gestellten und bereits gelösten Originalaufgabe generieren. Die Abänderung der Originalaufgabe soll in der Weise vorgenommen werden, dass deren Lösung bereits im Voraus bekannt ist. Damit besteht die Möglichkeit, die Ergebnisse zu vergleichen und die Einarbeitung weiter zu vertiefen. Denn immer gilt

„Unsicher sind die Berechnungen der Sterblichen"

(Weisheitsliteratur).

Mit freundlichen Grüßen
der Autor
im Herbst 2021

Weitere Infos über die Institute siehe auch Anhang B.

Inhaltsverzeichnis

Symbole und Abkürzungen

Symbol	Bedeutung	Einheit
A	Koeffizient, Matrix	
A	Fläche	m^2
B	Koeffizient, Matrix	
$B, \vec{B}$	magnet. Flussdichte, Vektor der magnet. Flussdichte	Vs/m^2
B_h	Interpolations-, Ansatzfunktion	
C	Koeffizient, Matrix	
C	Kapazität	As/V
C	Wärmekapazität	J/K
D	Koeffizient, Matrix	
D	Ladungsdichte	As/m^2
D	Diskrimminante	
E	Koeffizient, Matrix	
$E, \vec{E}$	elektr. Feldstärke, Vektor der elektr. Feldstärke	V/m
$\mathcal{E}$	Längenbezogene elektrische Feldstärke	V/m^2
F	Koeffizient, Funktion	
F	Kraft	$N, kgm/s^2$
G	Green'sche Funktion	
G	Koeffizient	
$H, \vec{H}$	magnet. Feldstärke, Vektor des magnet. Feldes	A/m
H_Φ	Interpolations-, Ansatzfunktion	
I	Strom	A
$J, \vec{J}$	elektr. Stromdichte, Vektor der elektr. Stromdichte	A/m^2

Symbol	Bedeutung	Einheit
K	Konstante	
L	Induktivität	Vs/A
M	Matrix	
N	Anzahl Knoten, Laufvariable, Windungszahl	
P	Leistung	W
P	Polynomfunktion	
Q	Ladung	As
R	Residuum	
R	Radius	m
R	Widerstand	Ω
S	Matrix	
S_P	Scheitelpunkt	
U	Spannung	V
V	Volumen	m^3
W	Wronski-Determinante	
X	Blindwiderstand, Reaktanz	Ω
$Z, \mid \underline{Z} \mid$	Scheinwiderstand, Betrag der Impedanz	Ω
$\underline{Z}$	Impedanz (komplexe Impedanz)	Ω
a	Koeffizient	
a_0	Beschleunigung	m/s^2
b	Dämpfungskonstante	kg/s
c	Konstante	
c	Federkonstante	N/m
c	Lichtgeschwindigkeit	m/s
c	spezifische Wärmekapazität	$J/(kgK)$
d	Durchmesser	m
e	e-Funktion	
$\vec{e}$	Einheitsvektor	
f	Hilfsvariable, Funktion, Matrix, Spaltenvektor	
g	Hilfsvariable, Funktion, Matrix	
h	Elementlänge	m

Symbol	Bedeutung	Einheit
i	Laufvariable	
i	Strom	A
j	Laufvariable	
j	imaginäre Einheit	$\sqrt{-1}$
$k, \underline{k}$	Konstante, komplexe Konstante	
l	Länge	m
l	Matrix	
m	Laufvariable	
m	Masse	kg
n	Normale, Anzahl Teilintervalle	
p	Impuls	$kg\ m/s$
p	Variable, Funktion	
r	Radius	m
s	Konstante	
t	Zeit	s
u	Funktion, Interpolations-, Ansatzfunktion	
u	Spannung	V
$\hat{u}_0$	Spannungsamplitude	V
v	Funktion, Interpolations-, Ansatzfunktion	
v	Geschwindigkeit	m/s
w	Gewichts-, Wichtungs-, Test-, Formfunktion	
x	Koordinate, Weg	m
y	Koordinate, Weg	m
y	Funktion	
z	Koordinate	m
Γ	Rand des FEM-Gebietes	
Δ	Delta, differenziell	
Θ	Durchflutung	A
Φ	magnetischer Fluss	Vs
Ψ	verketteter magnetischer Fluss	Vs
Ω	Gebiet, Teilgebiet, Element	

Symbol	Bedeutung	Einheit
α	Koeffizient	
β	Koeffizient	
γ	Koeffizient, Randwert	
δ	Abklingkoeffizient	
ε	Permittivität	$As/(Vm)$
ε_0	Permittivität des Vakuums $[8,8542\ 10^{-12} As/(Vm)]$	$As/(Vm)$
υ	Temperatur	$^\circ C$
κ	spezifische elektrische Leitfähigkeit	$m/(\Omega mm^2)$
λ	Wärmeleitfähigkeit	$W/(mK)$
λ	Eigenwert	
μ	Permeabilität	$Vs/(Am)$
μ_0	Permeabilität des Vakuums $[4\pi 10^{-7} Vs/(Am)]$	$Vs/(Am)$
ρ	Dichte	kg/m^3
ρ	Raumladungsdichte	As/m^3
τ	Zeitkonstante	s
υ_h	Ansatz-, Testfunktion	
φ	Potenzial	V
φ	Interpolations-, Ansatzfunktion	
ϕ	Entwicklungs-, Basis-, Dreiecksfunktion	
ω	Winkelgeschwindigkeit, Kreisfrequenz	$1/s$
$\mathcal{L}$	Linearer Operator	
$\mathcal{M}$	Linearer Operator	
$\mathcal{O}$	Null-Operator	
$\mathcal{I}$	Identitätsoperator	
∇	Nabla-Operator	
Δ	Delta-Operator	

Kapitel 1

Erforderliche mathematische Grundlagen

Die zur numerischen Lösung von Differenzialgleichungen erforderlichen Grundlagen sind in diesem Kapitel zusammengestellt worden. Diese beinhalten im Wesentlichen Matrizen, Definitionen und Klassifikationen von Differenzialgleichungen sowie Anfangs- und Randwertaufgaben und Vektoroperatoren. Hierzu besonders zu empfehlende Literatur sind [3], [51] sowie [57].

1.1 Matrizen

Die Matrizenschreibweise fasst die Berechnungen mit Funktionen zusammen und erhöht damit die Übersicht. Hierzu vergleichbar fasst ein Vektoroperator Ableitungen zusammen, welche mit einem einfachen Symbol (Nabla-, Laplace-Operator) gekennzeichnet werden. Die Matrizenschreibweise (Matrizengleichungen) ermöglicht mittels den in der Literatur bekannten Lösungsverfahren die numerische Lösung von linearen Gleichungssystemen. Daher erhalten Matrix und Matrizen eine besondere Aufmerksamkeit. Hier werden ausgewählte Matrizenoperationen vorgestellt. Diese beinhalten die erforderlichen Matrizen-Rechenregeln, die Invertierung, Multiplikation einer Matrix, Matrixtypen sowie Determinantenberechnungsregeln u. a. m. Als empfehlenswerte Literatur sei hier auf [51], S. 268 ff. und [27], S. 12 ff. (Zufallsmatrizen – Neue universelle Gesetze) verwiesen.

1.1.1 Rechenoperationen mit Matrizen

In Tab. 1.1 werden die wichtigsten algebraischen Axiome zusammengefasst.

Tabelle 1.1: Zusammenfassung der wichtigsten Rechenregeln

Assoziativgesetz	$\mathbf{A}\,(\mathbf{BC}) = (\mathbf{AB})\,\mathbf{C}$
Distributivgesetz	$\mathbf{A}\,(\mathbf{B+C}) = \mathbf{AB} + \mathbf{AC}$
	$(\mathbf{A+B})\,\mathbf{C} = \mathbf{AC} + \mathbf{BC}$
Transponieren	$(\mathbf{AB})^T = \mathbf{B}^T\,\mathbf{A}^T$

Man beachte, dass die Matrizenmultiplikation nicht kommutativ ist, was

$$\mathbf{A} \cdot \mathbf{B} \quad \neq \quad \mathbf{B} \cdot \mathbf{A}$$

bedeutet.

1.1.2 Addition und Subtraktion zweier Matrizen

Zwei Matrizen gleichen Typs werden addiert oder subtrahiert, indem man ihre entsprechenden Elemente addiert oder subtrahiert:

$$\mathbf{A} \pm \mathbf{B} \quad = \quad (a_{ik} \pm b_{ik}) = \mathbf{C},$$

mit $i = 1, 2, 3, ..., m$ und $k = 1, 2, 3, ..., n$ und $\mathbf{C}$ die Summen- oder Differenzmatrix. Addition und Subtraktion sind nur für Matrizen gleichen Typs (m,n) definiert.

1.1.3 Multiplikation einer Matrix mit einem Skalar

Die Multiplikation einer Matrix mit dem Skalar λ erfolgt durch Multiplikation eines jeden einzelnen Matrixelementes mit dem Skalar

$$\lambda\,\mathbf{A} \quad = \quad \lambda \begin{pmatrix} a_{11} & a_{12} & \dots & a_{1m} \\ a_{21} & a_{22} & \dots & \dots \\ \dots & \dots & \dots & \dots \\ a_{n1} & a_{n2} & \dots & a_{nm} \end{pmatrix} = \begin{pmatrix} \lambda\,a_{11} & \lambda\,a_{12} & \dots & \lambda\,a_{1m} \\ \lambda\,a_{21} & \lambda\,a_{22} & \dots & \dots \\ \dots & \dots & \dots & \dots \\ \lambda\,a_{n1} & \lambda\,a_{n2} & \dots & \lambda\,a_{nm} \end{pmatrix}.$$

Bei der skalaren Multiplikation findet das Assoziativgesetz und Distributivgesetz Anwendung, da $\lambda = \alpha \cdot \beta$ oder $\lambda = \alpha \pm \beta$ gleichermaßen sein kann.

1.1.4 Quadratische Matrix

Quadratische Matrizen besitzen die gleiche Anzahl von Zeilen und Spalten, d. h. m = n mit

$$\mathbf{A} = \mathbf{A}_{n,n} = \begin{pmatrix} a_{11} & a_{12} & \dots & a_{1n} \\ a_{21} & a_{22} & \dots & \dots \\ \dots & \dots & \dots & \dots \\ a_{n1} & a_{n2} & \dots & a_{nn} \end{pmatrix}.$$

Beispiele für quadratische Matrizen sind die Diagonalmatrizen, die symmetrischen Matrizen, Normalmatrizen, hermitesche Matrizen und die Einheitsmatrizen.

1.1.5 Einheitsmatrix

Die Einheitsmatrix $\mathbf{E}$ ist eine Diagonalmatrix, in welcher alle außerhalb der Hauptdiagonalen liegenden Elemente verschwinden

$$\mathbf{E} = \begin{pmatrix} 1 & 0 & \dots & 0 \\ 0 & 1 & \dots & 0 \\ \dots & \dots & \dots & \dots \\ 0 & 0 & \dots & 1 \end{pmatrix}$$

und $a_{ii} = 1$ ist. Die Einheitsmatrix wird gelegentlich auch als Identitätsmatrix bezeichnet. Die Einheitsmatrix ist eine quadratische Matrix. Sie ist trotz ihrer Schlichtheit bedeutend. Beispielsweise ist das Ergebnis einer Multiplikation von der Einheitsmatrix mit einer Matrix wieder die Matrix selbst.

1.1.6 Determinante

Die Determinante erlaubt die Untersuchung von Matrizen nach „Mustern", beispielsweise zur Untersuchung von Lösungen von Differenzialgleichungen (siehe hierzu die Wronski-Determinate). Determinanten werden von quadratischen Matrizen berechnet. Die Determinante einer 2-reihigen, quadratischen Matrix $\mathbf{A} = (a_{ik})$ ist die reelle Zahl

$$det\ \mathbf{A} = \begin{vmatrix} a_{11} & a_{12} \\ a_{21} & a_{22} \end{vmatrix} = a_{11}\,a_{22} - a_{12}\,a_{21}.$$

Eine Determinante wird mit einem Skalar λ multipliziert, indem die Elemente einer einzigen Zeile mit dem Skalar multipliziert werden:

$$\lambda\ det\ \mathbf{A} = \lambda \begin{vmatrix} \lambda\,a_{11} & \lambda\,a_{12} \\ a_{21} & a_{22} \end{vmatrix} = \lambda\,a_{11}\,a_{22} - \lambda\,a_{12}\,a_{21}.$$

Unter der Determinante einer quadratischen (3,3)-Matrix $\mathbf{A} = (a_{ik})$ versteht man die Zahl

$$det\ \mathbf{A} = \begin{vmatrix} a_{11} & a_{12} & a_{13} \\ a_{21} & a_{22} & a_{23} \\ a_{31} & a_{32} & a_{33} \end{vmatrix}.$$

Die 3-reihige Determinante wird nach der Regel von Sarrus

$$det\ \mathbf{A} = a_{11}a_{22}a_{33} + a_{12}a_{23}a_{31} + a_{13}a_{21}a_{32} - a_{13}a_{22}a_{31} - a_{11}a_{23}a_{32} - a_{12}a_{21}a_{33}$$

berechnet. Eine Determinante nimmt den Wert Null an, wenn

- alle Elemente gleich Null sind,
- zwei Zeilen oder Spalten gleich sind,
- zwei Zeilen oder Spalten zueinander proportional sind,
- eine Zeile oder Spalte als Linearkombination der übrigen Zeilen oder Spalten darstellbar ist.

Ein Beispiel hierzu ist

$$det\ \mathbf{D} = \begin{vmatrix} 16 & 3 & 2 & 13 \\ 5 & 10 & 11 & 8 \\ 9 & 6 & 7 & 12 \\ 4 & 15 & 16 & 1 \end{vmatrix} = -816$$

die Determinante des Dürer-Quadrates aus seinem Kupferstich *MELENCOLIA I.*

1.1.7 Unterdeterminante oder Minor

Werden bei einer n-reihigen Determinante m beliebige Zeilen und m beliebige Spalten gestrichen, so entsteht eine $(n-m)$-reihige Determinante, die als Unterdeterminante $(n-m)$'ter Ordnung oder Minor bezeichnet wird. Ein Beispiel hierzu ist die Determinante $\mathbf{A}$, deren Minor $\mathbf{M}_{1,2}$ gesucht wird. Dieser wird durch Streichen der ersten Zeile und zweiten Spalte erreicht:

$$\mathbf{A} = \begin{vmatrix} 2 & 0 & 1 \\ 3 & 2 & -4 \\ 1 & 0 & 3 \end{vmatrix}, \ \mathbf{M}_{1,2} = \begin{vmatrix} 3 & -4 \\ 1 & 3 \end{vmatrix} = 3 \cdot 3 - (-4 \cdot 1) = 13.$$

Unterdeterminanten werden beispielsweise zur Berechnung der inversen Matrix erforderlich und bilden die Vorstufe zur Berechnung der Adjunkte.

1.1.8 Adjunkte oder algebraisches Komplement

Die Adjunkte oder das algebraische Komplement $\mathbf{A}_{adj}$ entsteht durch Unterdeterminantenbildung der Matrix $\mathbf{A}$ nach der in Abb. 1.1 dargestellten Vorgehensweise. Eine anschließende Multiplikation der Elemente mit dem Vorzeichen $(-1)^{i+k}$, der i-ten Zeile und k-ten Spalte, welche in der Abb. 1.1 fettgedruckt dargestellt sind sowie das Transponieren führt zur Adjunkte $\mathbf{A}_{adj}$ der Matrix $\mathbf{A}$.

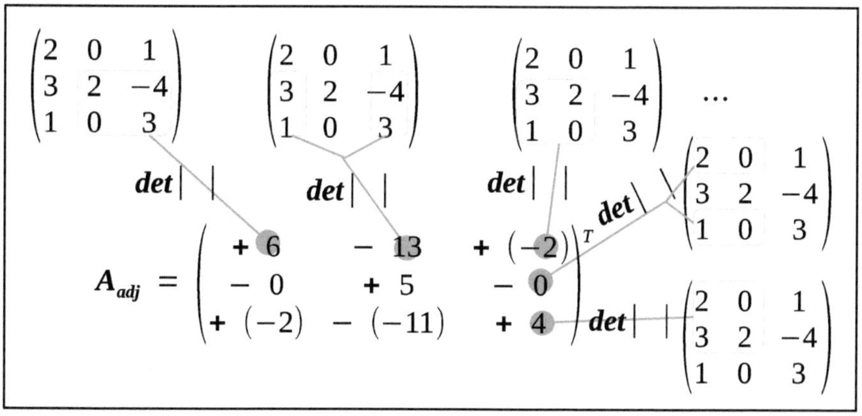

$$\begin{pmatrix} 2 & 0 & 1 \\ 3 & 2 & -4 \\ 1 & 0 & 3 \end{pmatrix} \quad \begin{pmatrix} 2 & 0 & 1 \\ 3 & 2 & -4 \\ 1 & 0 & 3 \end{pmatrix} \quad \begin{pmatrix} 2 & 0 & 1 \\ 3 & 2 & -4 \\ 1 & 0 & 3 \end{pmatrix} \quad \cdots$$

$$\mathbf{A}_{adj} = \begin{pmatrix} +6 & -13 & +(-2) \\ -0 & +5 & -0 \\ +(-2) & -(-11) & +4 \end{pmatrix}^T$$

det | |

Abbildung 1.1: Vorgehensweise zur Entwicklung der Adjunkte

Ein Beispiel hierzu ist

$$\mathbf{A} = \begin{pmatrix} 2 & 0 & 1 \\ 3 & 2 & -4 \\ 1 & 0 & 3 \end{pmatrix}; \quad \mathbf{A}_{adj} = \begin{pmatrix} 6 & 0 & -2 \\ -13 & 5 & 11 \\ -2 & 0 & 4 \end{pmatrix}.$$

Die Adjunkte darf nicht mit der adjungierten Matrix verwechselt werden. Der lateinische Begriff „Adjunkte“ bedeutet die einem Element einer Determinante zugeordnete Unterdeterminante, wobei „adjungieren“ zuordnen, beifügen bedeutet. Das lateinische Wort „Komplement“ bedeutet Ergänzung. Mit Hilfe der Adjunkte kann die Inverse einer quadratischen Matrix berechnet werden.

1.1.9 Inverse Matrix

Die Berechnung der inversen Matrix $\mathbf{A}^{-1}$

$$\mathbf{A}^{-1} = \frac{1}{det\ \mathbf{A}} \mathbf{A}_{adj}$$

erfolgt unter Verwendung der Adjunkte. Weiterhin gilt

$$\mathbf{A}\mathbf{A}^{-1} = \mathbf{A}^{-1}\mathbf{A} = \mathbf{E}.$$

Ein Beispiel hierzu ist

$$\mathbf{A} = \begin{pmatrix} 7 & 2 & 3 \\ 1 & 5 & 4 \\ 9 & 3 & 7 \end{pmatrix},$$

$$\mathbf{A}^{-1} = \begin{pmatrix} 0,2473 & -0,0538 & -0,0753 \\ 0,3118 & 0,2366 & -0,2688 \\ -0,4516 & -0,0323 & 0,3548 \end{pmatrix}$$

mit

$$det\,\mathbf{A} \quad = \quad 93$$

und

$$\mathbf{A}\mathbf{A}^{-1} \quad = \quad \begin{pmatrix} 1 & 0 & 0 \\ 0 & 1 & 0 \\ 0 & 0 & 1 \end{pmatrix} = \mathbf{E}.$$

Die Invertierung einer Matrix ermöglicht beispielsweise die Lösung von linearen Gleichungssystemen.

1.1.10 Transponierte einer Matrix

Die transponierte Matrix $\mathbf{A}^T$ einer Matrix $\mathbf{A}$ erhält man durch Vertauschen deren Zeilen mit Spalten. Zwischen den Elementen besteht der folgende Zusammenhang: $a_{ik}^T = a_{ki}$. Ist die Matrix $\mathbf{A}$ vom Typ (m,n), so ist die Transponierte Matrix $\mathbf{A}^T$ vom Typ (n,m). Durch Transponieren geht beispielsweise ein Zeilenvektor in einen Spaltenvektor über und umgekehrt. Ein Beispiel einer (m,m)-Matrix ist

$$\mathbf{A} \quad = \quad \begin{pmatrix} 7 & 2 & 3 \\ 1 & 5 & 4 \\ 9 & 3 & 7 \end{pmatrix},$$

$$\mathbf{A}^T \quad = \quad \begin{pmatrix} 7 & 1 & 9 \\ 2 & 5 & 3 \\ 3 & 4 & 7 \end{pmatrix}.$$

Beispielsweise ist das Transponieren einer Matrix Bestandteil zur Berechnung der Adjunkte, oder wird zur Eigenwertberechnung angewendet.

1.1.11 Komplex konjugierte Matrix

Die konjugiert komplexe Zahl von

$$\underline{z} \quad = \quad a + bi$$

ist

$$\underline{z}^* = a - bi.$$

Die komplex konjugierte Matrix von **A** ist $\mathbf{A}^*$ in welcher jedes Element der Matrix durch ihr komplex konjugiertes Element ersetzt wird. Ein Beispiel hierzu ist

$$\mathbf{A} = \begin{pmatrix} 1 & 2 & 3i \\ 1+2i & 5 & -3i \\ 9 & 0 & 7-4i \end{pmatrix},$$

$$\mathbf{A}^* = \begin{pmatrix} 1 & 2 & -3i \\ 1-2i & 5 & 3i \\ 9 & 0 & 7+4i \end{pmatrix}.$$

Das Vertauschen des Vorzeichens der imaginären Einheit entspricht der Spiegelung des Imaginärteils an der Realachse.

1.1.12 Hermitesche konjugierte Matrix

Die hermitesche konjugierte Matrix oder adjungierte einer Matrix oder Adjunkte der Matrix **A** vom Typ $(m.n)$ mit komplexen Elementen ist die Transponierte ihrer komplex Konjugierten, oder die komplex Konjugierte ihrer Transponierten

$$\mathbf{A}^H = (\mathbf{A}^*)^T = \left(\mathbf{A}^T\right)^*.$$

Ein Beispiel hierzu ist

$$\mathbf{A}^* = \begin{pmatrix} 1 & 2 & -3i \\ 1-2i & 5 & 3i \\ 9 & 0 & 7+4i \end{pmatrix},$$

$$\mathbf{A}^H = \begin{pmatrix} 1 & 1-2i & 9 \\ 2 & 5 & 0 \\ -3i & 3i & 7+4i \end{pmatrix} = (\mathbf{A}^*)^T.$$

Die adjungierte Matrix darf nicht mit der Adjunkte verwechselt werden.

1.1.13 Hermitesche Matrix – selbstadjungierte Matrix

Die hermitesche Matrix **A** ist eine quadratische Matrix mit komplexen Elementen, die gleich ihrer adjungierten Matrix

$$\mathbf{A} = (\mathbf{A}^*)^T = \mathbf{A}^H$$

ist. Bei reeller Elementbesetzung entsprechen die Begriffe symmetrische und hermitesche Matrix einander. Ein Beispiel hierzu ist

$$\mathbf{A} = (\mathbf{A}^*)^T = \begin{pmatrix} 3 & 2+i \\ 2-i & 1 \end{pmatrix} = \mathbf{A}^H.$$

Hermitesche Matrizen finden beispielsweise in linearen Gleichungssystemen Anwendung. Benannt wurde die Marix nach Charles Hermite, einem französischen Mathematiker (1822-1901).

1.1.14 Orthogonalmatrix

Eine quadratische Matrix **A** wird als orthogonal bezeichnet, wenn deren Transponierte gleich ihrer Inversen

$$\mathbf{A}^T = \mathbf{A}^{-1}$$

oder die Multiplikation der transponierten orthogonalen Matrix mit der orthogonalen Matrix gleich der Einheitsmatix

$$\mathbf{A}^T\,\mathbf{A} = \mathbf{E}$$

ist. Ein Beispiel hierzu ist

$$\mathbf{A}^T = \begin{pmatrix} 0 & 1 \\ 1 & 0 \end{pmatrix}, \; \mathbf{A} = \begin{pmatrix} 0 & 1 \\ 1 & 0 \end{pmatrix},$$

damit ist

$$\begin{pmatrix} 0 & 1 \\ 1 & 0 \end{pmatrix} \cdot \begin{pmatrix} 0 & 1 \\ 1 & 0 \end{pmatrix} = \begin{pmatrix} 0 & 1 \\ 1 & 0 \end{pmatrix} = \mathbf{E}.$$

Des Weiteren ist

- $\det(\mathbf{A}) = 1$: $\mathbf{A}$ ist eine Drehmatrix
- $\det(\mathbf{A}) = -1$: $\mathbf{A}$ ist eine Dreh-, Spiegelmatrix

gegeben. Orthogonale Matrizen finden in linearen Gleichungssystemen sowie in der Matrizenzerlegung Anwendung.

1.1.15 Unitäre Matrix

Eine quadratische Matrix $\mathbf{A}$ mit komplexen Elementen wird als unitäre Matrix definiert, wenn

$$(\mathbf{A}^*)^T = \mathbf{A}^{-1} \; oder \; \mathbf{A}(\mathbf{A}^*)^T = (\mathbf{A}^*)^T\mathbf{A} = \mathbf{E}$$

ist. Sie ist damit die Transponierte ihrer komplexen konjugierten, was der invertierten Matrix entspricht. Im Reellen fallen die Begriffe *unitär* und *orthogonal* zusammen. Ein Beispiel hierzu ist

$$\mathbf{A} = \begin{pmatrix} \frac{1}{\sqrt{2}} & \frac{1}{\sqrt{2}} & 0 \\ \frac{-1}{\sqrt{2}}i & \frac{1}{\sqrt{2}}i & 0 \\ 0 & 0 & i \end{pmatrix}, \mathbf{A}^* = \begin{pmatrix} \frac{1}{\sqrt{2}} & \frac{1}{\sqrt{2}} & 0 \\ \frac{1}{\sqrt{2}}i & \frac{-1}{\sqrt{2}}i & 0 \\ 0 & 0 & -i \end{pmatrix},$$

$$\mathbf{A}^{-1} = (\mathbf{A}^*)^T = \begin{pmatrix} \frac{1}{\sqrt{2}} & \frac{1}{\sqrt{2}}i & 0 \\ \frac{1}{\sqrt{2}} & \frac{-1}{\sqrt{2}}i & 0 \\ 0 & 0 & -i \end{pmatrix}.$$

Unitäre Matrizen finden in der Matrizenzerlegung Anwendung.

1.1.16 Normalmatrix – Normale Matrix

Eine quadratische Matrix wird als Normale Matrix bezeichnet, wenn sie die Gleichung

$$\mathbf{A}\mathbf{A}^T = \mathbf{A}^T\mathbf{A}$$

erfüllt. Hermitesche, unitäre, symmetrische und orthogonale Matrizen sind Beispiele von Normalmatrizen. Ein Beispiel einer Normalmatrix ist

$$\mathbf{A} = \begin{pmatrix} i & 0 \\ 0 & 3-5i \end{pmatrix},$$

$$\mathbf{A}^T = \begin{pmatrix} i & 0 \\ 0 & 3-5i \end{pmatrix},$$

$$\mathbf{A}^T\,\mathbf{A} = \mathbf{A}\,\mathbf{A}^T = \begin{pmatrix} -1 & 0 \\ 0 & -16-30i \end{pmatrix}.$$

1.1.17 Norm einer Matrix

Gegeben sei die Matrix **A** mit

$$\mathbf{A} = \begin{pmatrix} 1 & 2 \\ 0 & -1 \end{pmatrix},$$

deren Norm mit

- $\|\mathbf{A}\|_1$ = Summe der Absolutwerte der Reihenelemente 1 = 3,
- $\|\mathbf{A}\|_2$ = Summe der Absolutwerte der Reihenelemente 2 = 1,
- $\|\mathbf{A}\|_\infty$ = Maximum aus der Summe der Absolutwerte aller Reihenelemente = $Norm\|\mathbf{A}\| = 3$

berechnet wird. Matrixnormen werden häufig in der linearen Algebra und in der numerischen Mathematik verwendet. Des Weiteren finden Sie Anwendung um die Konvergenz von Potenzreihen von Matrizen zu untersuchen.

1.1.18 Konditionierte Matrizengleichung und Konditionszahl

Bei der Lösung einer Matrizengleichung können numerische Probleme auftreten, welche es zu bewerten gilt. Gegeben ist die Matrizengleichung

$$\begin{array}{cccc} \mathbf{I} & \mathbf{D} & = & \mathbf{A} \\ \begin{pmatrix} 400 & -201 \\ -800 & 401 \end{pmatrix} & \begin{pmatrix} x_1 \\ x_2 \end{pmatrix} & = & \begin{pmatrix} 200 \\ -200 \end{pmatrix} \end{array}$$

mit der Lösung $x_1 = -100$ und $x_2 = -200$. Bewirkt nun

- eine kleine Änderung von **I**

  $$\begin{pmatrix} \mathbf{401} & -201 \\ -800 & 401 \end{pmatrix} \begin{pmatrix} x_1 \\ x_2 \end{pmatrix} = \begin{pmatrix} 200 \\ -200 \end{pmatrix}$$

  eine große Änderung von **D**, in diesem Fall $x_1 = 40.000$ und $x_2 = 79.800$, so gilt das System als schlecht konditioniert, was hier der Fall ist.

- eine kleine Änderung von **I** eine kleine Änderung von **D**, so gilt das System als gut konditioniert.

Die Bewertung einer Matrix **A** erfolgt mit ihrer Konditionszahl $cond\|\mathbf{A}\|$ unter Einbezug ihrer Inversen. Hierbei ist

- $cond\|A\| \approx 1$: gut konditionierte Matrix (well conditioned),
- $cond\|A\| > 1$: schlecht konditionierte Matrix (ill conditioned).

Gegeben sind die Matrizen **A** und $\mathbf{A}^{-1}$ mit

$$\mathbf{A} = \begin{pmatrix} 400 & -201 \\ -800 & 401 \end{pmatrix}; \; \mathbf{A}^{-1} = \begin{pmatrix} -1,0025 & -0,5025 \\ -2 & -1 \end{pmatrix}.$$

Die Konditionszahl $cond\|\mathbf{A}\|$ der Matrix **A** wird mit der maximalen Summe der Elemente einer Reihe

$$\begin{aligned}
cond\|\mathbf{A}\| &= \underbrace{\|\mathbf{A}\|_\infty}_{Norm\|\mathbf{A}\|} \cdot \underbrace{\|\mathbf{A}^{-1}\|_\infty}_{Norm\|\mathbf{A}^{-1}\|} \\
&= \underbrace{|-800| \; + \; |401|}_{Norm\|\mathbf{A}\|} \cdot \underbrace{|-2| \; + \; |-1|}_{Norm\|\mathbf{A}^{-1}\|} \\
&= 1201 \cdot 3 \\
&= 3.603 \\
&\gg 1
\end{aligned}$$

berechnet. Die Matrix gilt als schlecht konditioniert. Des Weiteren wird mittels

$$\begin{aligned}
log(cond\|\mathbf{A}\|) &= log(3.603) \\
&= 3,6
\end{aligned}$$

die Anzahl an Dezimalen (Nachkommastellen) berechnet, welche an Genauigkeit verloren gehen. Hier liegt kein klare Definition vor, deshalb ist bei der Anwendung Vorsicht geboten.

1.1.19 Eigenwert, Eigenvektor

Als Beispiel sei die Matrizengleichung

$$\begin{pmatrix} 1 & 2 & 0 \\ 2 & 1 & 0 \\ 0 & 0 & -3 \end{pmatrix} \cdot \begin{pmatrix} 1 \\ 1 \\ 1 \end{pmatrix} = \begin{pmatrix} 3 \\ 3 \\ -3 \end{pmatrix}$$

genannt, bei welcher der Spaltenvektor der linken Gleichungshälfte nicht mit dem Ergebnisvektor der rechten Gleichungshälfte übereinstimmt. Durch Änderung des linken Spaltenvektors und erneuter Multiplikation mit der Matrix folgt

$$\underbrace{\begin{pmatrix} 1 & 2 & 0 \\ 2 & 1 & 0 \\ 0 & 0 & -3 \end{pmatrix}}_{\mathbf{A}} \cdot \underbrace{\begin{pmatrix} 1 \\ 1 \\ 0 \end{pmatrix}}_{\vec{v}} = \begin{pmatrix} 3 \\ 3 \\ 0 \end{pmatrix}$$

$$= \underbrace{3}_{\lambda} \cdot \underbrace{\begin{pmatrix} 1 \\ 1 \\ 0 \end{pmatrix}}_{\vec{v}}$$

ein Ergebnisvektor, welcher gleich dem linken Spaltenvektor ist. Die Matrizengleichung nimmt die allgemeine Form

$$\mathbf{A}\,\vec{v} = \lambda \cdot \vec{v}$$

ein, wobei $\mathbf{A}$ die Matrix ist, $\vec{v}$ als Eigenvektor und λ als skalarer Eigenwert bezeichnet wird. Die linke Seite der Gleichung ist eine Matrix-Vektor- und die rechte Seite der Gleichung eine skalare Multiplikation. Wird im Fortgang λ

$$\begin{pmatrix} \lambda & 0 & 0 \\ 0 & \lambda & 0 \\ 0 & 0 & \lambda \end{pmatrix} = \lambda \cdot \underbrace{\begin{pmatrix} 1 & 0 & 0 \\ 0 & 1 & 0 \\ 0 & 0 & 1 \end{pmatrix}}_{\mathbf{E}}$$

mit Hilfe der Einheitsmatrix $\mathbf{E}$ beschrieben, so folgt erneut die Matrizengleichung in allgemeiner Form

$$\mathbf{A}\,\vec{v} = (\lambda\,\mathbf{E}) \cdot \vec{v}.$$

Durch Umstellen folgt

$$\mathbf{A}\,\vec{v} - (\lambda\,\mathbf{E}) \cdot \vec{v} = (\mathbf{A} - \lambda\,\mathbf{E}) \cdot \vec{v} = 0.$$

Gesucht werden Werte für λ, welche die Gleichung erfüllen. Die Bedingung wird mit dem charakteristischen Polynom $\mathbf{P}(\lambda)$

$$det\,(\mathbf{A} \;-\; \lambda\,\mathbf{E}) \;=\; \mathbf{P}(\lambda) \;=\; \begin{vmatrix} a_{11}-\lambda & a_{12} & \dots & a_{1n} \\ a_{21} & a_{22}-\lambda & \dots & \vdots \\ \vdots & & \ddots & \vdots \\ a_{m1} & \dots & \dots & a_{mn}-\lambda \end{vmatrix} \;=\; 0 \qquad (1.1)$$

beschrieben, welches durch die Entwicklung der Determinante entsteht. Die Bestimmung von Eigenwerten wird in physikalisch-technischen Systemen bevorzugt zur Berechnung von Resonanzfrequenzen herangezogen.

1.1.20 Quadratische Matrizen – eine Zusammenfassung

Quadratische Matrizen vom Typ $(m\ m)$ oder kurz $\mathbf{A}_{mm}$ finden häufig zur Beschreibung physikalischer Phänomene eine Anwendung. Folgend werden quadratische Matrizen zusammengefasst, welche in der Physik eine Signifikanz erfahren.

Obere Dreiecksmatrix (upper)	Untere Dreiecksmatrix (lower)
$\boldsymbol{A} = \begin{pmatrix} A_{11} & A_{12} & A_{13} \\ 0 & A_{22} & A_{23} \\ 0 & 0 & A_{33} \end{pmatrix}$	$\boldsymbol{A} = \begin{pmatrix} A_{11} & 0 & 0 \\ A_{21} & A_{22} & 0 \\ A_{31} & A_{32} & A_{33} \end{pmatrix}$
Symmetrische Matrix	**Antisymmetrische Matrix oder schiefsymmetrische Matrix**
$\boldsymbol{A} = \boldsymbol{A}^T$ $\boldsymbol{A} = \begin{pmatrix} 4 & 1 \\ 1 & -2 \end{pmatrix}$	$\boldsymbol{A} = -\boldsymbol{A}^T$ $\boldsymbol{A} = \begin{pmatrix} 0 & -1 \\ 1 & 0 \end{pmatrix}$
Diagonalmatrix	**Orthogonale Matrix**
$\boldsymbol{A} = \begin{pmatrix} 1 & 0 & 0 \\ 0 & 2 & 0 \\ 0 & 0 & -3 \end{pmatrix}$	$\boldsymbol{A}^T = \boldsymbol{A}^{-1};\ \boldsymbol{A}\boldsymbol{A}^T = \boldsymbol{A}^T\boldsymbol{A} = \boldsymbol{E}$ $\boldsymbol{A} = \frac{1}{3}\begin{pmatrix} 2 & -2 & 1 \\ 1 & 2 & 2 \\ 2 & 1 & -2 \end{pmatrix}$
Hermitesche Matrix oder selbstadjungierte Matrix	**Antihermitesche Matrix oder schiefhermitesche Matrix**
$\boldsymbol{A}^H = (\boldsymbol{A}^*)^T$ $\boldsymbol{A}^H = \begin{pmatrix} 1 & -i \\ i & 1 \end{pmatrix}$ *gilt für **A** mit komplexen Elementen*	$\boldsymbol{A}^H = -(\boldsymbol{A}^*)^T$ $\boldsymbol{A}^H = \begin{pmatrix} i & 1+i & 2i \\ -1+i & 5i & 3 \\ 2i & -3 & 0 \end{pmatrix}$ *gilt für **A** mit komplexen Elementen*
Unitäre Matrix	**Normale Matrix**
$(\boldsymbol{A}^*)^T = \boldsymbol{A}^{-1};\ \boldsymbol{A}(\boldsymbol{A}^*)^T = (\boldsymbol{A}^*)^T\boldsymbol{A} = \boldsymbol{E}$ $\boldsymbol{A} = \begin{pmatrix} \frac{1}{\sqrt{2}} & \frac{1}{\sqrt{2}} & 0 \\ \frac{-1}{\sqrt{2}}i & \frac{1}{\sqrt{2}}i & 0 \\ 0 & 0 & i \end{pmatrix}$ *gilt für **A** mit komplexen Elementen*	$\boldsymbol{A}^T\boldsymbol{A} = \boldsymbol{A}\boldsymbol{A}^T$ $\boldsymbol{A} = \begin{pmatrix} i & 0 \\ 0 & 3-5i \end{pmatrix}$

Abbildung 1.2: Zusammenfassung gewählter Typen quadratischer (n, n) Matrizen

1.2 Integral-, Differenzialgleichungen

Viele Vorgänge in Naturwissenschaft und Technik werden mittels Differenzialgleichungen beschrieben. Um den Zugang zu den Differenzialgleichungen zu erleichtern, werden diese hier vorgestellt. Nach anfänglichen Begriffsdefinitionen wird eine Klassifizierung von Differenzialgleichungen vorgenommen. Des Weiteren werden Anfangswertaufgaben und Randwertaufgaben vorgestellt. Bei der nachfolgenden Zusammenfassung wurde sich insbesondere der Literatur [3], [52], [58] bedient.

1.2.1 Definitionen

- Wenn x und y zwei variable Größen sind und wenn sich einem gegebenen x-Wert genau ein y-Wert zuordnen lässt, dann nennt man y eine **Funktion** von x und schreibt y=f(x).
- Die veränderliche Größe x heißt **unabhängige Variable** oder Argument der Funktion y. Die veränderliche Größe y heißt **abhängige Variable**.
- **Differenzialgleichung** (DGL) wird eine Gleichung genannt, in der neben einer oder mehreren unabhängigen Veränderlichen und einer oder mehreren Funktionen dieser Veränderlichen auch noch die Ableitung dieser Funktion nach den unabhängigen Veränderlichen auftreten. Die Ordnung einer Differenzialgleichung ist gleich der Ordnung der höchsten in ihr auftretenden Ableitung.
- Eine Gleichung, in der Ableitungen einer Funktion y = y(x) bis zur n-ten Ordnung auftreten, heißt **gewöhnliche Differenzialgleichung n-ter Ordnung**.
- **Partielle Differenzialgleichungen** enthalten partielle Ableitungen einer Funktion von mehreren Variablen.
- Eine Differenzialgleichung heißt **linear**, wenn die Funktion und ihre Ableitungen nur linear, d. h. in der ersten Potenz, auftreten.
- Eine Differenzialgleichung heißt **homogen**, wenn die Summe aller Terme, welche die Funktion f oder deren Ableitung von f beinhalten, gleich Null ist. Andernfalls heißt sie **inhomogen**.
- Eine Funktion, deren Gleichung nach der abhängigen Veränderlichen aufgelöst ist, heißt **explizit** (explicitus (lat.) auseinandergewickelt). Die allgemeine Form

der expliziten Funktion ist y = f(x). Bei der expliziten Form einer mathematischen Funktion lassen sich deren Werte ohne Umformen der Funktion unmittelbar berechnen (Bsp.: $y = \sqrt{1 - x^2}$).

- Eine Funktion, deren Gleichung nicht nach der abhängigen Veränderlichen aufgelöst ist, heißt **implizit** (implicitus (lat.) hineingewickelt). Die allgemeine Form einer impliziten Funktion ist f(x,y) = 0. Die implizite Form einer Gleichung $f(x, y) = 0$ erhält man, wenn sich diese Gleichung eindeutig nach y auflösen lässt (Bsp.: $x^2 - y^2 - 1 = 0$).

In Tab. 1.2 sind Beispiele von Differenzialgleichungen aufgeführt.

Tabelle 1.2: Beispiele zur Darstellung und Benennung von Differenzialgleichungen

$y' = 2\,x$	Explizite Dgl 1. Ordnung
$x + yy' = 0$	Implizite Dgl 1. Ordnung
$y' + yy'' = 0$	Implizite Dgl 2. Ordnung
$\ddot{s} = -g$	Explizite Dgl 2. Ordnung
$y''' + 2\,y' = cos(x)$	Implizite Dgl 3. Ordnung
$y^{(6)} - y^{(4)} + y'' = e^x$	Implizite Dgl 6. Ordnung

1.2.2 Differenzierung skalarer Funktionen

Für die Differenzierung skalarer Funktionen gelten die folgenden Regeln:

- Summenregel: d(u ± v) = du ± dv (gliedweises Differenzieren),
- Produktregel: d(uv) = u dv + v du.

1.2.3 Gewöhnliche Differenzialgleichungen höherer Ordnung

Die lineare gewöhnliche Differenzialgleichung der Ordnung n (Ordinary Differential Equation - ODE) mit nicht konstanten Koeffizienten hat die Form

$$a_n(x)\,\frac{d^n y(x)}{dx^n} + \cdots + a_1(x)\frac{dy(x)}{dx} + a_0(x)y(x) = \begin{cases} f(x) & \text{(inhomog. ODE)} \\ 0 & \text{(homogene ODE).} \end{cases} \tag{1.2}$$

Ist $f(x) = 0$, so wird die ODE als homogen, ansonsten als inhomogen bezeichnet. Ein Sonderfall bildet die lineare ODE mit konstanten Koeffizienten

$$a_n \frac{d^n y(x)}{dx^n} + \cdots + a_1 \frac{dy(x)}{dx} + a_0 y(x) = \begin{cases} f(x) & \text{(inhomog. ODE)} \\ 0 & \text{(homogene ODE)}, \end{cases} \tag{1.3}$$

die im Falle $f(x) = 0$ als homogen, ansonsten als inhomogen bezeichnet wird. Die Lösung der ODEs wird wie folgt vorgenommen:

- Lösung des homogenen Falls der ODE von Gl. (1.2):

  Zur Lösung der homogenen Gl. (1.2) müssen n lineare, unabhängige Funktionen $y_1(x)$, $y_2(x)$, ..., $y_n(x)$ bestimmt werden, welche dieser Gleichung genügen und als allgemeine Lösung oder komplementäre Gleichung $y_c(x)$

  $$y_c(x) = c_1 y_1(x) + c_2 y_2(x) + \ldots + c_n y_n(x)$$

  bezeichnet werden.

- Lösung des inhomogenen Falls der ODE von Gl. (1.2):

  Zu der komplementären Lösung $y_c(x)$ muss noch die partikuläre Lösung $y_p(x)$ ermittelt werden, welche jede Funktion annehmen kann, welche der inhomogenen Gl. (1.2) genügt. Die allgemeine Lösung der inhomogenen Gl. (1.2) ist damit

  $$y(x) = y_c(x) + y_p(x).$$

- Lösung des homogenen Falls der ODE von Gl. (1.3):

  Gesucht wird die komplementäre Funktion $y_c(x)$. Hierzu wird die Ansatzfunktion $y(x) = A\, e^{\lambda x}$ gewählt und in die homogene Gl. (1.3) eingesetzt. Die Division durch $A\, e^{\lambda x}$ führt zur (Hilfs-)Gleichung

  $$a_n \lambda^n + a_{n-1} \lambda^{n-1} + \ldots + a_1 \lambda + a_0 = 0.$$

  Hieraus können in der Regel drei Haupt-Lösungsfälle herausgearbeitet werden, deren Lösungen linear und unabhängig sein können.

- Lösung des inhomogenen Falls der ODE von Gl. (1.3):

  Zur komplementären Lösung $y_c(x)$ muss zusätzlich noch die partikuläre Lösung $y_p(x)$ bestimmt werden. Es gibt keine allgemein anwendbare Methode für lineare ODEs mit konstanten Koeffizienten zum Finden der partikulären Lösung $y_p(x)$. Die allgemeine Lösung der inhomogenen Gl. (1.3) ist

$$y(x) = y_c(x) + y_p(x).$$

Es stellt sich die Frage, wie ermittelt wird, dass n individuelle Lösungen der homogenen Gleichungen (1.2) und (1.3) linear unabhängig sind. Zur Lösung erfolgt die wiederholte Differenzierung der komplementären Gleichung y_c

$$\begin{aligned} c_1 y_1(x) + c_2 y_2(x) + \ldots + c_n y_n(x) &= 0 \\ c_1 y_1'(x) + c_2 y_2'(x) + \ldots + c_n y_n'(x) &= 0 \\ &\vdots\ 0 \\ c_1 y_1^{(n-1)}(x) + c_2 y_2^{(n-1)}(x) + \ldots + c_n y_n^{(n-1)}(x) &= 0. \end{aligned} \tag{1.4}$$

Sollte dabei die Determinante der Koeffizienten $c_1, c_2, ..., c_n \neq 0$ sein, so verbleibt für die Lösung von Gl. (1.4) nur die triviale Lösung $c_1 = c_2 = ... = c_n = 0$. Die n Funktionen $y_1(x), y_2(x), ..., y_n(x)$ sind über ein Intervall linear unabhängig, wenn

$$W(y_1, y_2, ..., y_n) = \begin{vmatrix} y_1 & y_2 & \cdots & y_n \\ y_1' & y_2' & \cdots & \vdots \\ \vdots & & \ddots & \vdots \\ y_1^{(n-1)} & \cdots & \cdots & y_n^{(n-1)} \end{vmatrix} \neq 0$$

gilt. Hierbei ist $W(y_1, y_2, ..., y_n)$ die Wronski-Determinante, deren Wert noch von x abhängt. Nützliche Literatur hierzu siehe [38], Seite 786 ff. sowie [51], Seite 490 ff..

1.2.4 Partielle Differenzialgleichungen

Eine allgemeine Differenzialgleichung mit n-unabhängigen Variablen m-ter Ordnung in **impliziter Form** nennt man die Gleichung

$$F\left(x_1, x_2, \ldots, x_n, u, \frac{\partial u}{\partial x_1}, \ldots, \frac{\partial u}{\partial x_n}, \frac{\partial^2 u}{\partial x_1^2}, \frac{\partial^2 u}{\partial x_1 \partial x_2} \ldots,\right) = 0.$$

Diese heißt partielle Differenzialgleichung (Partial Differential Equation - PDE). Ist m die höchste Ordnung der darin vorkommenden partiellen Ableitung, so heißt die Gleichung partielle Differenzialgleichung m-ter Ordnung. Wird die Gleichung nach $u^m(x)$ aufgelöst, so erhält man die **explizite Form** der gewöhnlichen Differenzialgleichung m-ter Ordnung. Empfehlenswerte Literatur: [3], S. 504 ff.; [58], S. 549 ff. Der Wert einer gemischten Ableitung

$$\frac{\partial^2 u}{\partial x_1 \partial x_2}$$

ist für gegebene Werte von x_1 und x_2 unabhängig von der Reihenfolge der Ableitungsbildung

$$\frac{\partial^2 u}{\partial x_1 \partial x_2} = \frac{\partial^2 u}{\partial x_2 \partial x_1}$$

(Schwarz'scher Vertauschungssatz). Partielle Ableitungen höherer Ordnung sind analog definiert ([3], S. 410). Im Allgemeinen ist

$$\frac{\partial^2 u}{\partial x_1 \partial x_2} \neq \frac{\partial u}{\partial x_1} \cdot \frac{\partial u}{\partial x_2}.$$

Hier seien noch Hinweise für die Schreibweise von Ableitungen gegeben. Es ist

$$f' = \frac{\partial f}{\partial x} = \frac{df}{dx}.$$

Für die zweite Ableitung folgt hieraus

$$f'' = \frac{d^2 f}{dx^2},$$

was wiederum nicht mit

$$(f')^2 = \frac{df}{dx} \cdot \frac{df}{dx}$$

verwechselt werden darf ([43], S. 327).

1.2.5 Partielle Integration

Die Gleichung zur partiellen Integration ist

$$\int u(x)\, v'(x)\, dx \quad = \quad u(x)\, v(x) \; - \; \int u'(x)\, v(x)\, dx.$$

Diese Gleichung gilt für bestimmte Integrale

$$\int_a^b u(x)\, v'(x)\, dx \quad = \quad [u(x)\, v(x)]\big|_a^b \; - \; \int_a^b u'(x)\, v(x)\, dx.$$

In einigen Fällen kann eine mehrmalige partielle Integration erforderlich werden.

1.2.6 Klassifikation von Differenzialgleichungen

Zur weiteren Betrachtung werden die gebräuchlichen Abkürzungen für partielle Ableitungen nach Tab. 1.3 verwendet. Die allgemeine lineare partielle Differenzialgleichung 2'ter Ordnung für die Funktion $f(x, y)$ der zwei unabhängigen Variablen x und y hat die Form

$$A\, f_{xx} \, + \, B\, f_{xy} \, + \, C\, f_{yy} \, + \, D\, f_x \, + \, E\, f_y \, + \, F\, f \quad = \quad G, \tag{1.5}$$

wobei die Koeffizienten A, B, C, D, E, F, G im Allgemeinen Funktionen von x und y sind. Diese partiellen Differenzialgleichungen werden je nach den Werten der Koeffizienten A, B, C in drei Gruppen eingeteilt:

Tabelle 1.3: Abkürzungen für partielle Ableitungen

Partielle Ableitung	Abkürzung
$\frac{\partial f}{\partial x}$	f_x
$\frac{\partial f}{\partial y}$	f_y
$\frac{\partial^2 f}{\partial x^2}$	f_{xx}
$\frac{\partial^2 f}{\partial y^2}$	f_{yy}
$\frac{\partial^2 f}{\partial x \partial y}$	f_{xy}

- **elliptische Differenzialgleichungen**: Diese beschreiben Zustände, d. h. abgeschlossene Prozesse, die nicht von der Zeit t abhängen (stationäre Vorgänge). Für die Lösung elliptischer Differenzialgleichungen gilt das Extremum-Prinzip. Das Maximum oder Minimum der Lösung wird an den Rändern angenommen und nicht im Inneren des Gebiets.
- **parabolische Differenzialgleichungen**: Sie beschreiben Ausgleichsprozesse, die von der Zeit t abhängen (instationäre Prozesse). Parabolische Probleme sind typischerweise Anfangs- bzw. Randwertprobleme. Sie beschreiben thermische oder magnetische Diffusionsprozesse. Für parabolische Differenzialgleichungen gilt ebenfalls das Extremum-Prinzip.
- **hyperbolische Differenzialgleichungen**: Dieser Typ beschreibt Wellenausbreitungen und Transportvorgänge, die von der Zeit t abhängen. Hyperbolische Probleme sind reine Anfangswertprobleme. In einem endlichen Gebiet können damit Randwerte nicht beliebig vorgegeben werden, sondern werden durch Verträglichkeitsbedingungen ersetzt.

Mit Hilfe von Tab. 1.4 kann die Klassifizierung von Differenzialgleichungen vorgenommen werden. Da die Koeffizienten A, B und C Funktionen von x und y sind, kann die partielle Differenzialgleichung Gl. (1.5) in einem bestimmten Teilgebiet elliptisch, in einem anderen Teilgebiet parabolisch oder hyperbolisch sein [58], S. 463.

Tabelle 1.4: Klassifizierung von Differenzialgleichungen

Typ	Vorzeichen von $B^2 - 4AC$	Lösungsbereich
elliptisch	< 0	geschlossen
parabolisch	$= 0$	offen
hyperbolisch	> 0	offen

1.2.7 Anfangswertaufgabe

Werden der Lösung y = y(x) einer gewöhnlichen Differenzialgleichung n-ter Ordnung an einer Stelle x_0 die **n-Werte**

$$y(x_0),\ y'(x_0),\ y''(x_0),\ ...,\ y^{n-1}(x_0)$$

vorgegeben, spricht man von einer **Anfangswertaufgabe**. Die vorgegebenen Werte werden als **Anfangswerte** oder **Anfangsbedingungen** bezeichnet [3], S. 504.

1.2.8 Randwertaufgabe

Die allgemeine Lösung einer **gewöhnlichen Differenzialgleichung** n-ter Ordnung enthält n freie Integrationskonstanten, die in einer speziellen Lösung durch Anfangs- oder Randbedingungen festgelegt werden. Werden an die Lösung einer gewöhnlichen Differenzialgleichung **Bedingungen** an mehreren Stellen an den äußeren Punkten des Definitionsbereichs gestellt, so nennt man diese Bedingungen **Randbedingungen**. Die gesuchte Lösung muss an den Enden eines Intervalls der unabhängigen Variablen spezielle Bedingungen oder Funktionswerte einnehmen. Eine Differentialgleichung mit Randbedingungen heißt **Randwertaufgabe** [3], S. 504. Dies sind zusätzliche Bedingungen, die die spezielle Lösung in einem oder mehreren Punkten erfüllen müssen. Die allgemeine Lösung einer partiellen Differenzialgleichung enthält dagegen im allgemeinen willkürliche Funktionen als Integrationskonstanten. Um diese festzulegen, müssen Randbedingungen längs der Berandung Γ vorgegeben werden. Es sind die Randbedingungen

- Randbedingung 1. Art: u $= \gamma$ auf Γ (Dirichlet-Bedingung),
- Randbedingung 2. Art: $\partial u/\partial n = \gamma$ auf Γ (Neumann-Bedingung),
- Randbedingung 3. Art: $\partial u/\partial n + \beta u = \gamma$ auf Γ (Cauchy-Bedingung)

zu unterscheiden [52], S. 18 f; [58], S. 464 f. Die Richtungsableitung in der Randbedingung $\partial u/\partial n$ ist definiert durch

$$\begin{aligned} \frac{\partial u}{\partial n} &= n\ grad\ u \\ &= n_1\, u_x + n_2\, u_y. \end{aligned}$$

In Abb. 1.3 ist ein rechteckiges Gebiet mit der Berandung Γ_1 bis Γ_4 zu sehen. Für $n = n(x, y)$ auf dem Rand Γ_1 gilt

$$\frac{\partial u}{\partial n} = -\frac{\partial u}{\partial x}$$

ver**narr**t in
Elektrotechnik

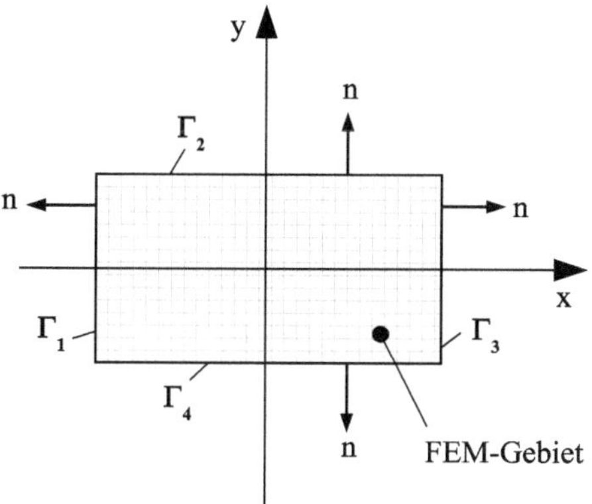

Abbildung 1.3: Beispiel zur Normalenableitung eines rechteckigen Gebiets

und damit n = (-1, 0). Für n auf dem Rand Γ_2 gilt

$$\frac{\partial u}{\partial n} = \frac{\partial u}{\partial y}$$

und damit n = (0, 1). Für n auf dem Rand Γ_3 gilt

$$\frac{\partial u}{\partial n} = \frac{\partial u}{\partial x}$$

und damit n = (1, 0). Für n auf dem Rand Γ_4 gilt

$$\frac{\partial u}{\partial n} = -\frac{\partial u}{\partial y}$$

und damit n = (0, -1).

1.2.9 Lineare Operatoren

Zusammenfassend folgen die am häufigsten verwendeten Beziehungen von linearen Operatoren.

- Linearer Operator $\mathcal{L}$: Ein Operator wird als linear bezeichnet, wenn für beide Funktionen f und g und dem Skalar t

$$\begin{aligned}\mathcal{L}(f+g) &= \mathcal{L}f + \mathcal{L}g \\ \mathcal{L}(tf) &= t\,\mathcal{L}f\end{aligned}$$

gilt.

- Adjungierter Operator $\mathcal{L}^a$: Dieser ist mit

$$\langle \mathcal{L}f, g\rangle = \langle f, \mathcal{L}^a g\rangle$$

definiert.

- Selbstadjungierter Operator: $\mathcal{L}^a = \mathcal{L}$.
- Null-Operator $\mathcal{O}$, Identitätsoperator $\mathcal{I}$:

$$\begin{aligned}\mathcal{O}\mathbf{a} &= \mathbf{0} \\ \mathcal{I}\mathbf{a} &= \mathbf{a}.\end{aligned}$$

Hierbei ist **a** ein Vektor.

- Inverser Operator $\mathcal{L}^{-1}$:

$$\begin{aligned}\mathcal{L}f &= g \\ \mathcal{L}^{-1}\mathcal{L}f &= \mathcal{L}^{-1}g \\ f &= \mathcal{L}^{-1}g.\end{aligned}$$

Es ist

$$\mathcal{L}\mathcal{L}^{-1} = \mathcal{L}^{-1}\mathcal{L} = \mathcal{I}.$$

Beispiele hierzu sind:

- Beispiel 1:

$$\begin{aligned}-\frac{d^2 f}{dx^2} &= g(x) \\ \mathcal{L} &= -\frac{d^2}{dx^2} \\ \mathcal{L}f &= g(x).\end{aligned}$$

- Beispiel 2:

$$\begin{aligned}\mathcal{L}u(x) &= a_0 \frac{d^2u}{dx^2} + a_1 \frac{du}{dx} + a_2 u \\ \mathcal{L} &= a_0 \frac{d^2}{dx^2} + a_1 \frac{d}{dx} + a_2.\end{aligned}$$

- Beispiel 3: Es sind $\mathcal{L}$ und $\mathcal{M}$ zwei lineare Operatoren und $\mathbf{a}$ ist ein Vektor, so folgt

$$\begin{aligned}(\mathcal{L}+\mathcal{M})\mathbf{a} &= \mathcal{L}\mathbf{a} + \mathcal{M}\mathbf{a} \\ (\lambda\mathcal{L})\mathbf{a} &= \lambda(\mathcal{L}\mathbf{a}) \\ (\mathcal{L}\mathcal{M})\mathbf{a} &= \mathcal{L}(\mathcal{M}\mathbf{a}).\end{aligned}$$

1.2.10 Inneres Produkt

Ein unendlich dimensionaler Vektorraum von Funktionen, für den ein inneres Produkt definiert ist, wird als *Hilbert-Raum* bezeichnet. Das innere Produkt wird als die Verallgemeinerung des Punktprodukts eingeführt. Das innere Produkt entspricht

$$\langle f, g\rangle = \int_a^b f\ g\ dx$$

der Multiplikation zweier Vektoren oder Funktionen mit anschließender Integration über das Gebiet $\Omega \in [a, b]$. Das Ergebnis ist immer ein Skalar. Aus typografischen Gründen erfolgt die Darstellung des inneren Produkts mit den beiden Klammern $\langle\ \rangle$.

- **Inneres Produkt von Vektoren**: Das innere Produkt, auch Punktprodukt oder Skalarprodukt genannt, beschreibt die skalare Multiplikation von Vektoren. Das Ergebnis ist ein Skalar. Hierbei ist $\vec{a} = (a_1, a_2, ..., a_n)$ und $\vec{b} = (b_1, b_2, ..., b_n)$. Das innere Produkt beider Vektoren erfolgt mit der Schreibweise

$$\begin{aligned}\vec{a}\cdot\vec{b} &= \langle\vec{a},\vec{b}\rangle \\ &= a_1\, b_1 + a_2\, b_2 + a_3\, b_3 + ... + a_n\, b_n\end{aligned}$$

([44], S. 24, S. 65). Gezeigt wird der besondere Fall, bei dem das Skalarprodukt gleich dem Integral

$$\langle \vec{a}, \vec{b} \rangle = \int_{\Omega} \vec{a}\, \vec{b}\, dx$$

ist. Als Beispiel wird das innere Produkt der ortsabhängigen Vektoren $\vec{a}(s)$ und $\vec{b}(s)$ gebildet. Die Integration erfolgt in diesem Beispiel entlang der Strecke s. Die Annahme besteht darin, dass die örtliche Änderung der Vektorkomponenten pro Meter stattfinden. Im Beispiel entspricht die integrale Wegstrecke 4 m. Die geometrische Interpretation entspricht der Fläche unter dem „Kurvenverlauf".

- **Inneres Produkt von Funktionen**: In Abb. 1.4 a) bis c) sind die zeitlichen Verläufe der Spannung $u(t)$, des Stroms $i(t)$ und die daraus resultierende Leistung $P(t)$ abgebildet. Berechnet werden soll die elektrische Energie W_{el} als inneres Produkt der beiden Funktionen Spannung $u(t)$ und Strom $i(t)$ mit

$$\begin{aligned} \langle u, i \rangle &= \int_{\Omega} u(t)\; i(t)\; dt \\ &= \int_{\Omega} P(t)\; dt \\ &= W_{el}, \end{aligned}$$

wobei $\Omega \in [0, 5]$ ist. Die Multiplikation beider Funktionen mit anschließender Integration über die Zeit t führt zur elektrischen Energie $W_{el} = 19\ J$. Das selbe Ergebnis liefert

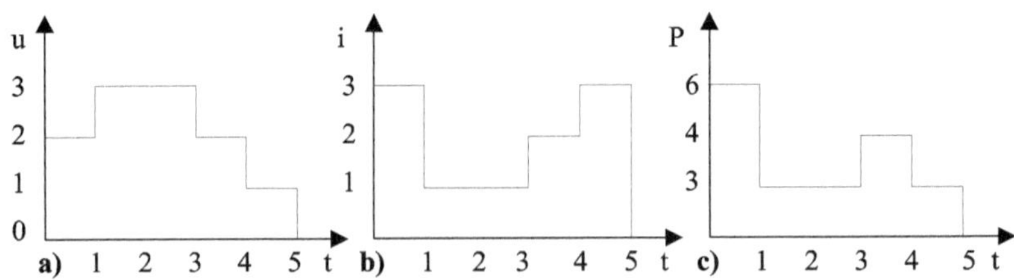

Abbildung 1.4: Spannungs-, Strom- und Leistungs-Zeitverläufe

$$\left\langle \vec{u}, \vec{i} \right\rangle = \left\langle \begin{pmatrix} 2 \\ 3 \\ 3 \\ 2 \\ 1 \end{pmatrix}, \begin{pmatrix} 3 \\ 1 \\ 1 \\ 2 \\ 3 \end{pmatrix} \right\rangle$$
$$= 2 \cdot 3 + 3 \cdot 1 + 3 \cdot 1 + 2 \cdot 2 + 1 \cdot 3$$
$$= 6 + 3 + 3 + 4 + 3$$
$$= 19.$$

In diesem Fall sind die Ergebnisse das Integrals und des Skalarprodukts identisch.

- **Inneres Produkt, normiert**: Ein inneres Produkt wird mit

$$\|f\| = \sqrt{\langle f, f \rangle} = \left[\int_a^b |\, f(x) |^2 \, w(x) \, dx \right]^{1/2}$$

normiert. Dabei ist $w(x)$ die Wichtungsfunktion.

- **Normal-Funktion**: Eine quadratische integrierbare Funktion $f(x)$ heißt normal, wenn

$$\langle f(x), f(x) \rangle = \int_a^b (f(x))^2 \, dx = 1$$

ist.

- **Normalisierte Funktion**: Eine normalisierte Funktion $\hat{f}$ ist mit

$$\hat{f} = \frac{f}{\|f\|} = 1$$

definiert.

- **Orthogonal-Funktion**: Zwei Funktionen $f(x)$ und $g(x)$ sind orthogonal im Intervall $a \leq x \leq b$ mit der Wichtungsfunktion $w(x)$, wenn

$$\langle f(x), g(x) \rangle = \int_a^b f(x) \, g(x) \, w(x) \, dx = 0$$

ist.

- **Orthonormal-Funktion**: Zwei Funktionen $f(x)$ und $g(x)$ sind orthonormal im Intervall $a \leq x \leq b$ mit der Wichtungsfunktion $w(x)$, wenn

$$\begin{aligned} \langle f(x), f(x) \rangle &= \int_a^b (f(x))^2 \; w(x) \; dx \; = \; 1 \\ \langle g(x), g(x) \rangle &= \int_a^b (g(x))^2 \; w(x) \; dx \; = \; 1 \end{aligned}$$

  ist.

Für eine Einführung in die Thematik des inneren Produktes siehe auch [4], S. 162 und S. 166.

1.2.11 Starke Form/Formulierung einer Differenzialgleichung

Die gewöhnliche Differenzialgleichung L(u) beispielsweise in der Form

$$\begin{aligned} L(u) &= 0, \; x \in \Omega \\ \frac{d^2u(x)}{dx^2} + 1 &= 0 \end{aligned}$$

wird als starke Form (die für uns bekannte Form mit den entsprechenden starken Stetigkeitsbedingungen) bezeichnet.

1.2.12 Schwache Form/Formulierung einer Differenzialgleichung

Die gewöhnliche Differenzialgleichung L(u) wird mit einer Funktion $v(x)$ multipliziert und über das Intervall Ω integriert

$$\begin{aligned} \langle L, v \rangle &= \int_\Omega L(u) \; v(x) \; dx \\ &= \int_\Omega \left(\frac{d^2u(x)}{dx^2} + 1 \right) v(x) \; dx \\ &= 0 \end{aligned}$$

und damit in ihre schwache Form überführt, welche schwächere Stetigkeitsbedingungen erfüllen muss. Dies kann mit der Schreibweise des inneren Produkts vereinfacht dargestellt werden. Die schwache Form erfordert nur eine einfache Stetigkeit der Ableitung (schwache Stetigkeitsforderung).

1.3 Vektor-Klassifikation

Eine Klassifikation von Vektoren wurde in [45], S. 10 mit

„*Physical vector quantities may be divided into two classes, in one of which the quantity is defined with reference to a line, while in the other the quantity is defined with reference to an area.*“

vorgenommen. Unterschieden werden Vektoren, von denen eine Klasse

- mit Bezug auf eine Linie definiert ist. Ein Beispiel hierzu ist die Kraft, berechnet aus der virtuellen Verschiebung, welche entlang dieser kurzen Strecke wirkt.
- mit Bezug auf eine Fläche definiert ist. Beispiele hierzu sind die magnetische Flussdichte $\vec{B}$ und die elektrische Stromdichte $\vec{J}$. Beide Vektoren werden aus Flussgrößen, welche senkrecht eine Fläche durchdringen, berechnet.

1.4 Differenziationsregeln für Vektoren

Im weiteren Verlauf wird die Ableitung von Vektorfunktionen eingeführt [3]. Die Vektorfunktion einer skalaren Variablen t beschreibt einen Vektor $\vec{a} = \vec{a}(t)$, wenn seine Komponenten Funktionen von t sind: $a_1(t)\ \vec{e}_1,\ a_2(t)\ \vec{e}_2,\ a_3(t)\ \vec{e}_3$. Die Ableitung von $\vec{a}(t)$ nach t ist eine Vektorfunktion von t

$$\frac{d\vec{a}}{dt} = \lim_{\Delta t \to 0} \frac{\vec{a}(t+\Delta t) - \vec{a}(t)}{\Delta t}.$$

Ein Vektor wird nach einer skalaren Größe differenziert, indem die einzelnen Komponenten differenziert werden:

$$\frac{d\vec{a}}{dt} = \frac{da_1}{dt}\,\vec{e}_1 + \frac{da_2}{dt}\,\vec{e}_2 + \frac{da_3}{dt}\,\vec{e}_3.$$

Der Differentialquotient ist ein Vektor. Das Differential einer Vektorfunktion $\vec{a}(t)$ wird definiert durch

$$d\vec{a} = \frac{d\vec{a}}{dt}\,\Delta t.$$

Es ist $\varphi(t)$ eine skalare Funktion. Für die Differentiation von Vektorprodukten gelten die folgenden Regeln:

$$\begin{aligned}
\frac{d}{dt}(\varphi\,\vec{a}) &= \varphi\,\frac{d\vec{a}}{dt} + \vec{a}\,\frac{d\varphi}{dt} \\
\frac{d}{dt}\left(\vec{a} \pm \vec{b} \pm \vec{c}\right) &= \frac{d\vec{a}}{dt} \pm \frac{d\vec{b}}{dt} \pm \frac{d\vec{c}}{dt} \\
\frac{d}{dt}(\vec{a}\cdot\vec{b}) &= \vec{a}\cdot\frac{d\vec{b}}{dt} + \frac{d\vec{a}}{dt}\cdot\vec{b} \\
\frac{d}{dt}(\vec{a}\times\vec{b}) &= \vec{a}\times\frac{d\vec{b}}{dt} + \frac{d\vec{a}}{dt}\times\vec{b} \\
\frac{d}{dt}\left[\vec{a}\cdot(\vec{b}\times\vec{c})\right] &= \vec{a}\cdot\left(\vec{b}\times\frac{d\vec{c}}{dt}\right) + \vec{a}\cdot\left(\frac{d\vec{b}}{dt}\times\vec{c}\right) + \frac{d\vec{a}}{dt}\cdot\left(\vec{b}\times\vec{c}\right) \\
\frac{d}{dt}\left[\vec{a}\times(\vec{b}\times\vec{c})\right] &= \vec{a}\times\left(\vec{b}\times\frac{d\vec{c}}{dt}\right) + \vec{a}\times\left(\frac{d\vec{b}}{dt}\times\vec{c}\right) + \frac{d\vec{a}}{dt}\times\left(\vec{b}\times\vec{c}\right) \\
\frac{d}{dt}\,\vec{a}\,[\varphi(t)] &= \frac{d\vec{a}}{d\varphi}\cdot\frac{d\varphi}{dt}.
\end{aligned}$$

1.5 Vektoroperatoren

Vorgestellt werden die Operatoren

- Nabla- und Laplace-Operator: Ermöglicht vereinfachte Schreibweise für folgende Vektoroperatoren,
- Gradient: Richtungsableitung einer skalaren Funktion,
- Divergenz: Untersucht den Fluss des Vektorfeldes (Fluss pro Volumeneinheit) hinsichtlich Flussquellen und Flusssenken,
- Rotation: Untersucht ein Vektorfeld nach Wirbeln

in kartesischen Koordinaten.

1.5.1 Nabla- und Laplace-Operator

Der Nabla-Operator (eng.: del-operator) wird beschrieben mit

$$\begin{aligned}\nabla &= \frac{\partial}{\partial x_1}\vec{e}_1 + \frac{\partial}{\partial x_2}\vec{e}_2 + \frac{\partial}{\partial x_3}\vec{e}_3 \\ &= \begin{pmatrix} \frac{\partial}{\partial x_1} \\ \frac{\partial}{\partial x_2} \\ \frac{\partial}{\partial x_3} \end{pmatrix}.\end{aligned}$$

Der Operator hat gleichzeitig die Eigenschaft eines Vektors und eines mathematischen Operators. Der Laplace-Operator Δ wird als Delta-Operator bezeichnet. Diese Bezeichnung darf nicht mit der englischen Bezeichnung für Nabla-Operator (del-operator) verwechselt werden. Der Laplace-Operator Δ ist das skalare Produkt des Nabla-Operators

$$\begin{aligned}\Delta &= \nabla \cdot \nabla \\ &= \nabla^2 \\ &= \begin{pmatrix} \frac{\partial}{x_1} \\ \frac{\partial}{x_2} \\ \frac{\partial}{x_3} \end{pmatrix} \cdot \begin{pmatrix} \frac{\partial}{x_1} \\ \frac{\partial}{x_2} \\ \frac{\partial}{x_3} \end{pmatrix} \\ &= \frac{\partial^2}{\partial x_1^2} + \frac{\partial^2}{\partial x_2^2} + \frac{\partial^2}{\partial x_3^2}\end{aligned}$$

mit sich selbst.

1.5.2 Vektoroperator Gradient

Der Gradient der skalaren Ortsfunktion (Potenzialfunktion) φ ist in kartesischen Koordinaten

$$\begin{aligned}grad\ \varphi &= \frac{\partial \varphi}{\partial x_1}\,\vec{e}_1 + \frac{\partial \varphi}{\partial x_2}\,\vec{e}_2 + \frac{\partial \varphi}{\partial x_3}\,\vec{e}_3 \\ &= \nabla\ \varphi \\ &= \begin{pmatrix} \frac{\partial}{\partial x_1} \\ \frac{\partial}{\partial x_2} \\ \frac{\partial}{\partial x_3} \end{pmatrix} \cdot \varphi \\ &= \begin{pmatrix} \frac{\partial \varphi}{\partial x_1} \\ \frac{\partial \varphi}{\partial x_2} \\ \frac{\partial \varphi}{\partial x_3} \end{pmatrix}.\end{aligned}$$

Der Gradient ist ein Vektorfeld. Er ist ein Maß für die Änderung der skalaren Funktion $\varphi(x_1, x_2, x_3)$ in Richtung der Koordinaten x_1, x_2, x_3 im betrachteten Punkt P. Der Gradient $grad\ \varphi(x_1, x_2, x_3)$ zeigt stets in Richtung des größten Anstiegs seiner Potenzialfunktion. Der Gradient steht immer senkrecht auf den Flächen $\varphi(x_1, x_2, x_3)$. Bei den Rechenregeln für den Gradienten sind ϕ und ψ skalare Felder, c eine Konstante:

$$\begin{aligned}
grad\ c &= \vec{0} \\
grad\ (c\ \phi) &= c\ (grad\ \phi) \\
grad\ (\phi \pm \psi) &= grad\ \phi \pm grad\ \psi \\
grad\ (\phi + c) &= grad\ \phi \\
grad\ (\phi \cdot \psi) &= \phi\ (grad\ \psi) + \psi\ (grad\ \phi).
\end{aligned}$$

1.5.3 Vektoroperator Divergenz

In kartesischen Koordinaten wird die Divergenz mit

$$\begin{aligned}
div\ \vec{B} &= \frac{\partial B_1}{\partial x_1} + \frac{\partial B_2}{\partial x_2} + \frac{\partial B_3}{\partial x_3} \\
&= \frac{\partial \vec{B}_1}{\partial x_1}\ \vec{e}_1 + \frac{\partial \vec{B}_2}{\partial x_2}\ \vec{e}_2 + \frac{\partial \vec{B}_3}{\partial x_3}\ \vec{e}_3 \\
&= \nabla \vec{B}
\end{aligned}$$

berechnet. Die Divergenz ist ein Skalar. Durch die skalare Multiplikation des Operators mit einem Vektor wird das Skalarprodukt und damit die Divergenz des Vektors $\vec{B}$ gebildet. Bei den Rechenregeln für die Divergenz sind $\vec{A}$ und $\vec{B}$ Vektorfelder, ϕ ist ein Skalarfeld, $\vec{a}$ ein konstanter Vektor und c eine Konstante:

$$\begin{aligned}
div\ \vec{a} &= \vec{0} \\
div\ (\phi\vec{A}) &= (grad\ \phi) \cdot \vec{A}\ +\ \phi\ (div\ \vec{A}) \\
div\ (c\ \vec{A}) &= c\ (div\ \vec{A}) \\
div\ (\vec{A} + \vec{B}) &= div\ \vec{A} + div\ \vec{B} \\
div\ (\vec{A} + \vec{a}) &= div\ \vec{A} \\
div\ (\vec{A} \times \vec{B}) &= \vec{B}\ rot\vec{A}\ -\ \vec{A}\ rot\vec{B}.
\end{aligned}$$

1.5.4 Vektoroperator Rotation

Die Rotation eines Vektorfeldes wird in kartesischen Koordinaten mit

$$rot\ \vec{B} \quad = \quad \left(\frac{\partial B_3}{\partial x_2} - \frac{\partial B_2}{\partial x_3}\right)\vec{e}_1 \;+\; \left(\frac{\partial B_1}{\partial x_3} - \frac{\partial B_3}{\partial x_1}\right)\vec{e}_2 \;+\; \left(\frac{\partial B_2}{\partial x_1} - \frac{\partial B_1}{\partial x_2}\right)\vec{e}_3$$

berechnet. Die Berechnungsformel lässt sich in kartesischen Koordinaten durch eine Determinante

$$rot\ \vec{B} \quad = \quad \begin{vmatrix} \vec{e}_1 & \vec{e}_2 & \vec{e}_3 \\ \frac{\partial}{\partial x_1} & \frac{\partial}{\partial x_2} & \frac{\partial}{\partial x_3} \\ B_1 & B_2 & B_3 \end{vmatrix} \quad = \quad \nabla \times \vec{B}$$

darstellen. Die Rotation ist ein Vektor. Es folgen die wichtigsten Rechenregeln für die Rotation. Dabei sind $\vec{A}$ und $\vec{B}$ Vektorfelder, ϕ ist ein Skalarfeld, $\vec{a}$ ein konstanter Vektor und c eine Konstante:

$$\begin{aligned}
rot\ \vec{a} &= \vec{0} \\
rot\ (\phi \vec{A}) &= (grad\ \phi) \times \vec{A} \;+\; \phi\ (rot\ \vec{A}) \\
rot\ (c\ \vec{A}) &= c\ (rot\ \vec{A}) \\
rot\ (\vec{A} \pm \vec{B}) &= rot\ \vec{A} \;\pm\; rot\ \vec{B} \\
rot\ (\vec{A} + \vec{a}) &= rot\ \vec{A} \\
rot\ rot(\vec{A}) &= grad\ div\vec{A} - \Delta\vec{A} \\
rot\ (\vec{A} \times \vec{B}) &= \vec{A}\ div\vec{B} - \vec{B}\ div\vec{A} \;+\; (\vec{B} \cdot \nabla)\vec{A} \;-\; (\vec{A} \cdot \nabla)\vec{B},
\end{aligned}$$

wobei

$$(\vec{A} \cdot \nabla) \quad = \quad A_1\, \frac{\partial}{\partial x_1} \;+\; A_2\, \frac{\partial}{\partial x_2} \;+\; A_3\, \frac{\partial}{\partial x_3}$$

ist.

1.5.5 Gegenüberstellung der Vektoroperatoren

In der Tabelle 1.5 sind die Vektoroperatoren gegenübergestellt. Diese beinhaltet die Argumente sowie die Ergebnisse.

Tabelle 1.5: Gegenüberstellung der Vektoroperatoren

Operator:	grad φ	div $\vec{A}$	rot $\vec{A}$
Argument	Skalar	Vektor	Vektor
Ergebnis	Vektor	Skalar	Vektor
Nabla-Operator	$\nabla \cdot \varphi$	$\nabla \cdot \vec{A}$	$\nabla \times \vec{A}$

1.5.6 Rechenregeln für den Nabla-Operator

Regeln für die Differenzierung skalarer Funktionen gelten für die Anwendung des Nabla-Operators. Es seien ϕ und ψ zwei skalare Funktionen, $\vec{F}$ und $\vec{G}$ zwei vektorielle Funktionen der Raumkoordinaten. Der Index am ∇-Operator gibt an, auf welche Funktion der Operator angewendet werden soll. Es gilt unter Anwendung der Summenregel:

$$\begin{aligned}
\nabla(\phi \pm \psi) &= \nabla_\phi(\phi) \pm \nabla_\psi(\psi) \\
\nabla(\vec{F} \pm \vec{G}) &= \nabla_{\vec{F}}(\vec{F}) \pm \nabla_{\vec{G}}(\vec{G}).
\end{aligned}$$

Entsprechend der Produktregel wird die Differentiation mit Hilfe des Nabla-Operators durchgeführt:

$$\begin{aligned}
\nabla(\phi \cdot \psi) &= \nabla_\phi(\phi,\, \psi) + \nabla_\psi(\phi,\, \psi) \\
&= \psi\nabla_\phi(\phi) + \phi\nabla_\psi(\psi) \\
\nabla(\phi \cdot \vec{F}) &= \phi\nabla\vec{F} + \vec{F}\,\nabla\phi \\
\nabla(\vec{F} \cdot \vec{G}) &= \nabla_{\vec{F}}(\vec{F} \cdot \vec{G}) + \nabla_{\vec{G}}(\vec{F} \cdot \vec{G}) \\
&= (\vec{G}\nabla)\vec{F} + \vec{G} \times (\nabla \times \vec{F}) + (\vec{F}\nabla)\vec{G} + \vec{F} \times (\nabla \times \vec{G}) \\
\nabla \times (\phi \cdot \vec{F}) &= \nabla\phi \times \vec{F} + \phi\nabla \times \vec{F} \\
\nabla(\vec{F} \times \vec{G}) &= \nabla_{\vec{F}}(\vec{F} \times \vec{G}) + \nabla_{\vec{G}}(\vec{F} \times \vec{G}) \\
&= \vec{G}\,(\nabla \times \vec{F}) - \vec{F}\,(\nabla \times \vec{G}) \\
\nabla \times (\vec{F} + \vec{G}) &= \nabla \times \vec{F} + \nabla \times \vec{G} \\
\nabla \times (\vec{F} \times \vec{G}) &= \vec{F}(\nabla\vec{F}) - \vec{G}(\nabla\vec{F}) + (\vec{G} \cdot \nabla)\vec{F} - (\vec{F}\nabla)\vec{G}.
\end{aligned}$$

1.5.7 Gegenüberstellung Skalar- und Vektorprodukt

In Tab. 1.6 wurde eine Gegenüberstellung der Skalar- und Vektorprodukte vorgenommen. Die erste Spalte benennt das Rechengesetz, die zweite Spalte die Skalarprodukte, welche der dritten Spalte, den Vektorprodukten, gegenüber steht. Hierbei sind $\vec{a}$, $\vec{b}$ und $\vec{c}$ Vektoren und α eine Konstante.

Tabelle 1.6: Skalar- und Vekorprodukte

Benennung	**Skalarprodukt**	**Vektorprodukt**
Kommutativgesetz	$\vec{a}\,\vec{b} = \vec{b}\,\vec{a}$	$\vec{a} \times \vec{b} = -\vec{b} \times \vec{a}$ $= -\left(\vec{b} \times \vec{a}\right)$
Assoziativgesetz bei Multiplik. m. Skalar	$\alpha\left(\vec{a}\,\vec{b}\right) = (\alpha\,\vec{a})\,\vec{b}$ $= \left(\alpha\,\vec{b}\right)\vec{a}$	$\alpha\left(\vec{a} \times \vec{b}\right) = \alpha\,\vec{a} \times \vec{b}$ $= \vec{a} \times \alpha\,\vec{b}$
Assoziativität bei Multiplik. m. Vektor	$\vec{a}\left(\vec{b}\,\vec{c}\right) \neq \left(\vec{a}\,\vec{b}\right)\vec{c}$	$\vec{a} \times \left(\vec{b} \times \vec{c}\right) \neq \left(\vec{a} \times \vec{b}\right) \times \vec{c}$ $\vec{a} \times \left(\vec{b} \times \vec{c}\right) = (\vec{a} \cdot \vec{c})\,\vec{b} - \left(\vec{a} \cdot \vec{b}\right)\vec{c}$ $= \vec{b}\,(\vec{a} \cdot \vec{c}) - \vec{c}\left(\vec{a} \cdot \vec{b}\right)$ $\left(\vec{a} \times \vec{b}\right) \times \vec{c} = (\vec{a} \cdot \vec{c})\,\vec{b} \quad \left(\vec{b} \cdot \vec{c}\right)\vec{a}$ für $\vec{c} = \vec{a},\ \vec{d} = \vec{b}$ folgt $\left(\vec{a} \times \vec{b}\right) \cdot \left(\vec{a} \times \vec{b}\right) = \left(\vec{a} \times \vec{b}\right)^2$ $= (\vec{a} \cdot \vec{a})\left(\vec{b} \cdot \vec{b}\right) - \left(\vec{a} \cdot \vec{b}\right)^2$
Distributivgesetz	$\vec{a}\left(\vec{b} + \vec{c}\right) = \vec{a}\,\vec{b} + \vec{a}\,\vec{c}$ $\alpha\left(\vec{a} + \vec{b}\right) = \alpha\vec{a} + \alpha\vec{b}$	$\vec{a} \times \left(\vec{b} + \vec{c}\right) = \vec{a} \times \vec{b} + \vec{a} \times \vec{c}$ $\left(\vec{a} + \vec{b}\right) \times \vec{c} = \vec{a} \times \vec{c} + \vec{b} \times \vec{c}$
Orthogonalität	$\vec{a}\,\vec{b} = 0,\ \textit{wenn}\ \vec{a} \perp \vec{b}$	$\vec{a} \times \vec{b} = ab,\ \textit{wenn}\ \vec{a} \perp \vec{b}$
Kollinearität	$\vec{a}\,\vec{b} = a\,b,\ \textit{wenn}\ \vec{a} \upuparrows \vec{b}$	$\vec{a} \times \vec{b} = 0,\ \textit{wenn}\ \vec{a} \parallel \vec{b}$
Quadrat eines Vektors	$\vec{a}\,\vec{a} = \vec{a}^2 = a^2$	$\vec{a} \times \vec{a} = 0$
Skalare Multiplikation	$\vec{a} \cdot \left(\vec{a} \times \vec{b}\right) = 0$ $\vec{a} \cdot \left(\vec{b} \times \vec{c}\right) = \left(\vec{a} \times \vec{b}\right) \cdot \vec{c}$	

In Tab. 1.7 sind die Rechenregeln der Einheitsvektoren $\vec{e}_1$, $\vec{e}_2$ und $\vec{e}_3$ zusammengefasst. Diese werden skalar und vektoriell multipliziert und die Ergebnisse dargestellt. Es kann erkannt werden, dass die skalare Multiplikation eines Einheitsvektors mit sich selbst die Zahl Eins ergibt, jedoch die vektorielle Multiplikation zu Null führt. Die vektorielle Multiplikation zweier verschiedener Einheitsvektoren ergibt den Einheitsvektor der dritten Dimension.

Tabelle 1.7: Rechenregeln für Einheitsvektoren

$\vec{e}_1 \cdot \vec{e}_1 = 1$	$\vec{e}_1 \cdot \vec{e}_2 = 0$	$\vec{e}_1 \times \vec{e}_1 = 0$	$\vec{e}_1 \times \vec{e}_2 = \vec{e}_3$
$\vec{e}_2 \cdot \vec{e}_2 = 1$	$\vec{e}_1 \cdot \vec{e}_3 = 0$	$\vec{e}_2 \times \vec{e}_2 = 0$	$\vec{e}_2 \times \vec{e}_3 = \vec{e}_1$
$\vec{e}_3 \cdot \vec{e}_3 = 1$	$\vec{e}_2 \cdot \vec{e}_3 = 0$	$\vec{e}_3 \times \vec{e}_3 = 0$	$\vec{e}_3 \times \vec{e}_1 = \vec{e}_2$

1.6 Maxwell'sche Gleichungen

Zur Einführung in die Maxwell'schen Gleichungen wird die Beziehung zwischen Kreis- und Flächenintegral vorgestellt. Die Maxwell'schen Gleichungen werden in ihrer Differenzial- und Integralform dargestellt. Des Weiteren erfolgt eine Richtungszuordnung zwischen den beteiligten Vektorfeldern.

1.6.1 Beziehung zwischen Kreis- und Flächenintegral

Den Zusammenhang zwischen einem Kreis- und Flächenintegral beschreibt das vierte Maxwell'sche Theorem aus [45], S. 25:

„*A line-integral taken round a closed curve may be expressed in terms of a surface-integral taken over a surface bounded by the curve.*“

$$\oint_{\Gamma} \ldots ds \quad = \quad \iint_{\Omega} \ldots dA.$$

Eine Anwendung ist der Stoke'sche Integralsatz. Der Stoke'sche Integralsatz stellt eine Verbindung zwischen der Zirkulation und der Rotation eines Vektorfeldes her und ermöglicht die Umwandlung eines Oberflächenintegrals in ein Linienintegral entlang der Flächenberandung (Randintegral), bzw. die Umwandlung eines Randintegrals in ein Oberflächenintegral. Das Randintegral der Tangentialkomponenten eines Vektorfeldes $\vec{F}$ längs der geschlossenen Kurve Γ ist gleich dem Oberflächenintegral der Normalkomponente der Rotation von $\vec{F}$ über eine beliebige Fläche A, die durch die Kurve Γ berandet wird

$$\oint_{\Gamma} \vec{F}\, d\vec{s} \quad = \quad \iint_{\Omega} (rot\vec{F})\, d\vec{A}.$$

Beispiele hierzu sind:

- Ampere'sches Gesetz (Durchflutungsgesetz):

$$\oint_{\Gamma} \vec{H}\, d\vec{s} \quad = \quad \iint_{\Omega} \vec{J}\, d\vec{A} \; = \; \Theta.$$

- Faraday'sches Gesetz (Induktionsgesetz):

$$\oint_{\Gamma} \vec{E}\, d\vec{s} \quad = \quad \iint_{\Omega} \frac{d\vec{B}}{dt}\, d\vec{A}.$$

Dabei ist $\vec{H}$ die elektrische Feldstärke, $\vec{J}$ die Stromdichte, $\vec{E}$ die elektrische Feldstärke und $\vec{B}$ die magnetische Flussdichte.

1.6.2 Beziehung zwischen Flächen- und Volumenintegral

Der Gauß'sche Integralsatz stellt eine Verbindung zwischen einem Oberflächen- und einem Volumenintegral her. Die Oberfläche ist eine geschlossene Oberfläche und schließt ein Volumen ein. Eine geschlossene Oberfläche trennt stets zwei Räume voneinander ab. Das Oberflächenintegral (Hüllintegral) eines Vektorfeldes $\vec{F}$ über eine geschlossene Fläche A ist gleich

$$\oiint_{\Gamma} \vec{F}\, d\vec{A} \quad = \quad \iiint_{\Omega} div\vec{F}\, dV$$

dem Volumenintegral der Divergenz des Vektors $\vec{F}$ über das von A eingeschlossene Volumen V. Beispiele hierzu sind

- Gauß'sche Satz der Elektrostatik:

$$\oiint_{\Gamma} \vec{E}\, d\vec{A} \quad = \quad \iiint_{\Omega} \frac{\rho}{\varepsilon_0}\, dV.$$

- Quellfreiheit der magnetischen Flussdichte $\vec{B}$:

$$\oiint_{\Gamma} \vec{B}\, d\vec{A} \quad = \quad 0.$$

1.6.3 Maxwell'sche Gleichungen – Differenzialform

In [30], S. 18-2, Tab. 18-1 sind diese in ihrer Differenzialform

$$\nabla \cdot \vec{E} = \frac{\rho}{\varepsilon_0} \tag{1.6}$$

$$\nabla \times \vec{E} = -\frac{\partial \vec{B}}{\partial t} \tag{1.7}$$

$$\nabla \cdot \vec{B} = 0 \tag{1.8}$$

$$c^2 \nabla \times \vec{B} = \frac{\vec{J}}{\varepsilon_0} + \frac{\partial \vec{E}}{\partial t} \tag{1.9}$$

zu entnehmen. Sie sind daher weder an Koordinatensysteme gebunden noch beinhalten sie jegliche geometrische Größen und eignen sich deshalb bevorzugt für das Auf- und Umstellen von Gleichungen.

1.6.4 Maxwell'sche Gleichungen – Integralform

Die Differenzialform der Maxwell'schen Gleichungen wird mittels des Gauß'schen und des Stoke'schen Satzes in ihre Integralformen

$$\oiint_{\Omega g} \vec{E}\, \vec{n}\, dA = \iiint_{@\Omega g} \frac{\rho}{\varepsilon_0}\, dV \tag{1.10}$$

$$\oint_{\Gamma} \vec{E}\, ds = \iint_{\Omega o} \frac{-\partial \vec{B}}{\partial t}\, dA \tag{1.11}$$

$$\oiint_{\Omega g} \vec{B}\, \vec{n}\, dA = 0 \tag{1.12}$$

$$c^2 \oint_{\Gamma} \vec{B}\, ds = \iint_{\Omega o} \left[\frac{\vec{J}}{\varepsilon_0} + \frac{\partial \vec{E}}{\partial t}\right] dA \tag{1.13}$$

überführt, welche damit geometrische Größen beinhalten. Beispiele hierzu siehe auch [30], S. 18-7. Nach erfolgter Auswahl eines Koordinatensystems sind dementsprechend die Delta-Elemente für die Berandungen, Flächen und Volumen zu bestimmen. Die erforderlichen Symbole und deren Bezeichnungen sind in Tab. 1.8 zusammengefasst.

1.6.5 Richtungszuordnung beteiligter Vektorfelder

Die Zuordnung erfolgt mit Hilfe der folgenden Konvention:

Tabelle 1.8: Symbole und Bezeichnungen

Symbol	Bezeichnung	Symbol	Bezeichnung
$\vec{B}$	magnetische Flussdichte	ρ	Normalvektor
$\vec{E}$	elektrische Feldstärke	ε_0	Permittivität d. Vakuums
$\vec{J}$	Stromdichte	Ω_o, Ω_g	Flächen: offen, geschlossen
$\vec{n}$	Normalvektor	Γ	Berandung von Ω
c	Lichtgeschwindigkeit, $c = 1/\sqrt{\varepsilon_0\, \mu_0}$	ds	Delta-Längenelement
dA	Delta-Flächenelement	dV	Delta-Volumenelement

- Rechte-Hand-Regel: Vektoren, resultierend aus einem Kreuzprodukt, oder Vektoren, welche mit einer gegen den Uhrzeigersinn umrandeten Fläche und auf dieser Fläche senkrecht stehenden positiven Größen verbunden sind, werden der Rechten-Hand-Regel zugeordnet. Als Beispiel ist hier die Rotation des magnetischen Feldes in den Gleichungen (1.9) und (1.13) zu nennen. Die senkrecht zur Fläche stehenden Vektoren werden als Axialvektoren bezeichnet (vgl. [30], S. 13-11 f.).

- Linke-Hand-Regel: Ein Vektor, welcher mit einer gegen den Uhrzeigersinn umrandeten Fläche und auf dieser Fläche senkrecht stehenden negativen, nach unten zeigenden Größen verbunden ist, wurde der Linken-Hand-Regel zugeordnet. Beispiele hierzu sind die Gleichungen (1.7) und (1.11), deren Axialvektor bei gegenüber der Rechte-Hand-Regel gleichbleibender Umrandung negativ wird.

In „*On Right-handed and Left-handed Relations in Space*“ aus [45], S. 24 f. wurden grundlegende Definitionen eingeführt. Elektromagnetische Größen sind jedoch nicht immer einer Rechten- oder Linken-Hand-Regel zuzuordnen. Hier sei auf die Literaturstellen [29] S. 52-6 ff. und [30] S. 13-11 f. verwiesen.

1.7 Dirac'sche Deltafunktion

Die Dirac'sche Deltafunktion wird am Beispiel der unabhängigen Variabel x in Abb. 1.5 eingeführt. Die Stelle x_0 kennzeichnet den Ort der Unstetigkeit. Die Deltafunktion ist normiert. Der Flächeninhalt unter ihrer Kurve ist gleich Eins

$$\int_{-\infty}^{+\infty} \delta(x - x_0)\, dx \quad = \quad 1. \tag{1.14}$$

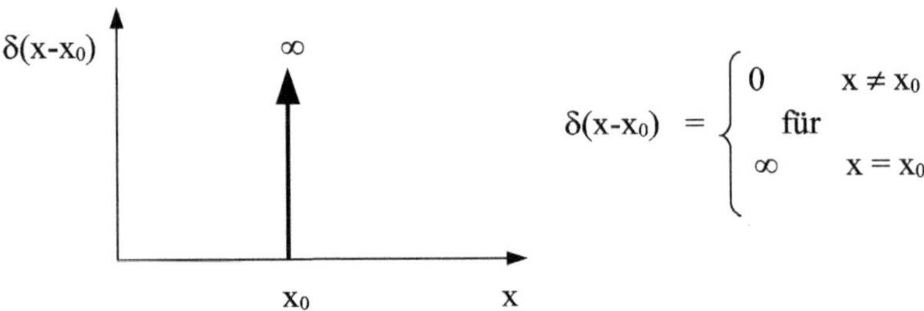

Abbildung 1.5: Die Dirac'sche Deltafunktion am Beispiel mit einer unabhängigen Variable

Es gilt die Ausblendeigenschaft

$$\int_a^b \delta(x - x_0)\, f(x)\, dx \;=\; \int_{x_0-\epsilon}^{x_0+\epsilon} \delta(x - x_0)\, f(x)\, dx \;=\; \begin{cases} f(x_0) & \text{für } x = x_0 \\ 0 & \text{für } x \neq x_0. \end{cases}$$

Weiterführende Literatur hierzu siehe [42].

Kapitel 2

Koordinatensysteme

Um Berechnungen zu vereinfachen, werden an die Problemstellung angepasste Koordinatensysteme (KOS) eingeführt. Diese sind das kartesische Koordinatensystem, das Zylinderkoordinatensystem und das Kugelkoordinatensystem. Sie gehören zu den orthogonalen (rechtwinkligen) Koordinatensystemen. Hierbei stehen die Koordinatenachsen aufeinander senkrecht. Die eingeführten Indizes der Vektoroperatoren beziehen sich auf die Richtung der Basis- und Einheitsvektoren. Nützliche Literatur: [26] (S. 3 ff.), [41], (S. 16 ff.).

2.1 Kartesisches Koordinatensystem

Die drei Koordinatenachsen x, y, z des räumlichen, orthogonalen Koordinatensystems sowie Vektor- und Vektoroperatordefinitionen werden mit Bezug auf Abb. 2.1 eingeführt.

- **Vektor:** Im kartesischen KOS wird ein differenzieller Vektor mit den Komponenten in Richtung der drei Koordinatenachsen

$$\begin{aligned} d\vec{s}(x,y,z) &= ds_x(x,y,z)\,\vec{e}_x + ds_y(x,y,z)\,\vec{e}_y + ds_z(x,y,z)\,\vec{e}_z \\ &= dx\,\vec{e}_x + dy\,\vec{e}_y + dz\,\vec{e}_z \end{aligned}$$

  angegeben.

- **Gradient:** Für die Differentiation gelten im kartesischen KOS die Zusammenhänge

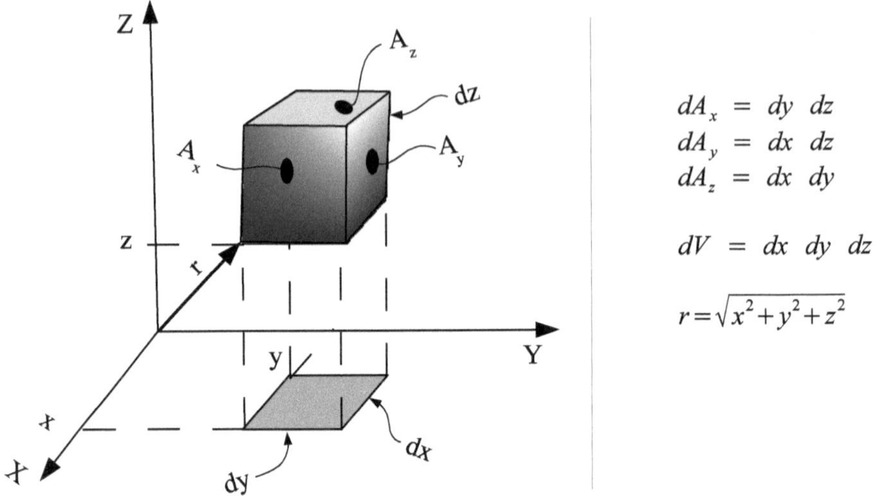

Abbildung 2.1: Kartesisches Koordinatensystem

$$grad\ \varphi = \frac{\partial \varphi}{\partial x}\,\vec{e}_x + \frac{\partial \varphi}{\partial y}\,\vec{e}_y + \frac{\partial \varphi}{\partial z}\,\vec{e}_z$$

zur Berechnung des Gradientenfeldes. Die Komponenten des Gradientenfeldes im kartesischen KOS lauten

$$\begin{aligned} grad_x\varphi &= \frac{\partial \varphi}{\partial x} \\ grad_y\varphi &= \frac{\partial \varphi}{\partial y} \\ grad_z\varphi &= \frac{\partial \varphi}{\partial z}. \end{aligned}$$

- **Divergenz:** Die Berechnung der Divergenz im kartesischen KOS erfolgt mit

$$div\ \vec{A} = \frac{\partial A_x}{\partial x} + \frac{\partial A_y}{\partial y} + \frac{\partial A_z}{\partial z}.$$

Die Wortbedeutung *Divergenz* beschreibt das Auseinandergehen, das Auseinanderstreben.

- **Rotation:** Die Rotation im kartesischen KOS wird gemäß

$$rot\vec{A} = \begin{vmatrix} \vec{e}_x & \vec{e}_y & \vec{e}_z \\ \frac{\partial}{\partial x} & \frac{\partial}{\partial y} & \frac{\partial}{\partial z} \\ A_x & A_y & A_z \end{vmatrix}$$

berechnet. Die Komponenten der Rotation im kartesischen KOS ergeben sich aus

$$\begin{aligned} rot_x\vec{A} &= \left(\frac{\partial A_z}{\partial y} - \frac{\partial A_y}{\partial z}\right)\vec{e}_x \\ rot_y\vec{A} &= \left(\frac{\partial A_x}{\partial z} - \frac{\partial A_z}{\partial x}\right)\vec{e}_y \\ rot_z\vec{A} &= \left(\frac{\partial A_y}{\partial x} - \frac{\partial A_x}{\partial y}\right)\vec{e}_z. \end{aligned}$$

$$rot\vec{A} = \left(\frac{\partial A_z}{\partial y} - \frac{\partial A_y}{\partial z}\right)\vec{e}_x + \left(\frac{\partial A_x}{\partial z} - \frac{\partial A_z}{\partial x}\right)\vec{e}_y + \left(\frac{\partial A_y}{\partial x} - \frac{\partial A_x}{\partial y}\right)\vec{e}_z.$$

- **Nabla-Operator:** Der Nabla-Operator wird im kartesischen KOS mit

$$\nabla = \frac{\partial}{\partial x}\vec{e}_x + \frac{\partial}{\partial y}\vec{e}_y + \frac{\partial}{\partial z}\vec{e}_z,$$

beschrieben.

- **Delta-Operator:** Der Delta-Operator im kartesischen KOS wird mit

$$\Delta = \frac{\partial^2}{\partial x^2} + \frac{\partial^2}{\partial y^2} + \frac{\partial^2}{\partial z^2}$$

beschrieben.

2.2 Zylinderkoordinatensystem

Eingeführt werden die Koordinaten Φ, r und z sowie Definitionen für Vektor und Vektoroperatordefinitionen in Bezug auf Abb. 2.2.

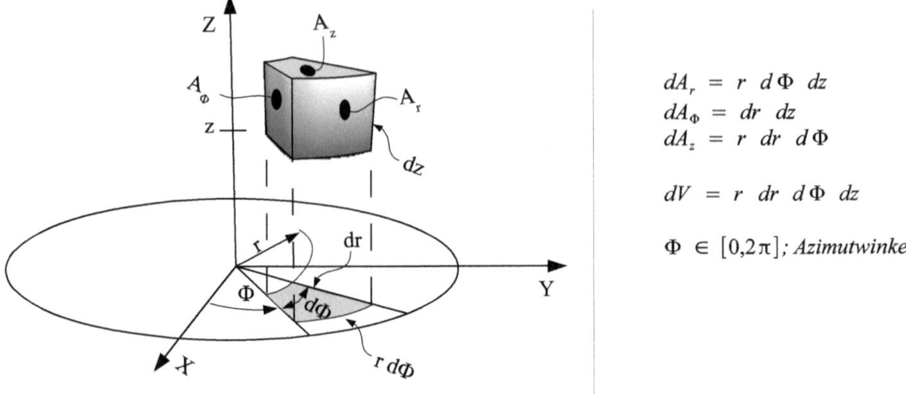

Abbildung 2.2: Zylinderkoordinatensystem

- **Vektor:** Im Zylinder-KOS wird ein Vektor mit

$$\begin{aligned} d\vec{s}(\Phi, r, z) &= ds_\Phi(\Phi, r, z)\ \vec{e}_\Phi + ds_r(\Phi, r, z)\ \vec{e}_r + ds_z(\Phi, r, z)\ \vec{e}_z \\ &= r\ d\Phi\ \vec{e}_\Phi + dr\ \vec{e}_r + dz\ \vec{e}_z \end{aligned}$$

  angegeben.

- **Gradient:** Der Gradient der skalaren Funktion φ wird im Zylinder-KOS mit

$$grad\varphi = grad_r\varphi\ \vec{e}_r + grad_\Phi\varphi\ \vec{e}_\Phi + grad_z\varphi\ \vec{e}_z$$

  berechnet. Seinen Komponenten sind

$$\begin{aligned} grad_r\varphi &= \frac{\partial\varphi}{\partial r} \\ grad_\Phi\varphi &= \frac{1}{r}\frac{\partial\varphi}{\partial\Phi} \\ grad_z\varphi &= \frac{\partial\varphi}{\partial z}. \end{aligned}$$

- **Divergenz:** Die Berechnung der Divergenz des Vektorfeldes $\vec{A}(r, \Phi, z)$ im Zylinder-KOS erfolgt mit

$$div\ \vec{A} \quad = \quad \frac{1}{r}\frac{\partial\,(r\ A_r)}{\partial r} + \frac{1}{r}\frac{\partial A_\Phi}{\partial \Phi} + \frac{\partial A_z}{\partial z}.$$

- **Rotation:** Die Berechnung der Rotation des Vektorfeldes $\vec{A}(r,\Phi,z)$ im Zylinder-KOS erfolgt mit den Beziehungen

$$rot\vec{A} = \frac{1}{r}\begin{vmatrix} \vec{e_r} & r\vec{e_\Phi} & \vec{e_z} \\ \frac{\partial}{\partial r} & \frac{\partial}{\partial \Phi} & \frac{\partial}{\partial z} \\ A_r & r\ A_\Phi & A_z \end{vmatrix}.$$

Die Komponenten der Rotation im Zylinder-KOS ergeben sich aus

$$\begin{aligned} rot_r\vec{A} &= \left(\frac{1}{r}\frac{\partial A_z}{\partial \Phi} - \frac{\partial A_\Phi}{\partial z}\right)\vec{e_r} \\ rot_\Phi\vec{A} &= \left(\frac{\partial A_r}{\partial z} - \frac{\partial A_z}{\partial r}\right)\vec{e_\Phi} \\ rot_z\vec{A} &= \left(\frac{1}{r}\frac{\partial\,(rA_\Phi)}{\partial r} - \frac{1}{r}\frac{\partial A_r}{\partial \Phi}\right)\vec{e_z}. \end{aligned}$$

- **Nabla-Operator:** Für den Nabla-Operator gilt im Zylinder-KOS

$$\nabla \quad = \quad \frac{\partial}{\partial r}\vec{e_r} + \frac{1}{r}\frac{\partial}{\partial \Phi}\vec{e_\Phi} + \frac{\partial}{\partial z}\vec{e_z}.$$

- **Delta-Operator:** Für den Delta-Operator im Zylinder-KOS gilt

$$\Delta \quad = \quad \frac{1}{r}\frac{\partial}{\partial r}\left(r\frac{\partial}{\partial r}\right) + \frac{1}{r^2}\frac{\partial^2}{\partial \Phi^2} + \frac{\partial^2}{\partial z^2}.$$

2.3 Kugelkoordinatensystem

Es werden die orthogonalen, krummlinigen Koordinaten r, Θ, Φ sowie Definitionen von Vektoroperatoren mit Bezug auf die Abbildungen 2.3 und 2.4 eingeführt.

- **Gradient:** Der Gradient einer skalaren Potenzialfunktion φ wird im Kugel-KOS mit

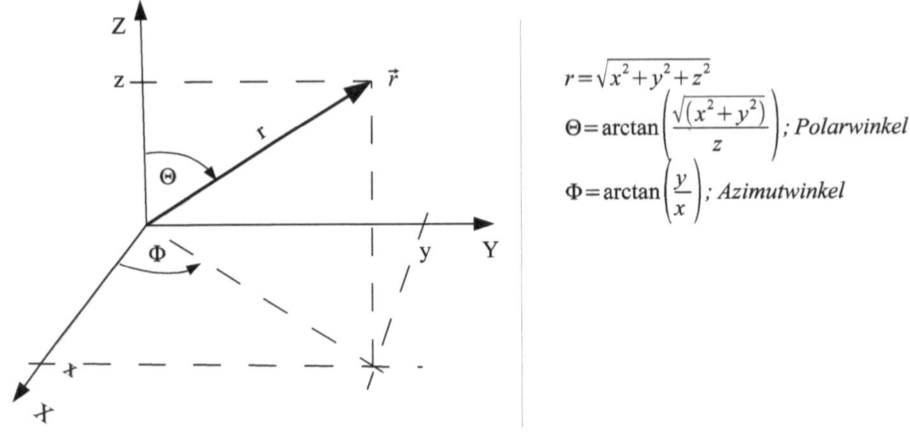

Abbildung 2.3: Koordinaten und Winkel des Kugelkoordinatensystems

$$grad\varphi = grad_r\varphi\ \vec{e}_r + grad_\Theta\varphi\ \vec{e}_\Theta + grad_\Phi\varphi\ \vec{e}_\Phi$$

und seinen Komponenten

$$\begin{aligned} grad_r\varphi &= \frac{\partial\varphi}{\partial r} \\ grad_\Theta\varphi &= \frac{1}{r\ sin\Phi}\frac{\partial\varphi}{\partial\Theta} \\ grad_\Phi\varphi &= \frac{1}{r}\frac{\partial\varphi}{\partial\Phi} \end{aligned}$$

berechnet.

- **Divergenz:** Für die Divergenz im Kugel-KOS gilt

$$div\vec{A} = \frac{1}{r^2}\frac{\partial\,(r^2\ A_r)}{\partial r} + \frac{1}{r\ sin\ \Theta}\frac{\partial(sin\ \Theta\ A_\Theta)}{\partial\ \Theta} + \frac{1}{r\ sin\ \Theta}\frac{\partial A_\Phi}{\partial\Phi}.$$

- **Rotation**: Die Rotation des Vektorfeldes $\vec{A}(r, \Theta, \Phi)$ im Kugel-KOS erfolgt mit der Beziehung

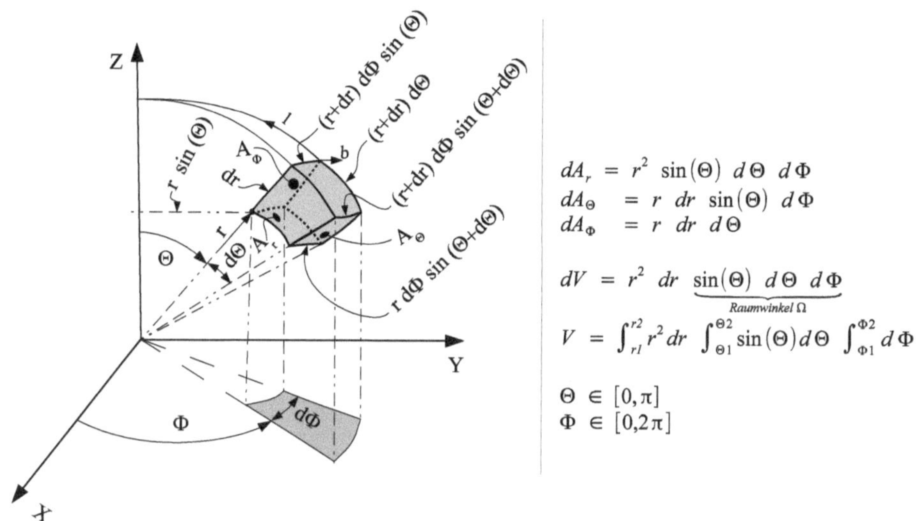

Abbildung 2.4: Kugelkoordinatensystem

$$rot\vec{A} = \frac{1}{r^2\ \sin\Theta} \begin{vmatrix} \vec{e}_r & r\ \vec{e}_\Theta & r \sin\Theta\ \vec{e}_\Phi \\ \frac{\partial}{\partial r} & \frac{\partial}{\partial \Theta} & \frac{\partial}{\partial \Phi} \\ A_r & r\ A_\Theta & r \sin\Theta\ A_\Phi \end{vmatrix} .$$

Die Komponenten der Rotation im Kugel-KOS sind

$$\begin{aligned} rot_r\vec{A} &= \left(\frac{1}{r}\frac{\partial A_\Phi}{\partial \Theta} - \frac{1}{r\ sin\Theta}\frac{\partial A_\Theta}{\partial_\Phi}\right)\ \vec{e}_r \\ rot_\Theta\vec{A} &= \left(\frac{1}{r\ sin\Theta}\frac{\partial A_r}{\partial \Phi} - \frac{\partial A_\Phi}{\partial r}\right)\ \vec{e}_\Theta \\ rot_\Phi\vec{A} &= \left(\frac{\partial A_\Theta}{\partial r} - \frac{1}{r}\frac{\partial A_r}{\partial \Theta}\right)\vec{e}_\Phi . \end{aligned}$$

Die Indizes kennzeichnen die Richtung des Rotationsvektors in r-, Θ- oder Φ-Richtung.

- **Nabla-Operator**: Der Nabla-Operator im Kugel-KOS lautet

$$\nabla = \frac{\partial}{\partial r}\,\vec{e}_r + \frac{1}{r}\frac{\partial}{\partial \Theta}\,\vec{e}_\Theta + \frac{1}{r\ sin\ \Theta}\frac{\partial}{\partial \Phi}\,\vec{e}_\Phi.$$

- **Delta-Operator**: Der Delta-Operator im Kugel-KOS ergibt sich aus

$$\Delta = \frac{1}{r^2}\frac{\partial}{\partial r}\left(r^2\,\frac{\partial}{\partial r}\right) + \frac{1}{r^2\ sin\ \Theta}\frac{\partial}{\partial \Theta}\left(sin\ \Theta\,\frac{\partial}{\partial \Theta}\right) + \frac{1}{r^2\ sin^2\ \Theta}\frac{\partial^2}{\partial \Phi^2}.$$

Kapitel 3

LCR-Parallel- und Reihenschwingkreis

Der Definition der Blindwiderstände folgen deren Frequenzverläufe sowie die Eigenfrequenzberechnung mit anschließender Fehlerrechnung. Hergeleitet und diskutiert werden Spannungsverläufe des LCR-Reihenschwingkreises. Es schließt sich die Eigenkreisfrequenzberechnung des gedämpften LCR-Reihen- und Parallelschwingkreises an. Das Kapitel schließt mit der Berechnung des erzwungenen, gedämpften LCR-Parallelschwingkreises.

3.1 Schwingkreise, Impedanzen und Resonanzen

Die Blindwiderstände (Reaktanzen oder Wechselstromwiderstände) X sowie die komplexen Scheinwiderstände (Impedanzen) $\underline{Z}$ der einzelnen Bauelemente der Schwingkreise nach Abb. 3.1 werden wie folgt berechnet:

- Induktivität oder Spule L:

$$X_L = \omega L; \; \underline{Z}_L = j\,\omega L = j\,X_L,$$

- Kapazität oder Kondensator C:

$$X_C = \frac{1}{\omega C}; \; \underline{Z}_C = \frac{1}{j\,\omega C} = j\,X_C,$$

- Widerstand oder Resistanz R:

$$X_R = R; \; \underline{Z}_R = R.$$

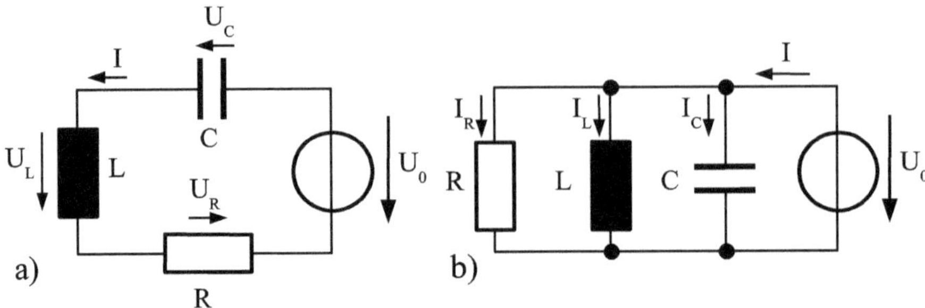

Abbildung 3.1: Reihen- und Parallelschwingkreis mit Effektivwerten

In Abb. 3.1 a) ist ein Reihenschwingkreis für gedämpfte und erzwungene Schwingung ersichtlich. Dieser ist durch den Strom I charakterisiert, welcher durch alle beteiligten Bauelemente (Spannungsquelle, Kondensator C, Induktivität L und Widerstand R) gleichermaßen hindurch fließt. Bei der Eigenkreisfrequenz ω_0 hat die Impedanz den Wert des Wirkwiderstandes der Spule. Die Schaltung ist sehr niederohmig. Es fließt der maximale Resonanzstrom. Unterhalb der Eigenkreisfrequenz dominiert die kapazitive Eigenschaft der Schaltung. Dem gegenüber steht der Frequenzbereich oberhalb der Eigenkreisfrequenz. In diesem Bereich dominiert der induktive Einfluss der Schaltung. Dieser Effekt wird als **Spannungsresonanz** bezeichnet, da die Spannung über der Induktivität und Kapazität größer als die Gesamtspannung werden kann. In Abb. 3.2 sind die Verläufe der einzelnen Impedanzen und der sich einstellende Strom über der auf die Eigenkreisfrequenz ω_0 normierten Kreisfrequenz ω aufgetragen. Die Gleichung für den Betrag der Impedanz Z_r ist

$$|\underline{Z}_r| = \sqrt{R^2 + \left(\omega L - \frac{1}{\omega C}\right)^2}.$$

Ein Parallelschwingkreis mit erzwungener und gedämpfter Schwingung ist Abb. 3.1 b) zu entnehmen. An allen beteiligten Bauelemente liegt die Spannung U_0 an. Durch jedes Bauelement stellt sich ein entsprechender Zweigstrom I_R, I_L, I_C und Summenstrom I ein. Bei einer Parallelschaltung wird die Spannung zur Bezugsgröße, da sie an allen Bauteilen gleichermaßen anliegt. Beim Wirkwiderstand weisen Spannung und Strom keine Phasenverschiebung auf. Der Strom im Kondensatorzweig eilt der Spannung um 90° voraus. Durch die Spule läuft der Strom der Spannung um 90° nach. Die

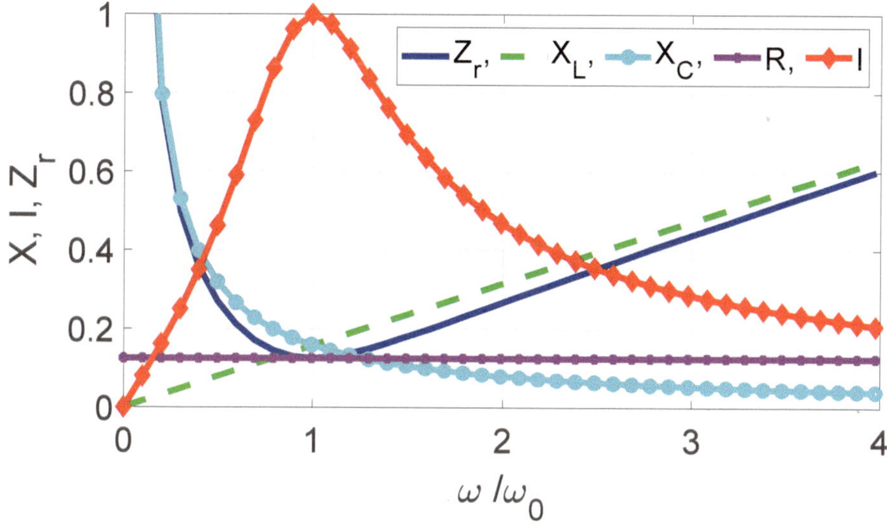

Abbildung 3.2: Charakteristik des Reihenschwingkreises

Zweigströme sind direkt proportional zu den Leitwerten. Im Bereich niedriger Kreisfrequenzen bestimmen die Leitwerte im Spulenzweig das Verhalten der Schaltung. Im Bereich hoher Kreisfrequenzen sind die Leitwerte im Kondensatorzweig bestimmend. Es gibt genau eine Eigenkreisfrequenz ω_0, bei der die beiden Leitwerte von Induktivität und Kapazität gleich sind. Wegen der zueinander gegensätzlichen Phasenverschiebung heben sich die Blindleitwerte bei dieser Kreisfrequenz auf. Der Parallelschwingkreis hat dann die Eigenschaften eines ohmschen Widerstandes, bei dem der Phasenwinkel zwischen Strom und Spannung 0° beträgt. Der Betrag der Impedanz Z_p wird mit

$$\mid \underline{Z}_p \mid \quad = \quad \frac{1}{\sqrt{\left(\frac{1}{R}\right)^2 + \left(\omega C - \frac{1}{\omega L}\right)^2}}$$

berechnet. Bei der Eigenkreisfrequenz verzeichnen Z_p und die Spannung ein Maximum (vgl. Abb. 3.3). Unterhalb dieser Eigenkreisfrequenz bestimmt der induktive Einfluss, oberhalb der Eigenkreisfrequenz der kapazitive Einfluss das Schaltungsverhalten. Dieser Effekt wird als **Stromresonanz** bezeichnet. Hier können Zweigströme auftreten, die größer als der Summenstrom sind. Zur Bestimmung der Eigenkreisfrequenz des ungedämpften Systems ω_0 werden die beiden Blindwiderstände X_L und X_C gleichgesetzt

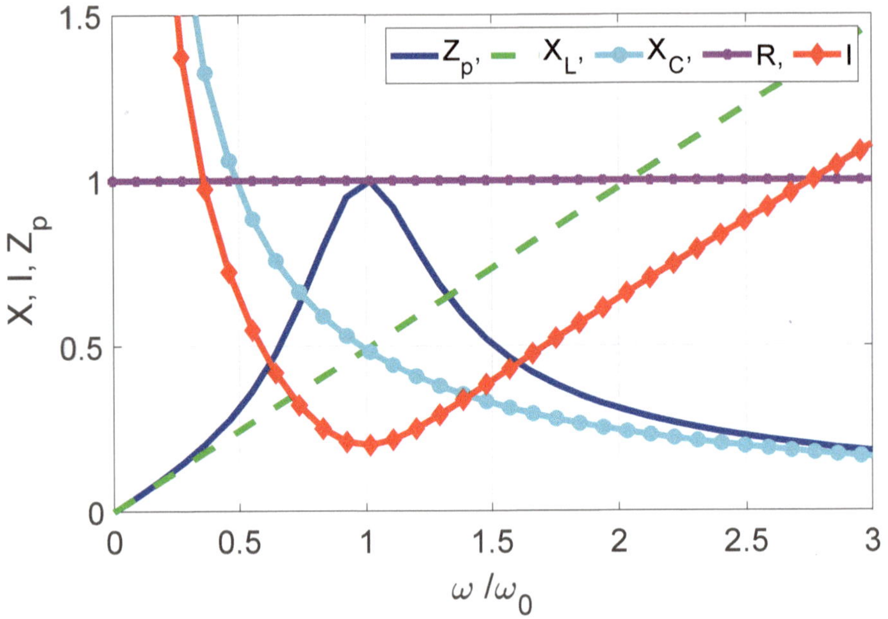

Abbildung 3.3: Charakteristik des Parallelschwingkreises

und umgeformt:

$$\begin{aligned} X_L &= X_C \\ \omega\, L &= \frac{1}{\omega\, C} \\ \omega_0 &= \frac{1}{\sqrt{LC}}. \end{aligned} \tag{3.1}$$

Die weitere Umformung führt zur Eigenfrequenz des ungedämpften Systems

$$f_0 = \frac{1}{2\,\pi\sqrt{LC}}, \tag{3.2}$$

wobei die Gl. (3.2) als Thomson'sche Schwingungsformel bezeichnet wird. Nützliche Normen hierzu sind [10], [11], [12] und [13].

3.2 Eigenfrequenz – Fehlerrechnung

Bei technischen Anwendungen kommen stets toleranzbehaftete Bauelemente zum Einsatz. Von Interesse sind daher die Auswirkungen der Bauelemente-Toleranzen auf die Eigenfrequenz f_0 mit dem Mittelwert $\bar{f}_0$ und der Messunsicherheit Δf_0

$$f_0 \quad = \quad \bar{f}_0(L, C) \pm \Delta f_0(L, C).$$

Hierzu ist der Einfluss jedes unabhängigen Parameters (L und C) auf die Eigenfrequenz zu ermitteln. Dies erfolgt durch die Bildung des totalen Differenzials der Eigenfrequenz von Gl. (3.2) mit

$$\begin{aligned} df_0 &= df_0(L, C) \\ &= \frac{\partial f_0(L, C)}{\partial L}\, dL + \frac{\partial f_0(L, C)}{\partial C}\, dC. \end{aligned}$$

Die dadurch entstandenen Terme entsprechen Geradengleichungen mit der partiellen Ableitung als Steigung multipliziert mit der Delta-Größe (unabhängige Variable). Vgl. hierzu auch die Taylor-Entwicklung. Der Maximalfehler $\Delta f_{0\ max}$ folgt mit

$$\begin{aligned} \Delta f_{0\ max} &= \left|\frac{\partial f_0(L, C)}{\partial L}\, \Delta L\right| + \left|\frac{\partial f_0(L, C)}{\partial C}\, \Delta C\right| \\ &= \left|\frac{-C}{4\, \pi\, (LC)^{3/2}}\, \Delta L\right| + \left|\frac{-L}{4\, \pi\, (LC)^{3/2}}\, \Delta C\right|. \end{aligned}$$

Tabelle 3.1: Verwendete Bauelemente

Bauelement	**Mittelwert**	**Messunsicherheit** (Absolutwert)	**Messunsicherheit** in [%]
C	$2{,}2 \cdot 10^{-6}$ F	$\pm\, 0{,}11 \cdot 10^{-6}$	$\pm\, 5$
L	$13{,}5 \cdot 10^{-3}$ H	$\pm\, 0{,}675 \cdot 10^{-3}$	$\pm\, 5$

Unter Einbezug der in Tab. 3.1 benannten Bauelemente folgt der maximale Fehler $\Delta f_{0\ max}$

$$
\begin{aligned}
\Delta f_{0\ max} &= \left| \frac{-2,2\ 10^{-6}F}{4\ \pi\ (13,5\ 10^{-3}H \cdot 2,2\ 10^{-6}F)^{3/2}} \cdot 0,675 \cdot 10^{-3}H \right| \\
&\quad + \left| \frac{-13,5\ 10^{-3}H}{4\ \pi\ (13,5\ 10^{-3}H \cdot 2,2\ 10^{-6}F)^{3/2}} \cdot 0,11 \cdot 10^{-6}F \right| \\
&= 23\ Hz\ +\ 23\ Hz \\
&= 46\ Hz.
\end{aligned}
$$

Das Ergebnis der Eigenfrequenz f_0 ist damit

$$f_0 \quad = \quad 924\ Hz\ \pm\ 46\ Hz.$$

Die prozentuale maximale Messunsicherheit (maximaler Fehler) beträgt damit

$$\left|\frac{\Delta f_{0\ max}}{\bar{f}_0}\right| \quad = \quad \left|\frac{46\ Hz}{924\ Hz}\right| \ = \ 0,05 \ = \ 5\ \%.$$

Nützliche Normen hierzu sind [14], [15], [16] und [17].

3.3 Spannungsverläufe LCR-Reihenschwingkreis bei Frequenzvariation

In Abb. 3.4 ist das Schaltbild eines erzwungenen und gedämpften Reihenschwingkreises, bestehend aus den Bauelementen Widerstand R, Induktivität L und dem Kondensator C mit den komplexen Spannungen $\underline{U}_R$, $\underline{U}_L$, $\underline{U}_C$, $\underline{U}_{RL}$ sowie der Quellenspannung $\underline{U}_0$ und dem komplexen Strom $\underline{I}$ als Effektivwerte ersichtlich. Die Erregung durch die Spannungsquelle erfolgt harmonisch mit der Kreisfrequenz $\omega = [0, \infty]$. Die Spannungsgleichung wird in die Reaktanzgleichung

$$
\begin{aligned}
\underline{U}_L\ +\ \underline{U}_R\ +\ \underline{U}_C &= \underline{U}_0 \\
j\omega L\ \underline{I}\ +\ R\ \underline{I}\ +\ \frac{1}{j\omega C}\ \underline{I} &= \underline{U}_0 \\
j\omega L\ +\ R\ +\ \frac{1}{j\omega C} &= \frac{\underline{U}_0}{\underline{I}}
\end{aligned}
\tag{3.3}
$$

überführt, wobei eine Division durch den komplexen Effektivwert des Stroms $\underline{I}$ vorgenommen wird, welcher nicht den Wert Null annehmen kann.

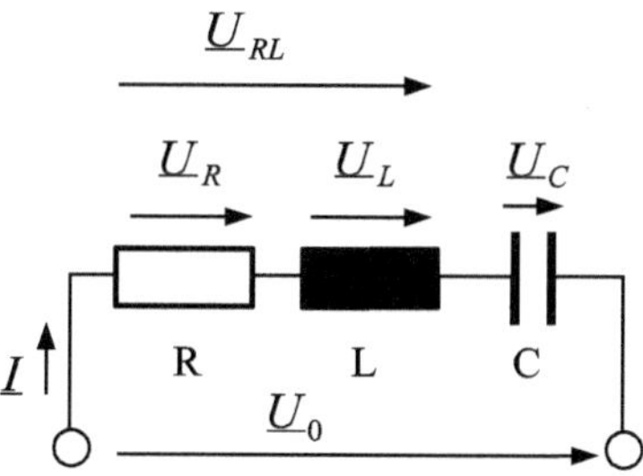

Abbildung 3.4: Beispiel eines LCR-Reihenschwingkreises

3.3.1 Spannungsverlauf über der Induktivität

Die Frequenzvariation der Quellenspannung bewirkt eine Variation der Spannung über der Induktivität, welche nachfolgend bezogen auf die Quellenspannung als normierte Spannung U_L/U_0 in Abhängigkeit eines Vielfachen der Resonanzfrequenz ω/ω_0 dargestellt wird. Hierzu wird in Gl. (3.3) der komplexe Strom $\underline{I}$ durch

$$\begin{aligned} j\omega L \;+\; R \;+\; \frac{1}{j\omega C} &= \frac{\underline{U}_0}{\underline{U}_L}\, j\omega L \\ \frac{-\omega^2 LC \;+ Rj\omega C + 1}{j\omega C} &= \frac{\underline{U}_0}{\underline{U}_L}\, j\omega L \end{aligned}$$

ersetzt sowie ein gemeinsamer Nenner gebildet. Die sich anschließende Division durch $j\omega L$, Kehrwerts-

$$\frac{j\omega L\; j\omega C}{1-\omega^2 LC + Rj\omega C} = \frac{\underline{U}_L}{\underline{U}_0}$$

und Betragsbildung führt zu

$$\frac{\omega L}{\sqrt{R^2 + (\frac{1}{\omega C} - \omega L)^2}} = \frac{U_L}{U_0}.$$

Die weitere Substitution mit $\omega \; = x\;\omega_0 \;=\; x/\sqrt{LC}$ erlaubt die Schreibweise

$$\frac{x^2\,\sqrt{LC}}{\sqrt{(x\;R\;C)^2 + LC\,(1-x^2)^2}} = \frac{U_L}{U_0}. \qquad (3.4)$$

Die Gleichung kann wie folgt interpretiert werden:

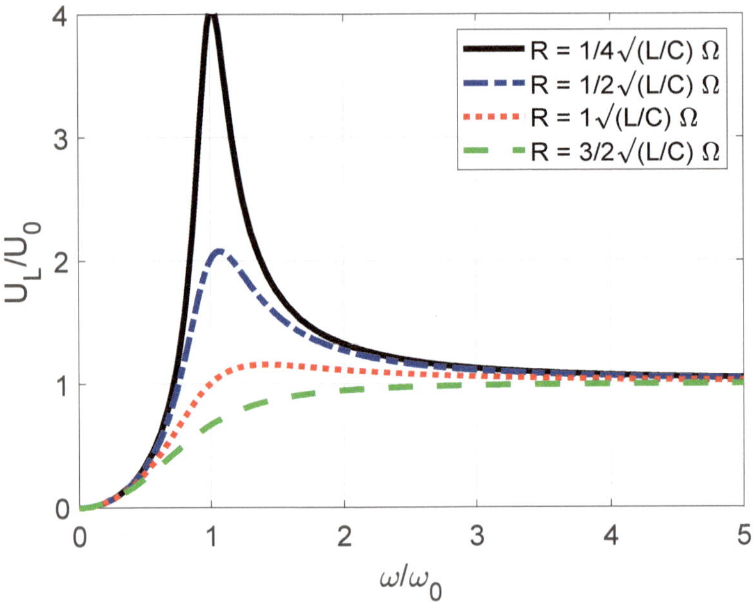

Abbildung 3.5: Frequenzabhängige Verläufe der auf die Quellenspannung U_0 bezogenen Spannung U_L über der Induktivität

- $\omega = 0$: Der Kondensator C sperrt. Damit ist weder ein Strom durch bzw. Spannungsabfall über der Induktivität zu verzeichnen.
- $\omega = \omega_0$: Z_r nimmt den Wert des Widerstandes R an und erlaubt einen maximalen Stromfluss.
- $\omega \to \infty$: Die Induktivität L sperrt. Der Spannungsabfall über der Induktivität strebt gegen die Quellspannung U_0.
- $R \to 0$: Der Widerstandseinfluss verschwindet. Die Gleichung geht über in

$$\frac{x^2}{1 - x^2} = \frac{U_L}{U_0}$$

  und weist bei $x = 1$ eine Singularität auf.

In Abb. 3.5 sind die normierten Spannungsverläufe mit dem Widerstand als Scharparameter für $x = [0, 5]$ der Gl. (3.4) dargestellt. Als Ordinate ist die auf die Quellenspannung bezogene Spannung der Induktivität und auf der Abszisse die auf die Eigenkreisfrequenz bezogene Kreisfrequenz dargestellt.

3.3.2 Spannungsverlauf über Induktivität und Widerstand

Reale Induktivitäten beinhalten einen ohmschen Widerstand. Eine gemessene Spannung über der Induktivität beinhaltet daher noch den spannungswirksamen ohmschen Anteil, wie dieser in Abb. 3.4 als $\underline{U}_{RL}$ bereits definiert wurde. Im Fortgang soll die Spannung über einer realen Induktivität als Funktion der Kreisfrequenz und dem Widerstand als Scharparameter ermittelt werden. In Gl. (3.3) wird der komplexe Strom $\underline{I}$ durch

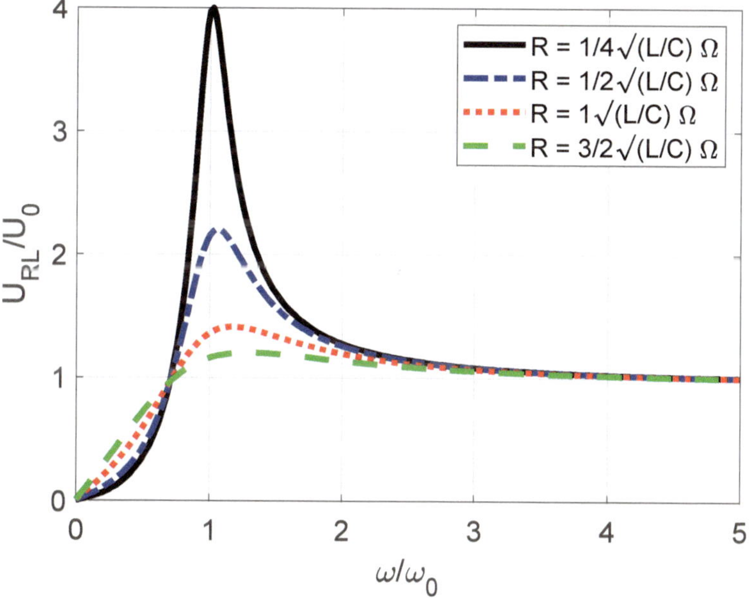

Abbildung 3.6: Frequenzabhängige Verläufe der auf die Quellenspannung U_0 bezogenen Spannung U_{RL} über der Induktivität und dem Widerstand

$$j\omega L \; + \; R \; + \; \frac{1}{j\omega C} \quad = \quad \frac{\underline{U}_0}{\underline{U}_{RL}} \, (R + j\omega L)$$

ersetzt. Die anschließende

- Division durch $(R + j\omega L)$,
- Hauptnennerbildung,
- Kehrwertbildung,
- Betragsbildung

führt zu der Gleichung

$$\sqrt{\frac{(-2\omega^2 LRC)^2 + (\omega R^2 C - \omega^3 L^2 C)^2}{(R - 2\omega^2 LRC)^2 + (\omega L + \omega R^2 C - \omega^3 L^2 C)^2}} = \frac{U_{RL}}{U_0}.$$

Die weitere Substitution mit $\omega = x\,\omega_0 = x/\sqrt{LC}$, $x = [0, 5]$ erlaubt die Schreibweise

$$\sqrt{\frac{\left(2\,x^2\,R\,\sqrt{LC}\right)^2 + (x\,R^2\,C - x^3\,L)^2}{\left(R\,\sqrt{LC} - 2\,x^3\,R\,\sqrt{LC}\right)^2 + (x\,L + x\,R^2\,C - x^3\,L)^2}} = \frac{U_{RL}}{U_0},$$

deren normierte Verläufe in Abb. 3.6 mit dem Widerstand als Scharparameter dargestellt sind. Auf der Abszisse ist die auf die Eigenkreisfrequenz bezogene Kreisfrequenz und auf der Ordinate die auf die Quellenspannung bezogene Spannung über der Induktivität und dem Widerstand aufgetragen. Der Abbildung kann entnommen werden, dass

- bei $\omega = 0$ über dem Widerstand und der Induktivität keine Spannung abfällt, da der Kondensator sperrt.
- bei $\omega \to \infty$ die Impedanz des Kondensators gegen sehr kleine Werte und die der Induktivität und Widerstand gegen sehr hohe Werte strebt. Die Spannung über der Induktivität nähert sich dem Wert der Quellenspannung.
- das Spannungsmaximum mit abnehmendem Widerstand gegen niedrigere Frequenzwerte, bis $\omega = \omega_0$, verschoben wird.
- ein zunehmender Widerstand eine zunehmende Dämpfung bewirkt, mit Folge eines sinkenden Spannungsmaximums.

3.3.3 Spannungsverlauf über dem Widerstand

Wird in Gl. (3.3) der komplexe Strom $\underline{I}$ durch $\underline{U}/R$ ersetzt, so folgt

$$j\omega L + R + \frac{1}{j\omega C} = \frac{\underline{U}_0 R}{\underline{U}_R}.$$

Wird anschließend

- eine Division durch R,
- die Kehrwertbildung,
- die Betragsbildung

vorgenommen, so folgt die Gleichung

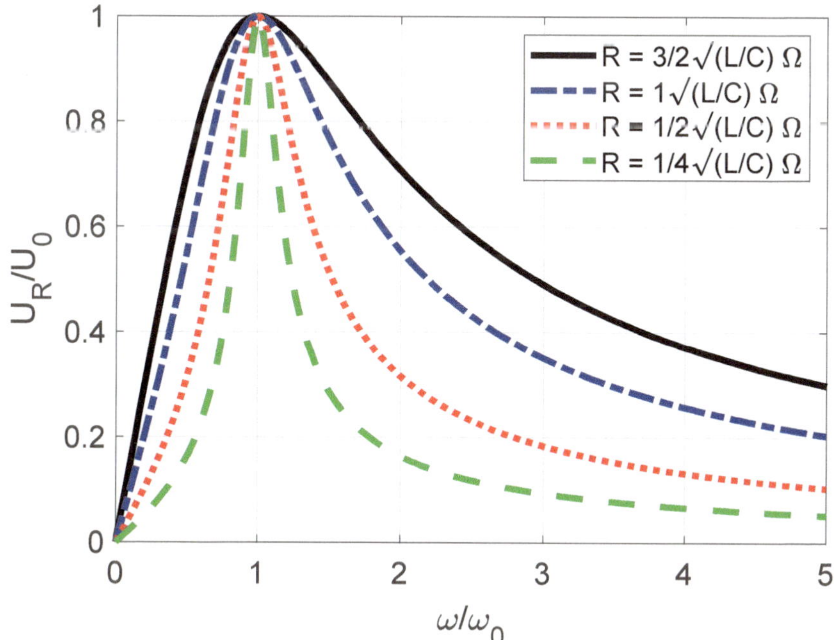

Abbildung 3.7: Frequenzabhängige Verläufe der auf die Quellenspannung U_0 bezogenen Spannung U_R über dem Widerstand

$$\frac{1}{\sqrt{(1+\left(\frac{1}{\omega RC}-\frac{\omega L}{R}\right)^2}} = \frac{U_R}{U_0}.$$

Die Substitution mit $\omega = x\,\omega_0 = x/\sqrt{LC}$, $x = [0,5]$ führt zur Schreibweise

$$\frac{1}{\sqrt{1+\left(\frac{\sqrt{L}}{xR\sqrt{C}}-\frac{x\sqrt{L}}{R\sqrt{C}}\right)^2}} = \frac{U_R}{U_0}.$$

Die dazu gehörigen normierten Spannungsverläufe mit dem Widerstand als Scharparameter sind der Abb. 3.7 zu entnehmen. Anzumerken ist, dass

- bei $\omega = 0$ (Gleichspannung) der Kondensator sperrt, mit Folge, dass kein Strom durch den Widerstand fließt und damit über dem Widerstand der Spannungsabfall gleich Null ist.
- bei $\omega \to \infty$ die Induktivität L strebt gegen hohe Impedanz werte, mit Folge, dass der Strom sowie der Spannungsabfall über dem Widerstand gegen Null streben.
- Im Resonanzfall bei $\omega = \omega_0$ kompensieren sich die Blindwiderstände der Induktivität und Kapazität. Der Strom und damit gekoppelt der Spannungsabfall über dem Widerstand nehmen Maximalwert Eins an. Ein Widerstand ist kein Energiespeicher, daher ist auch keine Spannungsüberhöhung über diesem zu erwarten.

3.3.4 Spannungsverlauf über der Kapazität

Wird in Gl. (3.3) der komplexe Strom $\underline{I}$ durch $\underline{U}\ j\omega C$ ersetzt, so folgt

$$j\omega L + R + \frac{1}{j\omega C} = \frac{\underline{U}_0}{\underline{U}_C}\,\frac{1}{j\omega C}.$$

Wird eine anschließende

- Multiplikation mit $j\omega C$,
- Kehrwertbildung,
- Betragsbildung

vorgenommen, so führt dies zu der Gleichung

$$\frac{1}{\sqrt{(1-\omega^2 LC)^2 + (RC\omega)^2}} = \frac{U_C}{U_0}.$$

Die Substitution mit $\omega = x\,\omega_0 = x/\sqrt{LC}$, $x = [0, 5]$ führt zur Schreibweise

$$\frac{1}{\sqrt{(1-x^2)^2 + \left(R\sqrt{\frac{C}{L}}\,x\right)^2}} = \frac{U_C}{U_0}.$$

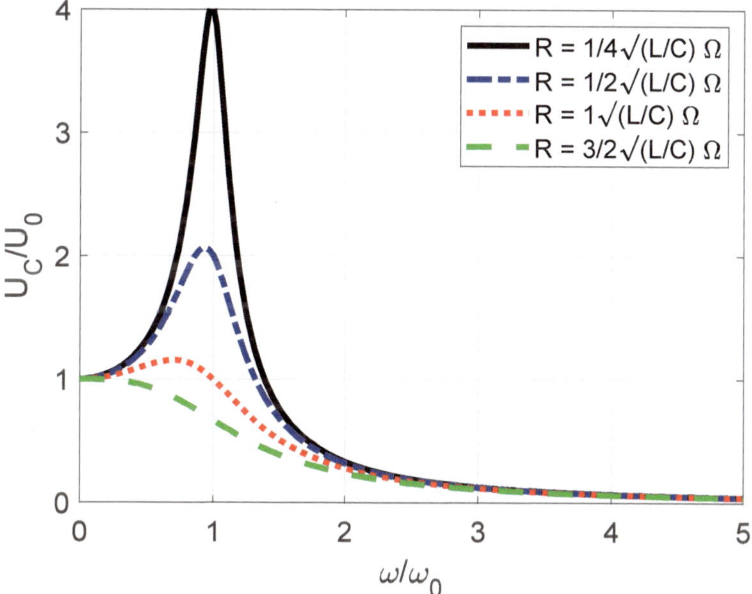

Abbildung 3.8: Frequenzabhängige Verläufe der auf die Quellenspannung U_0 bezogenen Spannung U_C über der Kapazität

Die dazu gehörigen normierten Spannungsverläufe mit dem Widerstand als Scharparameter sind der Abb. 3.8 zu entnehmen. Anzumerken ist, dass

- bei $\omega = 0$ (Gleichspannung) die gesamte Spannung über dem Kondensator abfällt, da dieser sperrt.

- bei $\omega \to \infty$ die Kondensatorimpedanz gegen Null und damit die Spannung U_C ebenfalls gegen Null strebt.
- das Maximum der Spannungsüberhöhung mit abnehmendem Widerstand zu höheren Frequenzen hin verschoben wird, bis $\omega = \omega_0$ erreicht wird.

3.4 Gedämpfter, erzwungener LCR-Reihenschwingkreis

Gegenstand der Untersuchungen ist der gedämpfte und erzwungene Reihenschwingkreis nach Abb. 3.9, bestehend aus der Spannungsquelle u_0, dem zur Spannungsquelle parallel geschalteten Widerstand R_q (Quellenwiderstand) sowie die Bauelemente Induktivität L, Kondesator oder Kapazität C und Widerstand R. Die oszillierende Spannung der Spannungsquelle u_0 regt den Schwingkreis zum Schwingen an. Die Schaltung wird mit der Spannungsdifferenzialgleichung

$$\begin{aligned} u_L \quad + \quad u_R \quad + \quad u_C \quad &= \quad u_0 \\ L\,\frac{di}{dt} \quad + \quad R\,i \quad + \quad \frac{1}{C}\int_T i\,dt \quad &= \quad u_0 \\ \frac{d^2 i}{dt^2} \quad + \quad \frac{R}{L}\frac{di}{dt} \quad + \quad \frac{1}{LC}\,i \quad &= \quad \frac{1}{L}\frac{du_0}{dt} \end{aligned}$$

beschrieben. Zur Lösung erfolgt die Transformation in den komplexen Bildbereich in Effektivwertdarstellung und mit Hilfe von Tab. 3.2

$$\begin{aligned} p^2\underline{I} + \frac{R}{L}\,p\,\underline{I} + \frac{1}{LC}\,\underline{I} \quad &= \quad \frac{1}{L}\,\underline{U}_0\,s \\ p^2 + \frac{R}{L}\,p + \frac{1}{LC} \quad &= \quad \frac{1}{L}\,\frac{\underline{U}_0}{\underline{I}}\,s. \end{aligned}$$

Die Substitutionen

- $\underline{U}_0/\underline{I} = U_0\,e^{j\varphi_u}/I\,e^{j\varphi_i}$; mit $\varphi_u - \varphi_i = 0$ des Widerstandes folgt $U_0/I = R_q$,
- $\omega_e = R_q/L$

ermöglichen

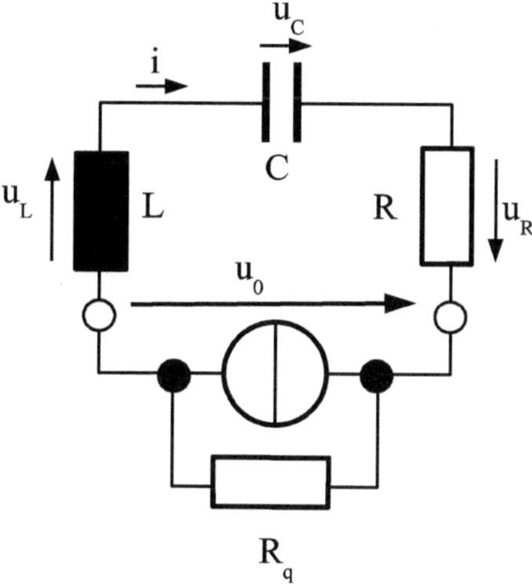

Abbildung 3.9: Beispiele eines gedämpften LCR-Reihenschwingkreises

$$
\begin{aligned}
p^2 + \frac{R}{L}p + \frac{1}{LC} &= \frac{R_q}{L}s \\
p^2 + \frac{R}{L}p + \frac{1}{LC} &= \frac{R_q}{L}j\omega_1 \\
p^2 + \frac{R}{L}p + \frac{1}{LC} &= j\left(\frac{R_q}{L}\right)^2 \\
p^2 + \frac{R}{L}p + \frac{1}{LC} - j\left(\frac{R_q}{L}\right)^2 &= 0.
\end{aligned}
$$

Die erhaltene quadratische Gleichung wird mit Hilfe der Mitternachtsformel (geht auf die Arbeit von Evariste Galois (1811–1831) zurück)

Tabelle 3.2: Transformationstabelle Zeitbereich, komplexer Bildbereich

Zeitbereich	**komplexer Bildbereich**	**komplexer Bildbereich (Effektivwert)**
i	$\underline{i}$	$\underline{I}$
$\frac{di}{dt}$	$j\omega\ \underline{i} = p\ \underline{i}$	$j\omega\ \underline{I} = p\ \underline{I}$
$\frac{d^2i}{dt^2}$	$(j\omega)^2\ \underline{i} = p^2\ \underline{i}$	$(j\omega)^2\ \underline{I} = p^2\ \underline{I}$
$\frac{du_0}{dt}$	$j\omega_e\ \underline{u}_0 = s\ \underline{u}_0$	$j\omega_e\ \underline{U}_0 = s\ \underline{U}_0$

$$
\begin{aligned}
p_{1,2} &= \frac{\frac{-R}{L} \pm \sqrt{\left(\frac{R}{L}\right)^2 - 4\left(\frac{1}{LC} - j\left(\frac{R_q}{L}\right)^2\right)}}{2} \\
&= \frac{-R}{2L} \pm \sqrt{j^4\left(\frac{R}{2L}\right)^2 - j^4\frac{1}{LC} + j^4\, j\left(\frac{R_q}{L}\right)^2} \\
&= \frac{-R}{2L} \pm \sqrt{-j^2\left(\frac{R}{2L}\right)^2 + j^2\frac{1}{LC} + j^2\, j^3\left(\frac{R_q}{2L}\right)^2} \\
&= \frac{-R}{2L} \pm j\sqrt{\frac{1}{LC} - \left(\frac{R}{2L}\right)^2 - j\left(\frac{R_q}{L}\right)^2} \\
&= -\delta \pm j\sqrt{\omega_0^2 - \delta^2 - j\,\omega_e^2} \\
&= -\delta \pm j\,\omega_d = j\,\omega_{1,2}
\end{aligned}
\tag{3.5}
$$

gelöst. Die Umformung obiger Gleichungen erfolgt mit dem selbstgewählten Ziel, den Term $1/(LC)$ alleinstehend und positiv darzustellen. Hierbei ist

- ω_0 die Eigenkreisfrequenz des ungedämpften Systems

$$\omega_0 = \frac{1}{\sqrt{LC}}, \tag{3.6}$$

- f_0 die Eigenfrequenz des ungedämpften Systems

$$f_0 = \frac{\omega_0}{2\pi}, \tag{3.7}$$

- δ der Abklingkoeffizient oder Dämpfungsfaktor

$$\delta = \frac{R}{2L}, \tag{3.8}$$

- ω_d die Eigenkreisfrequenz des gedämpften Systems

$$\omega_d = \sqrt{\omega_0^2 - \delta^2}, \tag{3.9}$$

- f_d die Eigenfrequenz des gedämpften Systems

$$f_d = \frac{\omega_d}{2\pi}, \tag{3.10}$$

- ω_e die Erregerkreisfrequenz

$$\omega_e = \frac{R_q}{L}, \tag{3.11}$$

welche mit der imaginären Einheit unter dem Wurzelausdruck multipliziert wird.

3.5 Gedämpfter, freier LCR-Reihenschwingkreis

Der Schwingkreis des gedämpften und erzwungenen Reihenschwingkreises nach Abb. 3.9 wird mit $R_q = 0$ in den Zustand des gedämpften und freien Schwingkreises nach Abb. 3.10 überführt. Die Spannungsquelle wird kurzgeschlossen, bzw. entfernt. Der Kondensator wird für den Zustand t = 0 als Spannungsquelle angenommen. Es verbleibt aus Gl. (3.5) die Gleichung

$$\begin{aligned} p_{1,2} &= \frac{-R}{2L} \pm j\sqrt{\frac{1}{LC} - \left(\frac{R}{2L}\right)^2} \\ &= -\delta \pm j\sqrt{\omega_0^2 - \delta^2} \\ &= -\delta \pm j\,\omega_d = j\,\omega_{1,2} \end{aligned} \tag{3.12}$$

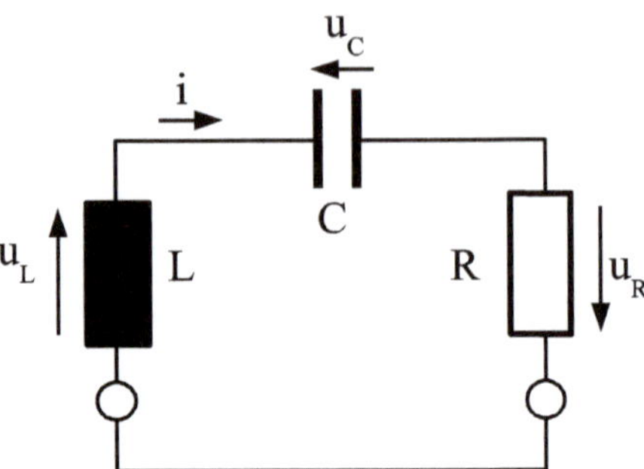

Abbildung 3.10: Beispiele eines gedämpften LCR-Reihenschwingkreises

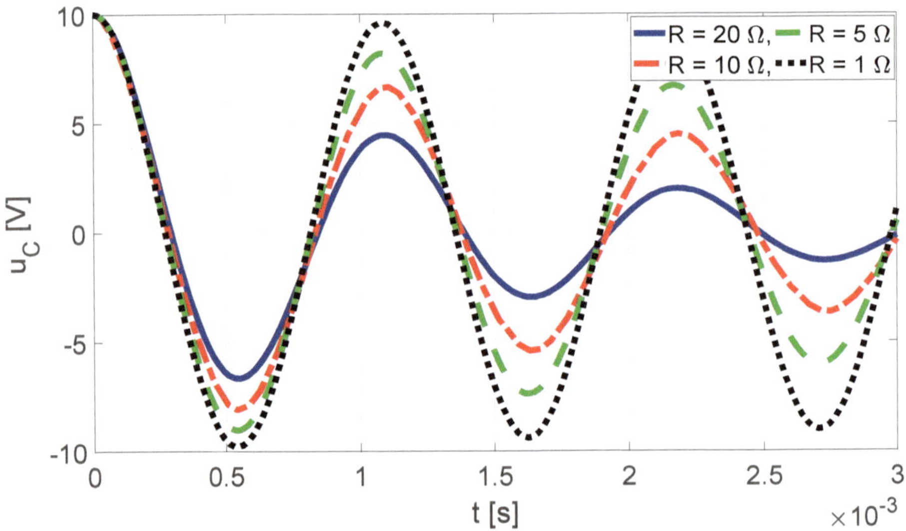

Abbildung 3.11: LTspice-Simulationsergebnis – freier, gedämpfter LCR-Reihenschwingkreis

über deren Schwingungsart die Diskriminante $D = \omega_0^2 - \delta^2$ entscheidet. An der Gl. (3.12) können drei Fälle unterschieden werden:

- $D = 0$: Aperiodischer Grenzfall. Die Dämpfung erlaubt gerade keine Schwingung mehr (aperiodisch = nicht periodisch).

Tabelle 3.3: Parameter und Vergleich von Eigenkreis-, Eigenfrequenzen des freien und gedämpften LCR-Reihenschwingkreises nach Abb. 3.10

Simulationsparameter:	C = 2,2 μF		L = 13,5 mH	
$\omega_0 = 5803\ s^{-1}$ nach Gl. (3.6)	**Widerstand R** [Ω]			
Methode	**1**	**5**	**10**	**20**
ω_d nach Gl. (3.9) [s^{-1}]	5802,5	5799,6	5790	5755
ω_d aus Abb. 3.11 [s^{-1}]	5806	5799	5730	5711
f_d aus Gl. (3.10) [Hz]	923,5	923,0	921,6	916
f_d aus Abb. 3.11 [Hz]	924	923	912	909
δ aus Gl. (3.8) [s^{-1}]	37	185	370	740

- $D < 0$: Aperiodisches Verhalten oder Kriechfall. Das System ist zu keiner echten Schwingung mehr fähig und strebt gegen einen stabilen Zustand (Spannungsausgleich).
- $D > 0$: Schwache Dämpfung. Das System ist schwingungsfähig und führt eine gedämpfte, oszillierende Schwingung durch.

Eine Gegenüberstellung der LTspice-Simulationsergebnisse aus Abb. 3.11 mit den aus den Gleichungen (3.9) und (3.10) erzielten Ergebnissen erfolgte in Tab. 3.3. Die Abweichungen sind auf die gewählten Zeitschritte der LTspice-Simulation zurückzuführen, welche mit zunehmender Frequenz größer werden.

3.6 Ungedämpfter, freier LC-Schwingkreis

Wird im Fortgang noch $R = 0$ gesetzt, so geht die Abb. 3.10 in die Abb. 3.12 über. Dabei ist $u_L = u_C = u$. Als Quelle wurde in der Darstellung der Kondensator C gewählt. Des Weiteren geht die Gl. (3.12) in die Gl. (3.6)

$$\begin{aligned} p_{1,2} &= 0 \pm j\sqrt{\omega_0^2} \\ j\,\omega_{1,2} &= 0 \pm j\,\omega_0 \\ \omega_{1,2} &= \pm\,\omega_0 = \pm\,\frac{1}{\sqrt{LC}}, \end{aligned}$$

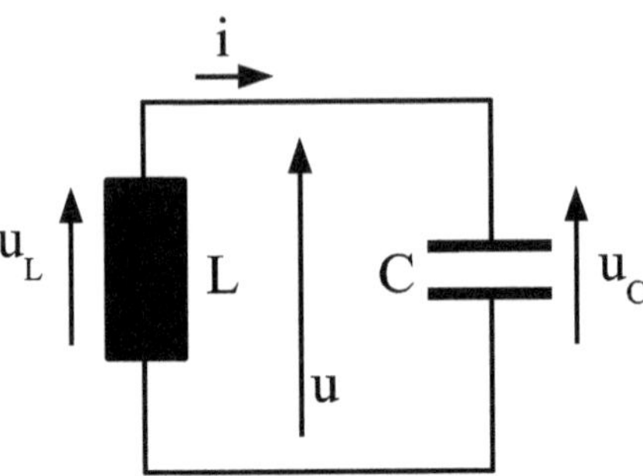

Abbildung 3.12: Ungedämpfter LC-Schwingkreis

den Zustand des freien und ungedämpften LC-Schwingkreises über. Hier ist die positive Eigenkreisfrequenz die Lösung.

3.7 Gedämpfter, erzwungener LCR-Parallelschwingkreis

In Abb. 3.13 ist ein gedämpfter Parallelschwingkreis für eine erzwungene Schwingung abgebildet. Dieser besteht aus der Spannungsquelle u_0, dem in Reihe geschalteten Innenwiderstand R_q (Quellenwiderstand) sowie den Bauelementen Widerstand R, Induktivität L und Kondensator oder Kapazität C. Die oszillierende Spannung der Spannungsquelle u_0 regt die Schaltung zum Schwingen an. Im Fortgang soll das Schwingverhalten der Schaltung untersucht werden. Hierzu muss die Schaltung mit Hilfe einer Differenzialgleichung beschrieben werden. Mit dem Knotensatz für den Knoten 1 wird die Summe der Ströme gebildet. Diese werden mit Hilfe ihrer Spannungen ausgedrückt und damit die Differenzialgleichung des Schwingkreises formuliert

$$
\begin{aligned}
i_C \quad + \quad i_R \quad + \quad i_L &= i_0 \\
C\,\frac{du}{dt} \quad + \quad \frac{1}{R}\,u \quad + \quad \frac{1}{L}\int_T u\,dt &= i_0 \\
\frac{d^2u}{dt^2} \quad + \quad \frac{1}{RC}\,\frac{du}{dt} \quad + \quad \frac{1}{LC}\,u &= \frac{1}{C}\frac{di_0}{dt}.
\end{aligned}
$$

Tabelle 3.4: Transformationstabelle Zeitbereich, komplexer Bildbereich

Zeitbereich	komplexer Bildbereich	komplexer Bildbereich (Effektivwert)
u	$\underline{u}$	$\underline{U}$
$\frac{du}{dt}$	$j\omega\ \underline{u} = p\ \underline{u}$	$j\omega\ \underline{U} = p\ \underline{U}$
$\frac{d^2u}{dt^2}$	$(j\omega)^2\ \underline{u} = p^2\ \underline{u}$	$(j\omega)^2\ \underline{U} = p^2\ \underline{U}$
$\frac{di_0}{dt}$	$j\omega_e\ \underline{i}_0 = s\ \underline{i}_0$	$j\omega_e\ \underline{I}_0 = s\ \underline{I}_0$

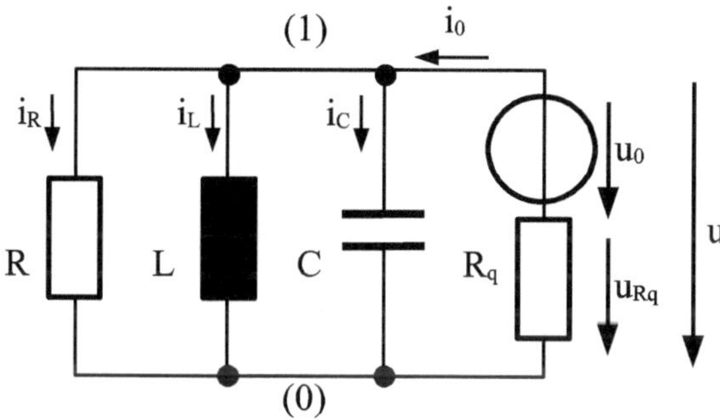

Abbildung 3.13: Beispiel eines erzwungenen und gedämpften LCR-Schwingkreises

Unter Zuhilfenahme der Transformationstabelle Tab. 3.4 folgt die algebraische Gleichung

$$\begin{aligned} p^2\ \underline{U} + \frac{1}{RC}\ p\ \underline{U} + \frac{1}{LC}\ \underline{U} &= \frac{1}{C}\ s\ \underline{I}_0 \\ p^2 + \frac{1}{RC}\ p + \frac{1}{LC} &= \frac{s}{C}\ \frac{\underline{I}_0}{\underline{U}}. \end{aligned}$$

Die Substitutionen

- $\underline{I}_0/\underline{U} = I_0\ e^{j\varphi_i}/U\ e^{j\varphi_u}$; mit φ_i - $\varphi_u = 0$ des Widerstandes folgt $I_0/U = 1/R_q$,
- $\omega_e = 1/(R_q\ C)$

ermöglichen die quadratische Gleichung

Tabelle 3.5: Simulationsparameter und Simulationsergebnisse des gedämpften LCR-Schwingkreises nach Abb. 3.13

Berechungs- und Simulationsparameter	**Berechnungs- und Simulationsergebnisse**
$R_q = 200\ \Omega$	$\omega_0 = 5802\ s^{-1}$, berechnet mit Gl. (3.14)
$R = 1\ \mathrm{k}\Omega$	$f_0 = 923{,}5$ Hz, berechnet mit Gl. (3.15)
L = 13,5 mH	$\omega_d = 5798\ s^{-1}$, berechnet mit Gl. (3.17)
C = 2,2 μF	$f_d = 923$ Hz, berechnet mit Gl. (3.18)
$\hat{u}_0 = 5$ V	Erregerfrequenz f = f_0

$$p^2 + \frac{1}{RC}\,p + \frac{1}{LC} - \frac{j}{(R_q\,C)^2} = 0,$$

deren Lösung mit Hilfe der Mitternachtsformel

$$\begin{aligned} p_{1,2} &= \frac{\frac{-1}{RC} \pm \sqrt{\frac{1}{(RC)^2} - 4\left(\frac{1}{LC} - \frac{j}{(R_qC)^2}\right)}}{2} \\ &= \frac{\frac{-2}{2RC} \pm \sqrt{\frac{4}{(2RC)^2} - 4\left(\frac{1}{LC} - \frac{j}{(R_qC)^2}\right)}}{2} \\ &= \frac{-1}{2RC} \pm \sqrt{\frac{j^4}{(2RC)^2} - \frac{j^4}{LC} + \frac{jj^4}{(R_qC)^2}} \\ &= \frac{-1}{2RC} \pm j\,\sqrt{\frac{1}{LC} - \frac{1}{(2RC)^2} - \frac{j}{(R_q\,C)^2}} \\ &= -\delta \pm j\,\sqrt{\omega_0^2 - \delta^2 - j\,\omega_e^2} \\ &= -\delta \pm j\,\omega_d = j\,\omega_{1,2} \end{aligned} \tag{3.13}$$

vollzogen wird. Die Umformung obiger Gleichungen erfolgt mit dem selbstgewählten Ziel, den Term $1/(LC)$ alleinstehend und positiv darzustellen, was eine Vergleichbarkeit mit weiteren Schaltungsanordnungen erlaubt. Der Term mit der imaginären Einheit unter dem Wurzelausdruck repräsentiert die Erregerkreisfrequenz. Weiterhin ist

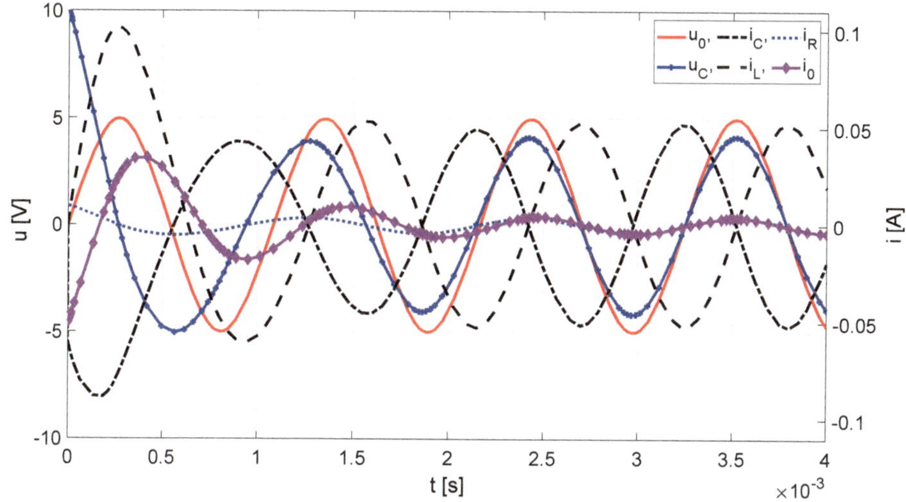

Abbildung 3.14: LTspice-Simulationsergebnis – Spannungen und Ströme des LCR-Parallelschwingkreises erregt mit u_0 bei f = f$_0$ = 923 Hz

- ω_0 die Eigenkreisfrequenz des ungedämpften Systems

$$\omega_0 = \frac{1}{\sqrt{LC}}, \tag{3.14}$$

- f_0 die Eigenfrequenz

$$f_0 = \frac{\omega_0}{2\,\pi}, \tag{3.15}$$

- δ der Abklingkoeffizient

$$\delta = \frac{1}{2\,RC}. \tag{3.16}$$

Für $R \to \infty$ nimmt die Schaltung den Zustand einer ungedämpften Schwingung an. Für $R \to 0$ geht die Schaltung in den aperiodischen Zustand über. Sie ist zu keiner echten Schwingung mehr fähig, da ein Kurzschluss dies verhindert.

- ω_d die Eigenkreisfrequenz des gedämpften Systems

$$\omega_d = \sqrt{\omega_0^2 - \delta^2}, \tag{3.17}$$

- f_d die Eigenfrequenz

$$f_d = \frac{\omega_d}{2\,\pi}, \tag{3.18}$$

- ω_e die Erregerkreisfrequenz

$$\omega_e = \frac{1}{R_q\,C}. \tag{3.19}$$

Für $R_q \to \infty$ nimmt die Schaltung den Zustand einer freien Schwingung an.

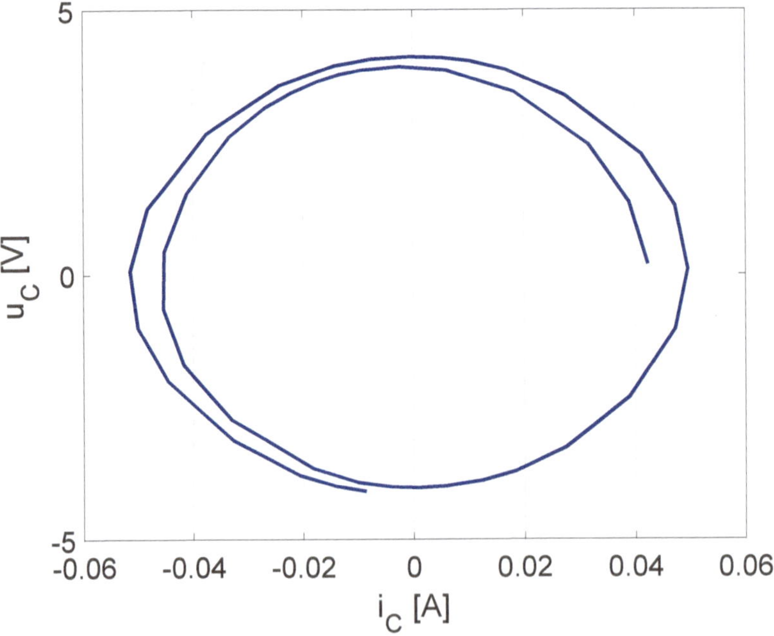

Abbildung 3.15: LTspice-Simulationsergebnis – LCR-Parallelschwingkreis, bei f = f$_0$ = 923 Hz im Einschwingvorgang als Phasendiagramm

Als Beispiel eines LCR-Schwingkreises, welcher mit der Eigenfrequenz f_0 erregt wird, sind in Abb. 3.14 die zeitlichen Verläufe der Quellenspannung u_0, der Kondensatorspannung u_C, des Kondensatorstroms i_C, des Stroms durch die Induktivität i_L sowie des Stroms durch den Widerstand i_R der Schaltung von Abb. 3.13 ersichtlich. Erkannt wird, dass

- der Kondensator eine initiale Spannung von 10 V zum Zeitpunkt t = 0 s zugewiesen wurde,
- Kondensatorspannung und -strom in ihrer Amplitude und damit im Effektivwert mit zunehmender Simulationszeit steigen,
- die Spannung $\hat{u}_0 = 5\ V$ beträgt,
- nach dem Einschwingvorgang die Spannung u_0 phasengleich mit der Spannung u_C und den Strömen i_R und i_0 liegt.

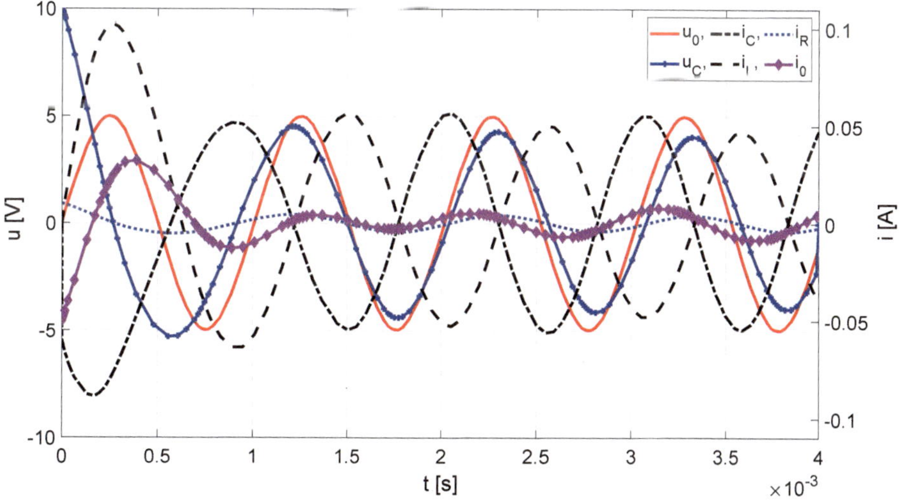

Abbildung 3.16: LTspice-Simulationsergebnis – Spannungen und Ströme des LCR-Parallelschwingkreises erregt mit u_0 bei f = 992 Hz

Die Simulationsparameter und Simulationsergebnisse sind in Tab. 3.5 zusammengefasst. In Abb. 3.15 ist der Einschwingvorgang (Bewegungen) beginnend bei t = 1 ms bis t = 2,9 ms (aus Abb. 3.14) bei 923 Hz als Phasendiagramm dargestellt. Ein Einschwingen entgegen dem Uhrzeigersinn ist als zunehmender Radius erkennbar. In Abb. 3.16 sind die Spannungs-, Stromverläufe, erregt mit einer von f_0 und f_d abweichenden, höheren Frequenz ersichtlich. Die Spannung u_0 eilt nach erfolgtem Einschwingvorgang der Spannung u_C vor. Wird die Schaltung mit einer Frequenz $f < f_0$ erregt, so eilt die Spannung u_0 nach erfolgtem Einschwingvorgang der Spannung u_C hinterher. Eine Phasengleichheit zwischen der Spannung u_0, u_C und den Strömen i_R, i_0 ist nicht mehr gegeben.

3.8 Gedämpfter, freier LCR-Parallelschwingkreis

Strebt in Abb. 3.13 der Widerstand $R_q \to \infty$, so geht die Schaltung in den zustand eines gedämpften und freien LCR-Parallelschwingkreis nach Abb. 3.17 über. Aus Gl. (3.13) verbleibt

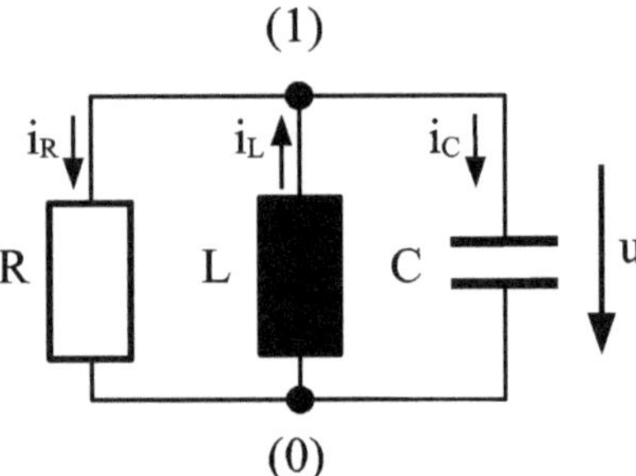

Abbildung 3.17: Beispiel eines freien und gedämpften LCR-Parallelschwingkreises mit L als Quelle

$$\begin{aligned} p_{1,2} &= \frac{-1}{2RC} \pm j\sqrt{\frac{1}{LC} - \frac{1}{(2RC)^2}} \\ &= -\delta \pm j\sqrt{\omega_0^2 - \delta^2} \\ &= -\delta \pm j\,\omega_d. \end{aligned} \tag{3.20}$$

Eine Fallunterscheidung des Schwingungsverhaltens kann wie in Kap. 3.5 vorgenommen, durchgeführt werden. Die Gl. (3.20) wird wie folgt interpretiert:

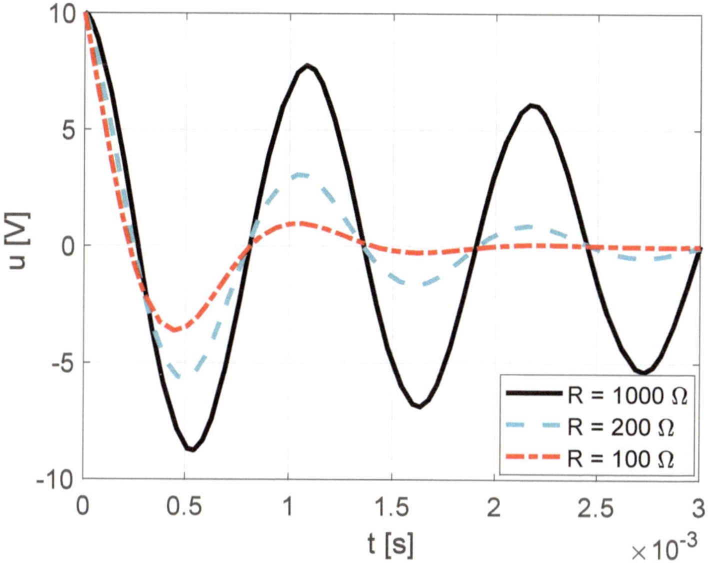

Abbildung 3.18: LTspice-Simulationsergebnis – gedämpfter LCR-Parallelschwingkreis

- R → 0: Eine periodische Schwingung wird nicht mehr ermöglicht. Die Schaltung wird kurzgeschlossen.
- R → ∞: Die Eigenkreisfrequenz des gedämpften Systems geht über in die Eigenkreisfrequenz ω_0 des ungedämpften LC-Schwingkreises nach Gl. (3.14). Es folgt

$$\begin{aligned} p_{1,2} &= 0 \pm j \, \frac{1}{\sqrt{LC}} \\ &= 0 \pm j \, \omega_0 \\ j \, \omega_{1,2} &= \pm j \, \omega_0 \\ \omega_{1,2} &= \pm \omega_0, \end{aligned}$$

wobei hier die positive Eigenkreisfrequenz $\omega_1 = \omega_0$ die Lösung bildet.

In Abb. 3.18 sind die Spannungen des gedämpften LCR-Schwingkreises nach Abb. 3.17 mit dem Widerstand als Scharparameter ersichtlich. Sichtbar sind die abklingenden Ausgleichsvorgänge. Diese werden mit einem kleiner werdenden Widerstand beschleunigt. Die Einflüsse auf die Eigenfrequenzen sind in Tab. 3.6 zusammengefasst,

Tabelle 3.6: Parameter und Vergleich von Eigenkreis-, Eigenfrequenzen des gedämpften LCR-Parallelschwingkreises nach Abb. 3.17

Simulationsparameter:	C = 2,2 μF		L = 13,5 mH
ω_0 = 5803 s^{-1} nach Gl. (3.14)	**Widerstand R** [Ω]		
Methode	**100**	**200**	**1000**
ω_d nach Gl. (3.17) [s^{-1}]	5339	5690	5798
ω_d aus Abb. 3.18 [s^{-1}]	5221	5623	5749
f_d aus Gl. (3.18) [Hz]	850	906	923
f_d aus Abb. 3.18 [Hz]	831	895	915
δ aus Gl. (3.16) [s^{-1}]	2273	1136	227

desgleichen die Simulations-, Berechnungsparameter mit Berechnungsergebnissen. Die Abweichungen zwischen den analytischen und numerischen Ergebnissen sind auf die zeitliche Diskretisierung zurückzuführen. Es wird darauf hingewiesen, dass $\omega_0 > \omega_d$ ist. Für den Parallelschwingkreis ist in Abb. 3.19 die Spannung über dem Strom als Phasendiagramm mit dem Widerstand als Scharparameter ersichtlich. Die Abklingvorgänge (Bewegungen) erfolgen entgegen dem Uhrzeigersinn und enden im Zentrum des Diagramms bei $u = i = 0$. Dagegen beschreibt ein ungedämpftes System einen Kreis.

Es sei noch ein Hinweis auf die angenommenen Stromrichtungen in Abb. 3.17 gegeben:

- Werden als Stromrichtungen alle drei Ströme als positiv angenommen, wird damit die Knotenregel verletzt, jedoch ändert dies nichts am erzielten Ergebnis der Eigenkreisfrequenz des gedämpften Systems. Den Grund bildet der quadratische Term in der Wurzel der Mitternachtsformel.

- Werden unabhängig von der Stromrichtung i_R die beiden Ströme i_C und i_L als gleichläufig angenommen, so führt dies zu dem Ergebnis

$$p_{1,2} \quad = \quad \frac{1}{2RC} \pm j\sqrt{\frac{1}{LC} - \frac{1}{(2RC)^2}}.$$

  Der Realteil ist mit einem Vorzeichenwechsel versehen. Die Eigenkreisfrequenz des gedämpften Systems ist gleich der in Gl. (3.20).

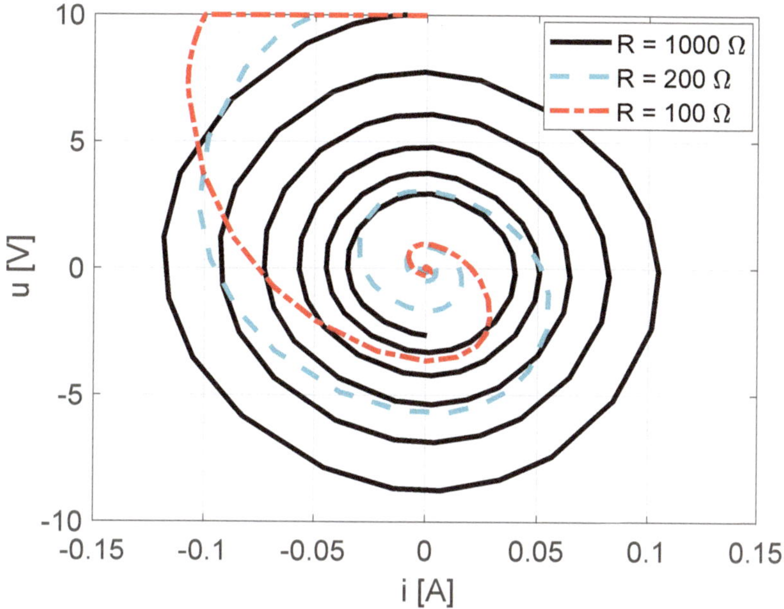

Abbildung 3.19: LTspice Simulationsergebnis – LCR-Parallelschwingkreis, Ausschwingvorgang als Phasendiagramm

3.9 Ungedämpfter, freier LC-Schwingkreis

Geht in Abb. 3.17 der Widerstand $R \to \infty$, so folgt damit der ungedämpfte und freie LC-Schwingkreis nach Abb. 3.12. Aus Gl. (3.20) folgt die Eigenkreisfrequenz gem. Gl. (3.14) des freien und ungedämpften LC-Schwingkreises, welcher auch dem ungedämpften und freien LC-Schwingkreis aus Kap. 3.6 entspricht.

Kapitel 4

Stromverdrängung im Leiter

In Abb. 4.1 a) ist ein elektrischer Leiter im Zylinderkoordinatensystem ersichtlich. Der Leiter ist mittels des Radius R, der Länge l sowie der elektrischen Leitfähigkeit κ beschrieben und wird von der Stromdichte J durch die Leiterquerschnittsfläche (stirnseitig) durchdrungen.

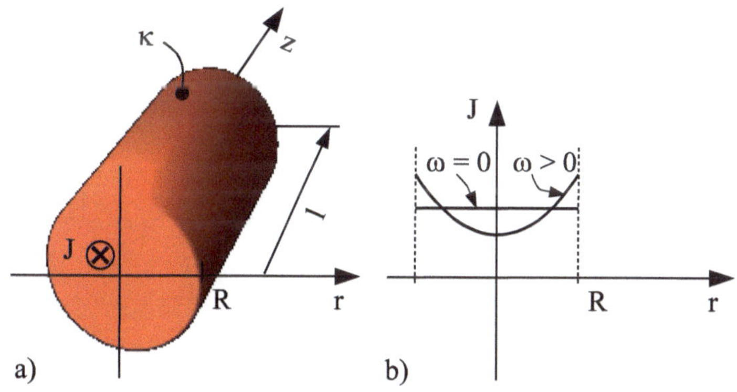

Abbildung 4.1: Elektrischer Rundleiter mit Stromdichteprofil J(r)

Im Falle einer Gleichbestromung $J(\omega = 0)$ wird sich die Stromdichte $J(r)$ über der Leiterquerschnittsfläche homogen einstellen. Im Falle einer Wechselbestromung $J(\omega > 0)$ erfolgt im Leiter eine Stromverdrängung hin zu dem Randbereich des Leiters. Die Stromdichte ist damit über die Fläche inhomogen verteilt und enthält eine radiale Änderung. Die Stromdichte ist jedoch entlang des Umfangs konstant (allseitige Stromverdrängung). Vergleiche hierzu Abb. 4.1 b). Die effektive Leiterquerschnittsfläche zur

Stromdurchleitung nimmt ab. Das Anliegen dieses Kapitels besteht in der Beschreibung des Effektes der Stromverdrängung im Leiter mittels der beiden Maxwellgleichungen (1.11) und (1.13), welche bereits geometrische Größen zur Modellbildung beinhalten. Die zeitlich veränderliche Stromdichte im Leiter bewirkt eine zeitlich veränderliche Flussdichte, welche ihrerseits ein zeitlich veränderliches elektrisches Feld induziert. Der Effekt der Stromverdrängung ist durch die Überlagerung (Superposition) der im Leiter induzierten elektrischen Felder begründet, worauf im Fortgang die Modellbildung fokussiert und der stromdichteführende Term in Gl. (1.13) vernachlässigt wird. Die aus der Superposition des elektrischen Feldes herrührende Stromverdrängung wird mit den Parametern Leiterradius R und Kreisfrequenz ω mittels zu entwickelnder Polynomgleichung beschrieben.

4.1 Stromverdrängung im Leiter – Modellbildung

Die Ursache der Stromverdrängung im Leiter bildet die Feldverdrängung im Leiter, deren Ursache eine am Leiter anliegende Wechselspannung ist. Zur Modellbildung findet ein Wechsel vom Zeit- in den komplexen Bildbereich statt. Der Leiter nach Abb. 4.1 a) wird in Abb. 4.2 a) mit seinen Flächen A_1 (Leiterquerschnittsfläche) und A_2 (Halbebene), dessen Berandungen Γ_1 und Γ_2 sowie die Leiterlänge l bemaßt. Entlang des Leiters treibt in Abb. 4.2 b) die anliegende zeitlich veränderliche Spannung $\underline{u} = \underline{E}_1 \cdot l$ den zeitlich veränderlichen Strom. Des Weiteren sind die flächendurchdringenden Feldgrößen, wie die magnetische Flussdichte $\underline{B}$ und die elektrische Feldstärke $\underline{E}$ eingezeichnet. Beide wurden mit der Vorgehensweise nach Abb. 4.3 entwickelt, in welcher die zur Modellbildung erforderlichen Annahmen benannt sind. Das elektrische Feld $\underline{E}_1$ ruft durch das Durchflutungsgesetz (Rechte-Hand-Regel) die magnetische Flussdichte $\underline{B}_1$ im Leiter hervor. Bei zunehmender Frequenz induziert die Flussdichte $\underline{B}_1$, gekoppelt durch das Induktionsgesetz (Linke-Hand-Regel), die elektrische Feldstärke $\underline{E}_2$, deren Richtung sich am äußeren Rand des Leiters gleich und im Leiterinneren entgegen der Richtung von $\underline{E}_1$ einstellt. Diese Verkettung von Ursache und Wirkung wurde in der Abb. 4.3 beispielsweise von $n = 0$ bis $n = 2$ dargestellt. Für den Bereich I des Rundleiters $[0 \leq r \leq R/2]$ nehmen die Integrationskonstanten in Abb. 4.3 die Werte $r_1 = 0$ und $r_2 \leq R/2$ an. Die elektrische Feldstärke im Zentrum des Leiters $\underline{E}_Z(r, \omega)$ wird mit der Polynomgleichung

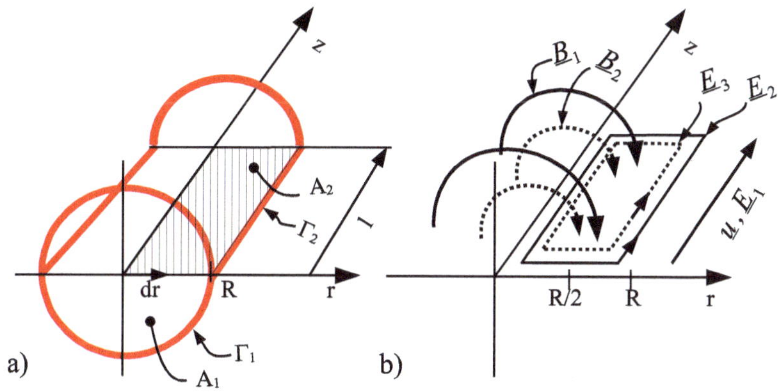

Abbildung 4.2: Elektrischer Leiter mit Flächen, Berandungen und Feldverläufe

$$\begin{aligned}
\underline{E}_Z(r,\omega) &= \underline{E}_1 - \underline{E}_2 - \underline{E}_3 - \underline{E}_4 - \cdots \\
&= \left[1 - \frac{1}{2^2}\left(\frac{\omega\, r}{c}\right)^2 - \frac{1}{2^2\, 4^2}\left(\frac{\omega\, r}{c}\right)^4 - \frac{1}{2^2\, 4^2\, 6^2}\left(\frac{\omega\, r}{c}\right)^6 - \cdots\right] E_0\, e^{j\omega t} \\
&= \left[1 - \frac{1}{(1!)^2}\left(\frac{\omega r}{2c}\right)^2 - \frac{1}{(2!)^2}\left(\frac{\omega r}{2c}\right)^4 - \cdots\right] E_0\, e^{j\omega t}
\end{aligned}$$

beschrieben. Für den Randbereich II des Rundleiters $[R/2 \leq r \leq R]$ nehmen die Integrationskonstanten in Abb. 4.3 die Werte $r_1 = R/2$ und $r_2 \leq R$ an. Die elektrische Feldstärke im Randbereich des Leiters $\underline{E}_R(r,\omega)$ wird mit der Polynomgleichung

$$\begin{aligned}
\underline{E}_R(r,\omega) &= \underline{E}_1 + \underline{E}_2 + \underline{E}_3 + \underline{E}_4 + \cdots \\
&= \left[1 + \frac{1}{(1!)^2}\left(\frac{\omega r}{2c}\right)^2 + \frac{1}{(2!)^2}\left(\frac{\omega r}{2c}\right)^4 + \cdots\right] E_0\, e^{j\omega t}
\end{aligned}$$

beschrieben. Die Substitution $a = \omega\, r/(2c)$ erlaubt die verkürzte Summenschreibweise beider Polynomgleichungen mit

$$E_Z(r,\omega) = \sum_{n=0}^{n=\infty} \left[\frac{1-2n}{|1-2n|}\frac{a^{2n}}{(n!)^2}\right] E_0\, e^{j\omega t} \tag{4.1}$$

$$E_R(r,\omega) = \sum_{n=0}^{n=\infty} \left[\frac{a^{2n}}{(n!)^2}\right] E_0\, e^{j\omega t}. \tag{4.2}$$

	$\oint_{\Gamma 2} E\,ds = -\frac{d}{dt}\iint_{\Omega} B\ dA_2$ (A2)	$c^2\oint_{\Gamma 1} B\,ds = \frac{d}{dt}\iint_{\Omega} E\ dA_1$ (A1)
n	*Annahmen:* ☐ $ds = dl;\ dA_2 = l\,dr$, damit folgt $E = -\frac{d}{dt}\int B(r)\ dr$. ☐ E – Feld entlang des Leiters: $\underline{E}_1 = E_0\ e^{j\omega t}$	*Annahmen:* ☐ $ds = 2\pi\,dr;\ dA_1 = 2\pi r\,dr$, damit folgt: $B = \frac{1}{c^2 r}\frac{d}{dt}\int E(r)\ r\ dr$. ☐ B – Feld mit Φ – Richtung
0	$\underline{E}_1 = E_0\ e^{j\omega t}$	
		$\underline{E}_1$ → $B_1(r) = \frac{1}{c^2 r}\frac{d}{dt}\int E_1(r)\,r\,dr = \frac{1}{c^2 r}\frac{d}{dt}\int\left(E_0\ e^{j\omega t}\right)r\,dr = \frac{j\omega r}{2c^2}E_0 e^{j\omega t}\Big\vert_{r=r_1}^{r=r_2}$
1	$E_2(r) = -\frac{d}{dt}\int B_1(r)\,dr = -\frac{d}{dt}\int\left(\frac{j\omega r}{2c^2}E_0 e^{j\omega t}\right)dr = \frac{\omega^2 r^2}{2^2 c^2}E_0 e^{j\omega t}\Big\vert_{r=r_1}^{r=r_2}$	← $\underline{B}_1$
		$\underline{E}_2$ → $B_2(r) = \frac{1}{c^2 r}\frac{d}{dt}\int E_2(r)\,r\,dr = \frac{1}{c^2 r}\frac{d}{dt}\int\left(\frac{\omega^2 r^2}{2^2 c^2}E_0 e^{j\omega t}\right)r\,dr = \frac{j\omega^3 r^3}{2^2 4 c^2}E_0 e^{j\omega t}\Big\vert_{r=r_1}^{r=r_2}$
2	$E_3(r) = -\frac{d}{dt}\int B_2(r)\,dr = -\frac{d}{dt}\int\left(\frac{j\omega^3 r^3}{2^2 4 c^2}E_0 e^{j\omega t}\right)dr = \frac{\omega^4 r^4}{2^2 4^2 c^4}E_0 e^{j\omega t}\Big\vert_{r=r_1}^{r=r_2}$	← $\underline{B}_2$

Abbildung 4.3: Vorgehen zur Herleitung der Feldüberlagerung

Aus Symmetriegründen sind die elektrischen Feldstärken $\underline{E}_2$, $\underline{E}_3$, usw. an der Stelle $R/2$ gleich Null. Die beiden Polynomgleichungen $E_Z(r,\omega)$, $E_R(r,\omega)$ werden durch die Koordinatentransformation auf $E_Z(R/2,\omega) = E_R(R/2,\omega) = 0$ auf der r-Achse verschoben und bereichsweise definiert, womit an der Stelle $R/2$ nur die Feldstärke $\underline{E}_1$ verbleibt. Aus den beiden Polynomgleichungen folgt bereichsweise definiert, die elektrische Feldstärke $\underline{E}(r,\omega)$

$$\underline{E}(r,\omega) = \begin{cases} \underline{E}_Z(-r + \frac{R}{2},\omega), & [0 \leq r \leq R/2] \quad : \textit{Bereich I} \\ \underline{E}_Z(r - \frac{R}{2},\omega), & [R/2 \leq r \leq R] \quad : \textit{Bereich II} \end{cases}$$

für den Rundleiter. Eine Überlagerung aller beteiligten elektrischen Felder (konstruktive Superponierung im Bereich II) bewirkt eine höhere Spannung und damit verbunden eine höhere Stromdichte J am Rand des Leiters. Damit konzentriert sich die Stromleitung auf den äußeren Bereich des Leiters, was als Skineffekt bezeichnet wird. Im Inneren des Leiters (Bereich I) führt dies zu einer destruktiven Superponierung zwischen dem Feld $\underline{E}_1$ und allen weiteren beteiligten elektrischen Felder. Dies kann bis zu einem Stromrückfluss (negative Stromdichte) im Inneren des Leiters führen (siehe hierzu Abb. 4.6). In den Polynomen der Gleichungen (4.1) und (4.2) sind alle Parameter wie Kreisfrequenz ω und Leiterradius r ersichtlich, welche die Stromverdrängung beeinflussen. Diese werden wie folgt diskutiert:

- Am Randbereich des Leiters nehmen $\underline{E}_3$ und $\underline{E}_2$ dieselbe Richtung wie $\underline{E}_1$ ein. Im Zentrum des Leiters sind $\underline{E}_3$ und $\underline{E}_2$ der Feldstärke $\underline{E}_1$ entgegengerichtet.
- $\omega = 0$: DC, alle Terme, welche ω beinhalten, verschwinden. Die Stromdichte ist über dem Leiterquerschnitt homogen verteilt. Siehe hierzu die Abbildungen 4.1 b) und 4.4.
- $\omega \to \infty$: AC, die einzelnen Terme nehmen in ihren Werten zu. Die Polynomgleichungswerte werden am Rand des Leiters ein Maximum und im Zentrum des Leiters ein Minimum einnehmen. Vergleiche hierzu das Ergebnis in Abb. 4.4.
- $r = 0$: Gemäß der Modellbildung verschwinden alle Terme, welche den Parameter r beinhalten. Damit verbleibt die Feldstärke $\underline{E}_1$.
- $0 > r \geq R/2$: Feldabschwächung im Zentrum des Leiters (destruktive Superponierung aller E-Felder).

- $R/2 > r \geq R$: Feldüberhöhung am Randbereich des Leiters (konstruktive Superponierung aller E-Felder).
- $r = R$: An dieser Stelle stellt sich bei $\omega > 0$ die maximale Stromverdrängung ein. Eine Vergrößerung des Radius R bei gleichbleibender Kreisfrequenz vergrößert den Effekt der Stromverdrängung, was bereits mit den Ergebnissen in den Abbildungen 4.4, 4.5 und 4.6 validiert wurde.
- Hohlleiter mit $r_i < r \leq R$: Die Festlegung der Integrationsgrenzen zur Herleitungen der einzelnen E-Feldterme in Abb. 4.3 lässt erkennen, dass bei $r = r_i$, mit $r_i < R$ die Beiträge der einzelnen Terme geringer ausfallen und damit den Effekt der Stromverdrängung verringern.
- ωR: Die Kreisfrequenz ω und der Leiterradius R beeinflussen multiplikativ die Stromverdrängung. Bei einem zunehmenden Leiterradius R muss beispielsweise die Kreisfrequenz ω verringert werden, um $\omega\ R = \mathit{konstant}$, den Effekt der Stromverdrängung konstant zu belassen.

Wird mit Hilfe der Polynomgleichungen eine auf den Leiterradius bezogene elektrische Feldstärke $\mathcal{E}(r)$ eingeführt, so kann zusammen mit der elektrischen Leitfähigkeit κ die Stromdichte J mit

$$J = \kappa \int \mathcal{E}(r)\, dr$$

berechnet werden. Der durch den Leiter fließende Strom wird mit der Integration über die Leiterquerschnittsfläche A_1 (Abb. 4.2 a))

$$\begin{aligned} I &= \iint_\Omega J\, dA_1 \\ &= 2\pi \int_0^R J(r)\, r\, dr \end{aligned}$$

berechnet.

4.2 Stromverdrängung im Leiter – Berechnungsergebnis

Die beiden Polynome der Gleichungen (4.1) und (4.2) repräsentieren die Stromverdrängung im Rundleiter und finden bei einem Rundleiter mit einem Radius von $R =$

0,001 m Anwendung. Hierzu wurde die Kreisfrequenz ω als Scharparameter gewählt.

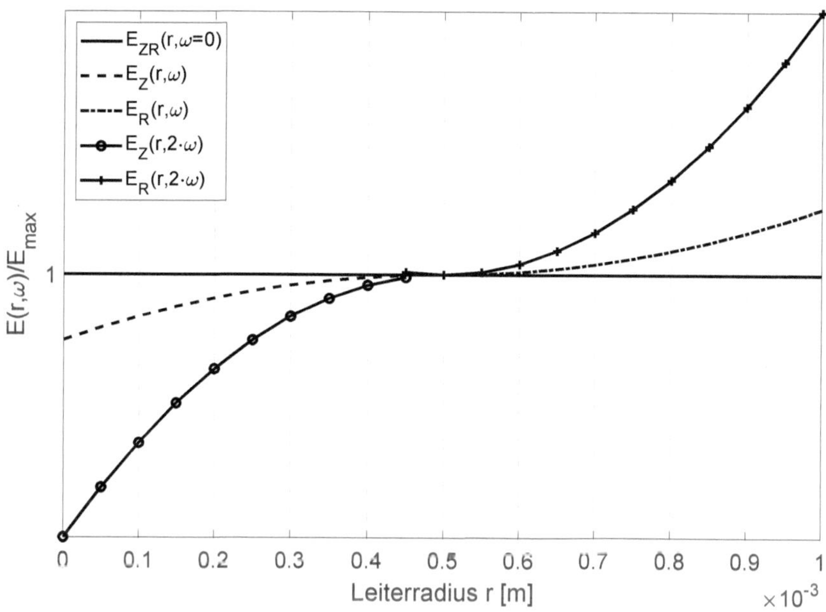

Abbildung 4.4: Berechnungsergebnis – normierte elektrische Feldstärke $E_Z(r,\omega)$ und $E_R(r,\omega)$ in Abhängigkeit des Leiterradius und der Kreisfrequenz ω als Scharparameter

Das MATLAB-Ergebnis ist in Abb. 4.4 dargestellt. Die Werte der Polynomgleichungen nehmen jeweils im Leiterzentrum ein Minimum und am Leiterrand ein Maximum ein. Die Stromdichte und damit die Stromleitung konzentriert sich mit zunehmender Kreisfrequenz am Leiterrand und kann im Leiterzentrum bei zunehmender Kreisfrequenz negative Werte annehmen. Der Verlauf des elektrischen Feldes über dem Leiterquerschnitt bildet die Ursache für die sich einstellende radiale Stromdichteverteilung $J(r)$.

4.3 Stromverdrängung im Leiter – Simulationsergebnis

In den Abbildungen 4.5 und 4.6 sind die Ergebnisse der Stromverdrängung J(r) in drei Kupferleitern, simuliert mittels der MATLAB Partial Differential Equation Toolbox, ersichtlich. Der Leiterdurchmesser beträgt $d_1 = 2\ mm$. Die weiteren Durchmesser verhalten sich wie $d_2 = 2\ d_1$ und $d_3 = 3\ d_1$. Im Modell wurde eine spezifische elektrische Leitfähigkeit des Kupfers mit $\kappa = 56,2 \cdot 10^6\ 1/(\Omega m)$ angenommen. Die maximale Stromdichte nimmt den Wert 1 an. Negative Werte kennzeichnen eine Richtungsumkehr der Stromdichte im Leiter. Die Stromverdrängung ist über dem Leiterumfang konstant. Die Ergebnisse werden wie folgt diskutiert:

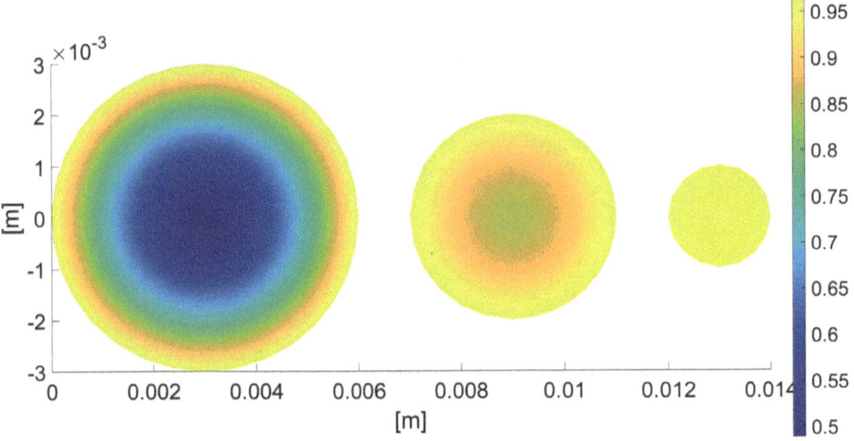

Abbildung 4.5: Simulationsergebnis – Realteil der Stromdichte J(r) im Kupferleiter bei f = 1 kHz

- Beide Abbildungen zeigen, dass der Effekt der Stromverdrängung mit zunehmendem Leiterdurchmesser stärker wird.
- In Abb. 4.5 wurde die Stromverdrängung mit einer Kreisfrequenz von 1 kHz simuliert. Eine signifikante Stromverdrängung stellt sich hierbei im linken Leiter ein. Dagegen ist im rechten Leiter noch keine Stromverdrängung erkennbar.
- In Abb. 4.6 wurde die Kreisfrequenz auf 3 kHz erhöht. Alle drei Leiter zeigen den Effekt einer Stromverdrängung. Die negative Stromdichte im linken Leiter entspricht einer Stromrichtungsumkehr.

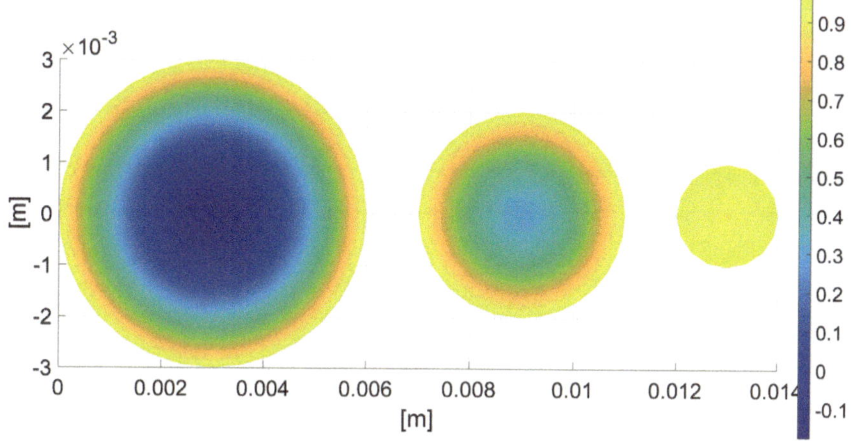

Abbildung 4.6: Simulationsergebnis – Realteil der Stromdichte J(r) im elektrischen Kupferleiter bei f = 3 kHz

Für den interessierten Leser wird in [46] Kap. 3.3 die Stromverdrängung mittels Felddiffusionsgleichung hergeleitet und berechnet.

4.4 Stromverdrängung im Leiter – Zusammenfassung

Die in der Literatur übliche Einführung in die Theorie der Stromverdrängung in Leitern erfolgt vielfach unter Anwendung der Diffusionsgleichung. Siehe hierzu [55], (S. 287 ff.); [56], (S. 554 ff.) und [49], (S. 172 ff.). Interessanterweise bieten die Maxwellgleichungen in ihrer Integralform einen direkten Zugang zur Theorie der Stromverdrängung in Leitern, welcher in Reihenentwicklungen mündet und den Effekt der Stromverdrängung beschreibt. Die in diesem Kapitel gewonnenen Erkenntnisse werden wie folgt zusammengefasst:

- Das analytische Modell zur Berechnung der Stromverdrängung ist gem. Kap. 27 der Kategorie A zuzuordnen (Modellklassifizierung).

- Die Modellbildung erfolgt mit zwei Maxwellgleichungen (Durchflutungs- und Induktionsgesetz) in ihren Integralformen.
- Die Modellbildung erfolgt im komplexen Bildbereich, was die zeitlichen Ableitungen vereinfacht und der Nachvollzieh- und Lesbarkeit entgegen kommt.
- Der Effekt der Stromverdrängung wird mittels Superposition aller beteiligten elektrischen Felder dargestellt, welche die Ursache der Stromdichteverteilung im Leiter bilden.
- Das Ergebnis der Modellbildung sind Polynomgleichungen zur Beschreibung der radialen E-Feldverteilung, in welchen die Parameter Leiterradius R und Kreisfrequenz ω den Effekt der Stromverdrängung sichtbar werden lassen.
- Die Modellbildung ist alternativ mit dem Ansatz der Stromdichte

  $$c^2 \oint_\Gamma \vec{B}\, ds \quad = \quad \iint_{\Omega_O} \frac{\vec{J}}{\varepsilon_0}\, dA$$

  möglich. Hierzu kann wahlweise $J = \kappa E$ angenommen werden.
- Die Vorgehensweise zur Modellbildung eignet sich zur Einführung in die Theorie der Stromverdrängung.

Kapitel 5

Besselgleichung und Besselfunktion

Besselgleichungen und Besselfunktionen erfahren in der Naturwissenschaft und Technik eine hohe Bedeutung zur Berechnung von zylindersymmetrischen Problemen. In diesem Kapitel wird die Person Wilhelm Friedrich Bessel gewürdigt, Besselgleichungen hergeleitet, Anwendungsbeispiele zur Besselfunktion benannt und in Besselfunktionen überführt, was als Lösung der Besselgleichungen bezeichnet wird. In [32] werden mathematisch-physikalische Anwendungsbeispiele genannt, welche auf Besselfunktionen führen. Diese sind Schwingen einer homogenen Kette, Wärmeleitungsprobleme und die „Keppler'sche Aufgabe" zur Berechnung der Planetenbewegungen. Im Fortgang werden

- die Person Wilhelm Friedrich Bessel vorgestellt,
- die Besselgleichung aus dem LCR-Parallelschwingkreis,
- die Besselgleichung aus der Felddiffusionsgleichung,
- die Besselfunktion zur Feldverteilung in einem Plattenkondensator,
- die Besselfunktion zur Feldverteilung in einer Zylinderspule,
- die Besselfunktion aus der allgemeinen Form der Besselgleichung

hergeleitet. Beispielsweise sind in den Abbildungen 5.2 und 5.6 zylindersymmetrische Anordnungen, ein Kondensator und eine Zylinderspule abgebildet, welche zur Herleitung von Besselfunktionen Anwendung finden. Alle zwei Anordnungen haben gemeinsam eine Ursache, welche eine Wirkung hervorruft, die wiederum zur Ursache für die Folgewirkung wird. Die Betrachtung kann bis in das Unendliche fortgesetzt werden. In

Abb. 5.2 a) ruft ein zeitlich veränderliches elektrisches Feld E zwischen den Kondensatorplatten bei einer zunehmenden Frequenz ein zeitlich veränderliches Magnetfeld B hervor, welches seinerseits wieder ein der Ursache entgegenwirkendes elektrisches Feld hervorruft. Das resultierende elektrische Feld zwischen den Kondensatorplatten wird mit zunehmender Frequenz abgeschwächt. In Abb. 5.6 b) ist eine Zylinderspule ersichtlich, innerhalb welcher mit zunehmender Frequenz die resultierende Flussdichte der Spule abnimmt. Die benannten Effekte werden mittels herzuleitender Besselfunktion nachfolgend beschrieben.

5.1 Zur Person Wilhelm Friedrich Bessel

Friedrich Wilhelm Bessel war deutscher Astronom und Mathematiker. Er wurde 1784 in Minden geboren und starb 1846 in Königsberg. Zu Beginn arbeitete er als Kaufmann. 1806 wurde er Observator an der Privatsternwarte von J. H. Schröter in Lilienthal und 1810 Professor der Astronomie und Direktor der Sternwarte in Königsberg. Er gilt als der bedeutendste Astronom der ersten Hälfte des 19. Jahrhunderts. Bessel veröffentlichte über 350 Abhandlungen und wurde nach Vorlegen einer Bahnbestimmung des Halleyschen Kometen vor allem von H. W. M. Olbers gefördert. Als Begründer der Astrometrie untersuchte Bessel die Grundlagen zur genauen Bestimmung der Position von Gestirnen und gab 1838 als erster die Bestimmung einer Sternparallaxe (Entfernung eines Gestirns), die des Sterns 61 Cygni im Sternbild Schwan an. Bessel leitete daraus die erste sichere Sternentfernung ab. Zudem schloss er 1844 aus der Veränderlichkeit der Eigenbewegung der Sterne auf die Existenz von (damals noch nicht beobachtbaren) Begleitsternen (Doppelsternen) und untersuchte die Aberration (scheinbare Ortsveränderung der Gestirne infolge Geschwindigkeit von Licht und Beobachter), Präzession (Bewegung einer Achse), Nutation (kurzperiodische Schwankungen der Präzession) und Schiefe der Ekliptik (Erdbahnebene). Bessel wies 1844 die Polhöhenschwankung nach. Er lieferte bedeutende Arbeiten zur Geodäsie und Geophysik, vor allem zur genauen Festlegung der astronomischen Koordinatensysteme, zur Potential- und Störungstheorie (Einführung der Zylinder- oder Bessel-Funktionen) und zu den Abmessungen des Erdellipsoids. Die allgemeine Form der Besselgleichung ist gem. [32], Gl. (4)

$$x^2 \frac{d^2y}{dx^2} + x \frac{dy}{dx} + (x^2 - \nu^2)\, y = 0. \tag{5.1}$$

5.2 Besselgleichung des LCR-Parallelschwingkreises

In Abb. 5.1 ist ein gedämpfter Parallelschwingkreis ersichtlich. Die in den Zweigen dargestellten Stromrichtungen wurden bereits vorteilhaft für die Entwicklung der Besselgleichung gewählt. Der Parallelschwingkreis wird mit einer Spannungsdifferenzialgleichung 2'ter Ordnung beschrieben, welche anschließend in die Besselgleichung (homogene Differenzialgleichung 2'ter Ordnung) nach Gl. (5.1) überführt wird. Die Herleitung der Spannungsdifferenzialgleichung für den Knoten (0) erfolgt mit den Schritten

$$\begin{aligned} i_C + i_R - i_L &= 0 \\ C\,\frac{du}{dt} + \frac{1}{R}\,u - \frac{1}{L}\int u\,dt &= 0 \\ C\,\frac{d^2u}{dt^2} + \frac{1}{R}\,\frac{du}{dt} - \frac{1}{L}\,u &= 0. \end{aligned}$$

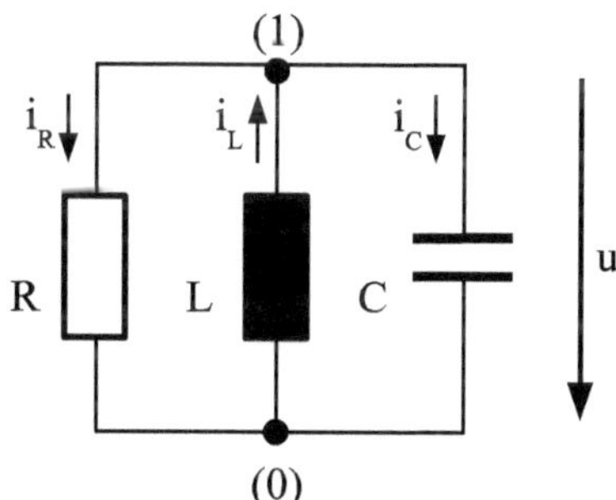

Abbildung 5.1: Gedämpfter LCR-Parallelschwingkreis mit L als Quelle

Eine Multiplikation mit R^2C führt zu

$$R^2C^2\,\frac{d^2u}{dt^2} + RC\,\frac{du}{dt} - \frac{R^2C}{L}\,u = 0.$$

Die Substitution $t = RC = \tau_1$ erlaubt die Darstellung

$$\tau_1^2\,\frac{d^2u}{d\tau_1^2} + \tau_1\,\frac{du}{d\tau_1} - \frac{R\,\tau_1}{L}\,u = 0.$$

Durch eine erneute Substitution von $\tau_2 = L/R$, Erweiterung mit den Beziehungen von τ_1, τ_2 und Umstellen der Gleichung folgt

$$\begin{aligned}
\tau_1^2 \frac{\tau_2^2}{\tau_2^2} \frac{d^2u}{d\tau_1^2} + \tau_1 \frac{\tau_2}{\tau_2} \frac{du}{d\tau_1} - \frac{\tau_1}{\tau_2} u &= 0 \\
\frac{\tau_1^2}{\tau_2^2} \frac{d^2u}{d\left(\frac{\tau_1}{\tau_2}\right)^2} + \frac{\tau_1}{\tau_2} \frac{du}{d\left(\frac{\tau_1}{\tau_2}\right)} - \frac{\tau_1}{\tau_2} \frac{\tau_1}{\tau_2} \frac{\tau_2}{\tau_1} u &= 0.
\end{aligned}$$

Mit

$$\frac{\tau_1}{\tau_2} = \frac{R^2 C}{L} = a$$

wird

$$a^2 \frac{d^2u}{da^2} + a \frac{du}{da} - a^2 \frac{\tau_2}{\tau_1} u = 0.$$

Hierbei ist anzumerken, dass mit

$$\begin{aligned}
-a^2 \frac{\tau_2}{\tau_1} &= \left(a^2 - \nu^2\right) \\
-2\, a^2 \frac{\tau_2}{\tau_1} &= -\nu^2 \\
2\, a^2 &= \nu^2 \frac{\tau_1}{\tau_2} = \nu^2\, a \\
2\, a &= \nu^2
\end{aligned}$$

die Besselgleichung in der Form von Gl. (5.1)

$$a^2 \frac{d^2u}{da^2} + a \frac{du}{da} + \left(a^2 - \nu^2\right) u = 0$$

folgt, wobei ν hier nicht ganzzahlig ist.

5.3 Besselgleichung der Felddiffusionsgleichung

Ein möglicher Weg zur Herleitung der Besselgleichung führt über die Herleitung der Diffusionsgleichung, welche im Anschluss in eine Besselgleichung in ihrer allgemeinen

Form überführt wird. Mit dem Durchflutungsgesetz und der daraus resultierenden elektrischen Feldstärke

$$\begin{aligned} rot\vec{B} &= \vec{J}\,\mu_0 = \kappa\,\vec{E}\,\mu_0 \\ \vec{E} &= \frac{1}{\kappa\,\mu_0}\,rot\vec{B} \end{aligned}$$

unter Einbezug des Induktionsgesetzes

$$rot\vec{E} = -\frac{\partial \vec{B}}{\partial t}$$

folgt durch Einsetzen

$$\frac{1}{\kappa\,\mu_0}\,rot\,rot\vec{B} = -\frac{\partial \vec{B}}{\partial t}.$$

Die Zuhilfenahme der Beziehung der Vektoranalysis

$$rot\,rot\vec{B} = grad\,\underbrace{div\vec{B}}_{=0} - \Delta\vec{B}$$

erlaubt die vereinfachte Darstellung

$$\frac{1}{\kappa\,\mu_0}\left(-\Delta\vec{B}\right) = -\frac{\partial \vec{B}}{\partial t}.$$

Die weitere Umformung führt zur Diffusionsgleichung in Integralform

$$\Delta\vec{B} = \kappa\,\mu_0\,\frac{\partial \vec{B}}{\partial t}.$$

Im Fortgang wird die Gleichung mittels Zylinderkoordinaten entwickelt. Hierzu ist

$$\Delta\vec{B} = \frac{1}{r}\,\frac{\partial}{\partial r}\left(r\,\frac{\partial B}{\partial r}\right) + \frac{1}{r^2}\,\underbrace{\frac{\partial^2 B}{\partial \Phi^2}}_{=0} + \underbrace{\frac{\partial^2 B}{\partial z^2}}_{=0}.$$

Die Anwendung der Produktregel

$$\frac{\partial}{\partial r}\left(r\,\frac{\partial B}{\partial r}\right) \quad = \quad r\,\frac{\partial^2 B}{\partial r^2} + \frac{\partial B}{\partial r}\frac{\partial r}{\partial r} = r\,\frac{\partial^2 B}{\partial r^2} + \frac{\partial B}{\partial r}$$

führt zur partiellen Ableitung

$$\frac{1}{r}\left[r\,\frac{\partial^2 B}{\partial r^2} + \frac{\partial B}{\partial r}\right] \quad = \quad \frac{\partial^2 B}{\partial r^2} + \frac{1}{r}\frac{\partial B}{\partial r}.$$

Durch Einsetzen folgt die Diffusionsgleichung als partielle Differenzialgleichung 2'ter Ordnung in Zylinderkoordinaten

$$\frac{\partial^2 B}{\partial r^2} + \frac{1}{r}\,\frac{\partial B}{\partial r} \quad = \quad \kappa\,\mu_0\,\frac{\partial B}{\partial t}.$$

Hierbei ist $B \quad = \quad B_z(r,t)$. Diese Gleichung gilt es in die Form der Gl. (5.1) zu überführen, was im Folgenden schrittweise erfolgt. Zu Beginn erfolgt die Transformation der Gleichung in den komplexen Bildbereich, indem die Flussdichte B

$$\underline{B}_z(r,t) \quad = \quad \hat{B}_z(r)\;e^{j\omega t}$$

transformiert wird, womit die Diffusionsgleichung

$$\frac{d^2\hat{B}_z(r)}{dr^2}\;e^{j\omega t} + \frac{1}{r}\;\frac{d\hat{B}_z(r)}{dr}\;e^{j\omega t} \quad = \quad j\;\omega\;\kappa\;\mu_0\;\hat{B}_z(r)\;e^{j\omega t}$$

für den komplexen Bildbereich folgt. Die Zeitableitung wurde demzufolge in eine Multiplikation der abhängigen Variable B mit $j\omega$ überführt, welche in nullter Ordnung erscheint. Die Division durch $e^{j\omega t}$ mit Umstellen der Gleichung führt zu

$$\frac{d^2\hat{B}_z(r)}{dr^2} + \frac{1}{r}\;\frac{d\hat{B}_z(r)}{dr} + (0\;-\;j\;\omega\;\kappa\;\mu_0)\;\hat{B}_z(r) \quad = \quad 0.$$

Die Multiplikation mit r^2

$$r^2\;\frac{d^2\hat{B}_z(r)}{dr^2} + r\;\frac{d\hat{B}_z(r)}{dr} + (0\;-\;j\;\omega\;\kappa\;\mu_0)\;\hat{B}_z(r)\;r^2 \quad = \quad 0$$

nähert die Gleichung der gewünschten Form von Gl. (5.1) weiter an. Die Klammer $(0\;-\;j\;\omega\;\kappa\;\mu_0)\;r^2$ erscheint damit ohne Si-Einheit. Die Gleichung wird mit der Substitution $\underline{k}^2 \;=\; -\,j\;\omega\;\kappa\;\mu_0$ sowie $\underline{k}$

$$\frac{r^2\underline{k}^2}{\underline{k}^2}\,\frac{d^2\hat{B}_z(r)}{dr^2} + \frac{r\underline{k}}{\underline{k}}\,\frac{d\hat{B}_z(r)}{dr} + \left(0 + r^2\underline{k}^2\right)\hat{B}_z(r) = 0$$

erweitert. Um eine weitere Annäherung an die Gl. (5.1) zu erreichen, wird eine erneute Substitution $\underline{a}^2 = \underline{k}^2 r^2$ und eine Umstellung erforderlich, welche die Schreibweise

$$\underline{a}^2\,\frac{d^2\hat{B}_z(r)}{d\underline{a}^2} + \underline{a}\,\frac{d\hat{B}_z(r)}{d\underline{a}} + \left(\underline{a}^2 + 0\right)\hat{B}_z(r) = 0$$

erlaubt, was zur Besselgleichung nullter Ordnung ($\nu^2 = 0$), erster Art gemäß Gl. (5.1) führt.

5.4 Besselfunktion zur Berechnung der Feldverteilung in einem Kondensator

Gegenstand der nachfolgenden Untersuchung ist der Plattenkondensator, wie dieser in Abb. 5.2 a) und b) ersichtlich ist. Bekanntermaßen ist bei zunehmender Erregerfrequenz eine Abnahme der Kapazität zu verzeichnen. Dieser Effekt soll mithilfe der herzuleitenden Besselfunktion verifiziert werden.

5.4.1 Modellanordnung

An einem Kondensator, bestehend aus zwei kreisrunden, parallel im Abstand h angeordneten metallischen Platten mit dem Radius R nach Abb. 5.2 a) soll der Einfluss der Frequenz auf die radiale elektrische Feldverteilung zwischen den Kondensatorplatten untersucht werden.

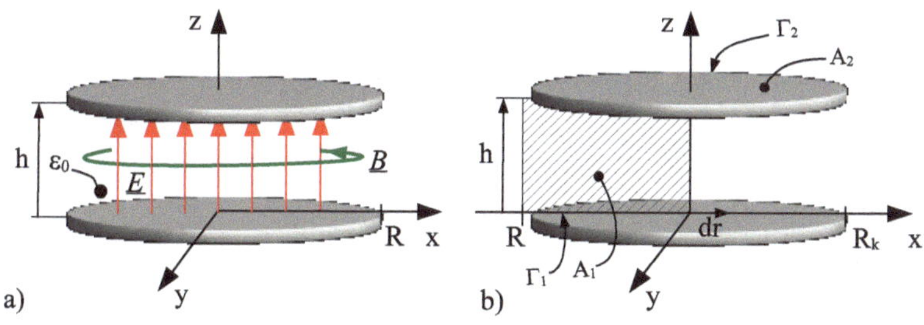

Abbildung 5.2: Kondensatoranordnung mit Flächen und deren Berandungen

5.4.2 Herleitung der Besselfunktion

Die im Fortgang getroffenen Annahmen zielen darauf ab, die radiale Verteilung des elektrischen Feldes im Kondensator mittels Besselfunktion darzustellen. Die erforderliche mathematische Beschreibung erfolgt in der komplexen Schreibweise. In Abb. 5.2 b) ist die Fläche A_1 mit ihrer Berandung Γ_1, welche von der magnetischen Flussdichte $\underline{B}$ durchsetzt wird und die Fläche A_2 mit deren Berandung Γ_2, welche die elektrische Feldstärke $\underline{E}$ begrenzt, ersichtlich. Aufgrund der hohen Leitfähigkeit beider Kondensatorplatten entfallen an diesen die tangentialen Komponenten der elektrischen Feldstärke. Eine Wechselbestromung des Kondensators von Abb. 5.2 a) verursacht bei hoher Frequenz ein zunehmendes, zeitlich veränderliches magnetisches Feld, welches den Kondensator am Umfang umschließt und die Fläche A_1 im Randbereich gem. Abb. 5.2 a) durchsetzt. Dieses Randfeld ergibt sich bei infinitesimaler Betrachtungsweise einzelner als differenziell angenommener Kondensatorflächenelemente ΔA_2, welche senkrecht vom zeitlich veränderlichen elektrischen Feld $\underline{E}$ durchsetzt werden und deshalb mit einem zeitlich veränderlichen magnetischen Feld $\underline{B}$ umschlossen werden. Innerhalb benachbarter finiter Flächenelemente hebt sich das magnetische B-Feld auf (destruktive Superponierung der Felder). Damit verbleibt ein resultierendes magnetisches $\underline{B}$-Feld am Rand, welches alle Flächenelemente umschließt (konstruktive Superponierung der Felder). Das vom $\underline{B}$-Feld hervorgerufene $\underline{E}$-Feld wirkt dem ursprünglichen $\underline{E}$-Feld entgegen (negative (-) z-Richtung), was zu einer Feldabschwächung in den Randbereichen des Kondensators führt. In Abb. 5.3 wurden diese Wechselwirkungen für die Schritte $n = 0$ bis $n = 2$ dargestellt. Die dabei entstehenden elektrischen Felder werden mit

$$\begin{aligned} \underline{E} &= \underline{E}_1 - \underline{E}_2 + \underline{E}_3 - \cdots \\ &= \left[1 - \left(\frac{\omega r}{2c}\right)^2 \frac{1}{(1!)^2} + \left(\frac{\omega r}{2c}\right)^4 \frac{1}{(2!)^2} - \cdots\right] E_0\, e^{j\omega t} \end{aligned}$$

überlagert. In der Kondensatormitte bei $r = 0$ ist das Feld $\underline{E}_1$ zu verzeichnen. Mit zunehmendem Radius und Frequenz wird das Feld in den Außenbereichen des Kondensators abgeschwächt. Mit der Substitution $a = \omega r/(2c)$ folgt

$$\underline{E}(a) = \left[1 - \frac{a^2}{(1!)^2} + \frac{a^4}{(2!)^2} - \frac{a^6}{(3!)^2} + \cdots\right] E_0\, e^{j\omega t},$$

welche verkürzt in der Summenschreibweise

	$\oint_{\Gamma 1} E\, ds = -\frac{d}{dt}\iint_{\Omega} B\, dA_1$ A1	$c^2 \oint_{\Gamma 2} B\, ds = \frac{d}{dt}\iint_{\Omega} E\, dA_2$ A2
n	*Annahmen:* ☐ $ds = dh;\ dA_1 = hdr$ ☐ *E ist der Ursache entgegen-gerichtet und mit (−) versehen.*	*Annahmen:* ☐ $ds = 2\pi dr;\ dA_2 = 2\pi r\, dr$
0	$\underline{E}_1 = E_0\ e^{j\omega t}$	
		$\underline{E}_1$ → $\underline{B}_1 = \frac{1}{c^2 r}\frac{d}{dt}\int \underline{E}_1(r)\, r\, dr$ $= \frac{1}{c^2 r}\frac{d}{dt}\int E_0\ e^{j\omega t} r\, dr$ $= \frac{j\omega r}{2c^2} E_0\ e^{j\omega t}\Big\|_{r=0}^{r=R}$
1	$\underline{B}_1$ → $\underline{E}_2 = \frac{-d}{dt}\int \underline{B}_1(r)\, dr \cdot (-1)$ $= \frac{-d}{dt}\int \frac{-j\omega r}{2c^2} E_0\ e^{j\omega t} dr$ $= -\left(\frac{\omega r}{2c}\right)^2 \frac{1}{(1!)^2} E_0\ e^{j\omega t}\Big\|_{r=0}^{r=R}$	
		$\underline{E}_2$ → $\underline{B}_2 = \frac{1}{c^2 r}\frac{d}{dt}\int \underline{E}_2(r)\, r\, dr$ $= \frac{1}{c^2 r}\frac{d}{dt}\int -\left(\frac{\omega r}{2c}\right)^2 \frac{1}{(1!)^2} E_0\ e^{j\omega t} r\, dr$ $= \frac{-j\omega^3 r^3}{2^2 4 c^4} E_0\ e^{j\omega t}\Big\|_{r=0}^{r=R}$
2	$\underline{B}_2$ → $\underline{E}_3 = \frac{-d}{dt}\int \underline{B}_2(r)\, dr \cdot (-1)$ $= \frac{-d}{dt}\int \frac{j\omega^3 r^3}{2^2 4 c^4} E_0\ e^{j\omega t} dr$ $= \left(\frac{\omega r}{2c}\right)^4 \frac{1}{(2!)^2} E_0\ e^{j\omega t}\Big\|_{r=0}^{r=R}$	

Abbildung 5.3: Vorgehen zur Herleitung der Besselfunktion nullter Ordnung und erster Art am Beispiel der radialen, elektrischen Feldverteilung in einem Kondensator

$$\underline{E}(a) \quad = \quad \sum_{m=0}^{\infty} \frac{(-1)^m a^{2m}}{(m!)^2} \; E_0 \; e^{j\omega t} \; = \; J_0(a) \;\; E_0 \; e^{j\omega t}$$

dargestellt werden kann. Die Gleichung entspricht einer Besselfunktion nullter Ordnung, erster Art. Siehe hierzu auch [30], S. 23-4. Das elektrische Feld am Kondensatorrand erfährt damit eine Abschwächung im Vergleich zum Innenbereich des Kondensators. In Abb. 5.4 ist der Verlauf der Besselfunktion $J_0(a)$ für $a = [0, 2.6]$ dargestellt. Für $\omega = 0$ verbleibt das statische elektrische homogene Feld im Kondensator. Bei einer zunehmenden Frequenz und einem gewählten Radius R nimmt das elektrische Feld an dieser Stelle gem. Abb. 5.4 ab. Eine weitere Frequenzerhöhung lässt das elektrische Feld am Rande gleich Null werden und kann sich darüber hinaus noch invertieren. In Abb. 5.5 ist der Verlauf des elektrischen Feldes $\underline{E}$ zwischen den Kondensatorplatten in Abhängigkeit einzelner Terme skizziert. Die Feldüberlagerung (Superponierung) bewirkt die Abnahme des elektrischen Feldes am Rande der Kondensatorplatten.

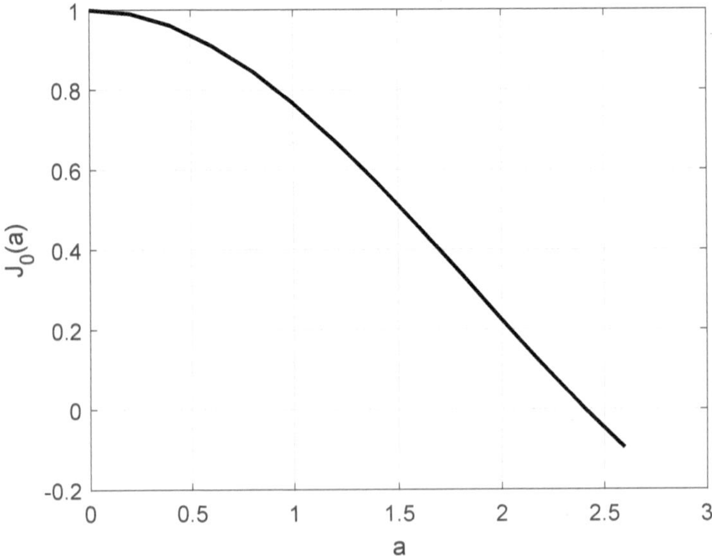

Abbildung 5.4: Verlauf der Besselfunktion $J_0(a)$

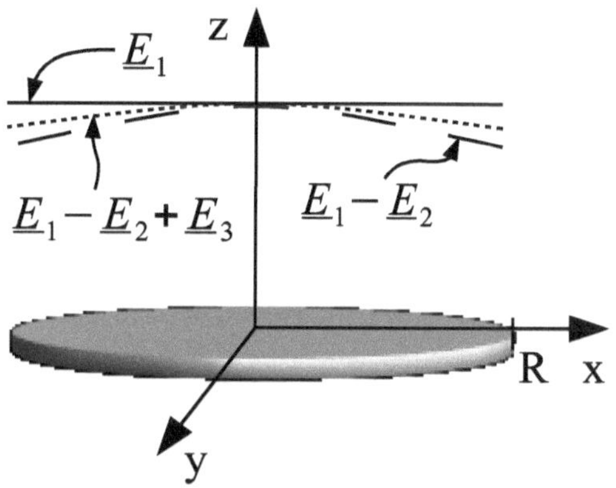

Abbildung 5.5: Feldverlauf in Abhängigkeit einzelner E-Feld-Terme

5.5 Besselfunktion zur Berechnung der Flussdichteverteilung in einer Spule

Gegenstand der nachfolgenden Untersuchung ist die zylinderförmige Luftspule, wie diese in Abb. 5.6 a) mit N Windungen angedeutet ist. Bekanntermaßen ist bei zunehmender Erregerfrequenz eine Abnahme der Induktivität zu verzeichnen. Dieser Effekt soll mithilfe der herzuleitenden Besselfunktion verifiziert werden.

5.5.1 Modellanordnung

Die Besselfunktion erlaubt die Berechnung der Feldverteilung innerhalb einer Zylinderspule. Die Zylinderspule ist in Abb. 5.6 b) mit den entsprechenden Bezeichnungen und Bemaßungen ersichtlich. Hierbei wird die vom Rand Γ_1 berandete Fläche A_1 von der Flussdichte B und die vom Rand Γ_2 berandete Fläche A_2 von der elektrischen Feldstärke E durchsetzt.

5.5.2 Herleitung der Besselfunktion

Zur weiteren Vorgehensweise findet ein Wechsel vom Zeit- in den komplexen Bildbereich statt. Die sich aufgrund der Bestromung einstellende Flussdichte $\underline{B}_1$, in Abb. 5.6 b), induziert die elektrische Feldstärke $\underline{E}_1$. Entsprechend der Rechten-Hand-Regel ruft diese die Flussdichte $\underline{B}_2$ hervor. Die Flussdichte $\underline{B}_2$ induziert die elektrische Feldstärke $\underline{E}_2$. Diese Vorgänge können beliebig fortgesetzt werden. In Abb. 5.7 ist die dazu erforderliche Vorgehensweise von $n = 0$ bis $n = 2$ dokumentiert. Die Multiplikation der elektrischen Feldstärke-Gleichungen $\underline{E}_1$ und $\underline{E}_2$ in den Schritten $n = 0$ und $n = 1$ mit (-1) bewirken die Richtungsanpassungen der magnetischen Flussdichteverläufe und münden in die Polynomgleichung

$$\begin{aligned} \underline{B} &= \underline{B}_1 + \underline{B}_2 + \underline{B}_3 + \cdots \\ &= \left[1 - \left(\frac{\omega r}{2c}\right)^2 \frac{1}{(1!)^2} + \left(\frac{\omega r}{2c}\right)^4 \frac{1}{(2!)^2} - \cdots\right] B_0 \, e^{j\omega t}. \end{aligned} \tag{5.2}$$

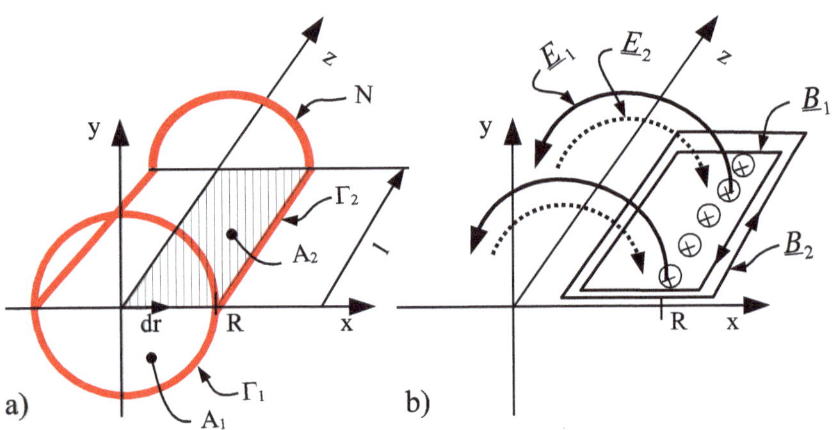

Abbildung 5.6: Zylinderspule mit Flächen, Berandungen und Feldverläufe

Das Polynom beschreibt die Flussdichte an der Stelle R. Hierbei ist das Quadrat der Lichtgeschwindigkeit $c^2 = 1/(\mu_0\varepsilon_0)$. Mit der Substitution $a = \omega r/(2c)$ folgt

$$\begin{aligned} \underline{B} &= \left[1 - \frac{a^2}{(1!)^2} + \frac{a^4}{(2!)^2} - \frac{a^6}{(3!)^2} + \cdots\right] B_0 \, e^{j\omega t}, \\ &= \sum_{n=0}^{\infty} \frac{(-1)^n a^{2n}}{(n!)^2} \, B_0 \, e^{j\omega t} \\ &= J_0(a) \, B_0 \, e^{j\omega t}, \end{aligned}$$

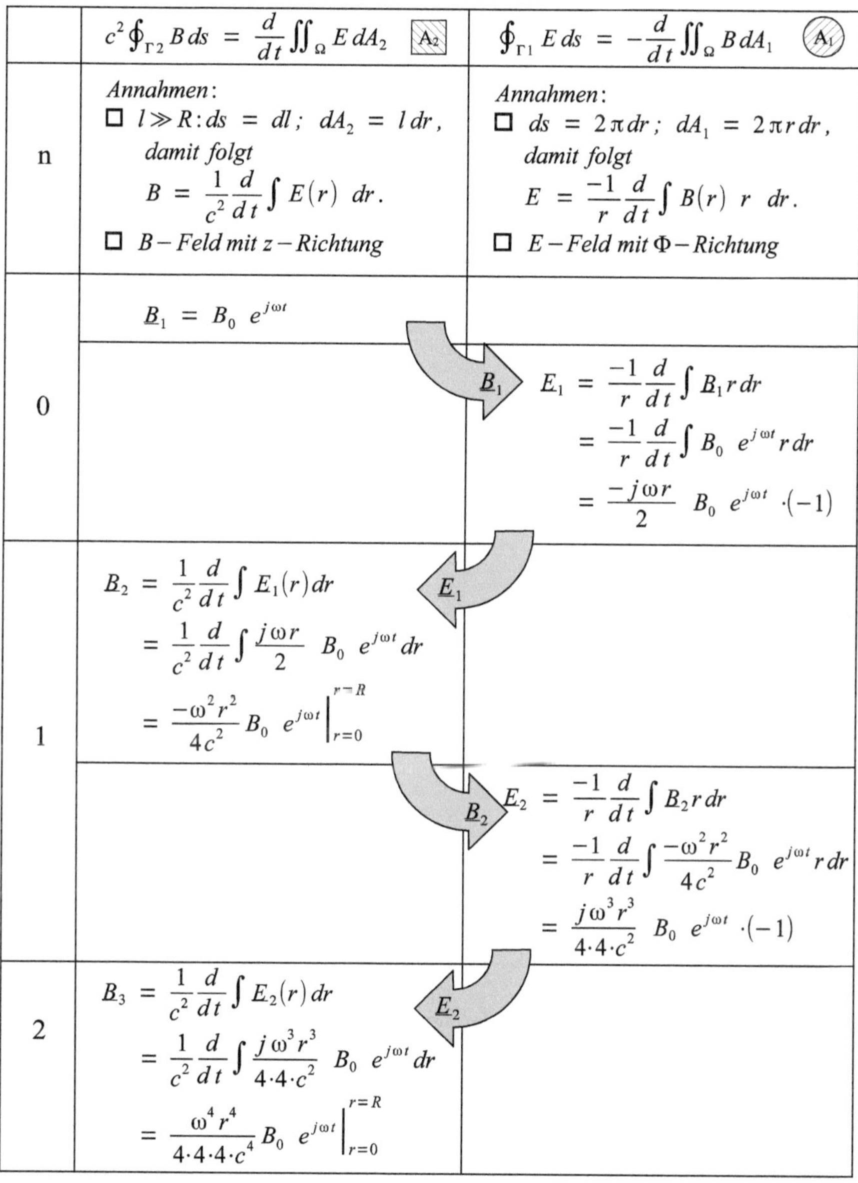

	$c^2 \oint_{\Gamma 2} B\, ds = \frac{d}{dt} \iint_\Omega E\, dA_2$ A2	$\oint_{\Gamma 1} E\, ds = -\frac{d}{dt} \iint_\Omega B\, dA_1$ A1
n	*Annahmen*: ☐ $l \gg R: ds = dl;\ dA_2 = l\, dr$, *damit folgt* $B = \frac{1}{c^2}\frac{d}{dt}\int E(r)\ dr.$ ☐ *B – Feld mit z – Richtung*	*Annahmen*: ☐ $ds = 2\pi dr;\ dA_1 = 2\pi r\, dr$, *damit folgt* $E = \frac{-1}{r}\frac{d}{dt}\int B(r)\ r\ dr.$ ☐ *E – Feld mit Φ – Richtung*
0	$\underline{B}_1 = B_0\ e^{j\omega t}$	
		$\underline{B}_1$ → $\underline{E}_1 = \frac{-1}{r}\frac{d}{dt}\int \underline{B}_1 r\, dr = \frac{-1}{r}\frac{d}{dt}\int B_0\ e^{j\omega t} r\, dr = \frac{-j\omega r}{2}\ B_0\ e^{j\omega t} \cdot (-1)$
1	$\underline{E}_1$ → $\underline{B}_2 = \frac{1}{c^2}\frac{d}{dt}\int \underline{E}_1(r)\, dr = \frac{1}{c^2}\frac{d}{dt}\int \frac{j\omega r}{2}\ B_0\ e^{j\omega t}\, dr = \left.\frac{-\omega^2 r^2}{4c^2} B_0\ e^{j\omega t}\right\rvert_{r=0}^{r=R}$	
		$\underline{B}_2$ → $\underline{E}_2 = \frac{-1}{r}\frac{d}{dt}\int \underline{B}_2 r\, dr = \frac{-1}{r}\frac{d}{dt}\int \frac{-\omega^2 r^2}{4c^2} B_0\ e^{j\omega t} r\, dr = \frac{j\omega^3 r^3}{4\cdot 4\cdot c^2}\ B_0\ e^{j\omega t} \cdot (-1)$
2	$\underline{E}_2$ → $\underline{B}_3 = \frac{1}{c^2}\frac{d}{dt}\int \underline{E}_2(r)\, dr = \frac{1}{c^2}\frac{d}{dt}\int \frac{j\omega^3 r^3}{4\cdot 4\cdot c^2}\ B_0\ e^{j\omega t}\, dr = \left.\frac{\omega^4 r^4}{4\cdot 4\cdot 4\cdot c^4} B_0\ e^{j\omega t}\right\rvert_{r=0}^{r=R}$	

Abbildung 5.7: Vorgehen zur Herleitung der Besselfunktion anhand einer Zylinderspule

welche die Form der Besselgleichung nullter Ordnung und erster Art annimmt und deren Verlauf in Abb. 5.8 ersichtlich ist. Die magnetische Flussdichte zeigt demzufolge eine Frequenz- und Radiusabhängigkeit und alterniert zudem im Vorzeichen. Im Spuleninneren können sich gleichzeitig gegenläufige, örtlich verteilte Flussdichten einstellen. Wird die Flussdichte B_0 in Abhängigkeit eines Erregerstroms formuliert, die Polynomgleichung über die Spulenfläche gliedweise integriert und den so erhaltenen magnetischen Fluss über dem Erregerstrom dargestellt, so führt dies zur Induktivität L.

5.6 Besselfunktion aus allgemeiner Form der Besselgleichung

Die Besselgleichung in ihrer allgemeinen Form

$$a^2 \frac{d^2 B_z(r)}{da^2} + a \frac{dB_z(r)}{da} + \left(a^2 + \nu^2\right) B_z(r) = 0$$

wird zur Lösung in ihre Besselfunktion als unendliche Reihen überführt. Hierzu erfolgt die Umstellung der Besselgleichung mittels der Division durch a^2, wodurch die Besselgleichung

$$\frac{d^2 B_z(r)}{da^2} + \frac{1}{a} \frac{dB_z(r)}{da} + \left(1 - \frac{\nu^2}{a^2}\right) B_z(r) = 0 \tag{5.3}$$

in ihre Normalform überführt wird. Bei $a = 0$ entsteht eine Singularität. Um diese zu umgehen, wird ein Ansatz mit der Frobenius-Potenzreihe

$$B_z(r) = a^\sigma \sum_{n=0}^{\infty} B_n \, a^n \tag{5.4}$$

$$\frac{dB_z(r)}{da} = \sum_{n=0}^{\infty} (n+\sigma)\, B_n \, a^{n+\sigma-1}$$

$$\frac{d^2 B_z(r)}{da^2} = \sum_{n=0}^{\infty} (n+\sigma)\,(n+\sigma-1)\, B_n \, a^{n+\sigma-2}$$

gewählt. Hierbei sei n als ganzzahlig anzunehmen. Durch Einsetzen dieser Beziehungen in Gl.(5.3) und anschließende Multiplikation mit $a^{2-\sigma}$ folgt

$$\sum_{n=0}^{\infty} (n+\sigma)\,(n+\sigma-1)\, B_n a^n + \frac{1}{a} \sum_{n=0}^{\infty} (n+\sigma)\, B_n a^{n+1} + \left(1 - \frac{\nu^2}{a^2}\right) \sum_{n=0}^{\infty} B_n a^{n+2} = 0.$$

Tabelle 5.1: Bestimmung der Koeffizienten B_n

n	$B_n = \frac{-1}{n(n \pm 2\nu)} B_{n-2}$; *gilt für* $n \geq 2$	$\nu = 0$	*Bemerkungen*
0	$B_0 = \frac{1}{2^{\pm\nu}\Gamma(1 \pm \nu)} = 1$	$1 \cdot B_0$	*Mit* $\nu = 0$ *folgt Gammafunktion* $\Gamma(1) = 1$
1	$B_1 = \frac{0}{1(1 \pm 2\nu)} = 0$	0	$n = 1: [(1 \pm 2\nu)^2 - \nu^2] B_1 = 0$
2	$B_2 = \frac{-1}{2(2 \pm 2\nu)} B_0 = \frac{-1}{2(2 \pm 2\nu)} B_0$	$\frac{-1}{2^2(1!)} \cdot B_0$	
3	$B_3 = \frac{-1}{3(3 \pm 2\nu)} B_1 = 0$	0	
4	$B_4 = \frac{-1}{4(4 \pm 2\nu)} B_2 = \frac{-1}{4(4 \pm 2\nu)} \frac{-1}{2(2 \pm 2\nu)} B_0$	$\frac{1}{2^4(2!)} \cdot B_0$	
5	$B_5 = \frac{-1}{5(5 \pm 2\nu)} B_3 = \frac{-1}{5(5 \pm 2\nu)} \frac{-1}{3(3 \pm 2\nu)} B_1 = 0$	0	
6	$B_6 = \frac{-1}{6(6 \pm 2\nu)} B_4 = \frac{-1}{6(6 \pm 2\nu)} \frac{-1}{4(4 \pm 2\nu)} \frac{-1}{2(2 \pm 2\nu)} B_0$	$\frac{-1}{2^6(3!)} \cdot B_0$	

Eine anschließende Zusammenfassung durch Ausmultiplizieren der Klammern, Anwenden des ersten binomischer Lehrsatzes sowie eines Potenzgesetzes führt zu

$$\sum_{n=0}^{\infty} \left[(n+\sigma)^2 - \nu^2\right] B_n \, a^n + \sum_{n=0}^{\infty} B_n \, a^{n+2} = 0.$$

Die Gleichung muss für alle Werte von a Null ergeben. Da a die unabhängige Variable ist, kann diese einen von Null verschiedenen Wert annehmen. Die unterschiedlichen Potenzen von a erlauben ebenfalls nicht das Erfüllen der Gleichung. Somit verbleibt, dass die Koeffizienten von a selbst den Wert Null annehmen müssen. Der Koeffizient B_n ist in beiden Termen der Gleichung enthalten. Dies führt zu der Annahme, $B_n = 0$ zu setzen, was die Gleichung erfüllt. Ein weiterer Weg, die Gleichung zu erfüllen, besteht in der Verschiebung der Indizes

$$\sum_{n=0}^{\infty} \left[(n+\sigma)^2 - \nu^2\right] B_n \, a^n + \sum_{n=0}^{\infty} B_{n-2} \, a^n = 0$$

$$\sum_{n=0}^{\infty} \left[\left((n+\sigma)^2 - \nu^2\right) B_n + B_{n-2}\right] a^n = 0,$$

was zu einer Rekursionsgleichung führt, in welcher die unabhängige Variable a nur mit gleicher Potenz erscheint und a^n ausgeklammert werden kann. Für die Rekursionsgleichung gilt $n \geq 2$, mit Folge, dass $B_{-2} = B_{-1} = 0$ ist. Die Bestimmung von B_n erfolgt mit

$$\sum_{n=0}^{\infty} \left[(n+\sigma)^2 \; - \; \nu^2\right] B_n \, a_n \quad = \quad \sum_{n=0}^{\infty} -B_{n-2} \, a^n.$$

Wird im Fortgang $\sigma \; = \; \pm \, \nu$ gesetzt und umgeformt, so folgt

$$\sum_{n=0}^{\infty} B_n \, a^n \quad = \quad \sum_{n=0}^{\infty} \frac{-1}{n\,(n \pm 2\nu)} \, B_{n-2} \, a^n.$$

In Tab. 5.1 werden die Koeffizienten B_n beispielhaft definiert. Die Gammafunktion liefert die folgenden Ergebnisse:

- $\Gamma(1) \; = \; 1$,
- $\Gamma(1 \pm \nu) \; = \; \nu!$, wenn ν positiv und ganzzahlig ist,
- $\Gamma(\nu) \; = \; \infty$, wenn ν ganzzahlig ≤ 0.

Die Herleitung der Gammafunktion ist [51], S. 635 f. zu entnehmen. Das Ergebnis der Gammafunktion fließt ein in die Lösung der Besselgleichung in Form der Frobenius-Potenzreihe nach Gl. (5.4), einer Besselfunktion mit gewählter nullter Ordnung $\nu = 0$ und erster Art

$$\begin{aligned} B(a) \quad &= \quad \left(1 \; - \; \frac{a^2}{2 \cdot 2} \; + \; \frac{a^4}{2^2 \, 4^2} \; - \; \cdots \right) \, B_0 \\ &= \quad \underbrace{\left[1 \; - \; \left(\frac{a}{2}\right)^2 \frac{1}{(1!)^2} \; + \; \left(\frac{a}{2}\right)^4 \frac{1}{(2!)^2} \; - \; \cdots \right]}_{J_0(a)} \, B_0, \end{aligned}$$

oder in Summenschreibweise

$$B(a) \;\; = \;\; \sum_{m=0}^{\infty} \frac{(-1)^m a^{2m}}{2^{2m} \; m! \; \Gamma(1+m)} \, B_0 \;\; = \;\; \sum_{m=0}^{\infty} \frac{(-1)^m a^{2m}}{2^{2m} \; (m!)^2} \, B_0 \;\; = \;\; J_0(a) \; B_0. \qquad (5.5)$$

In Abb. 5.8 sind Verläufe der Besselfunktionen erster Art der Ordnungen $\nu \; = \; 0$ bis $\nu = 3$ als Lösung der Besselgleichung Gl. (5.3) ersichtlich. Die nullte Ordnung besitzt im Gegensatz zu den weiteren Ordnungen den Funktionswert $J_0(0) \; = \; 1$. Der hierzu erforderliche MATLAB-Code ist nachfolgend ersichtlich:

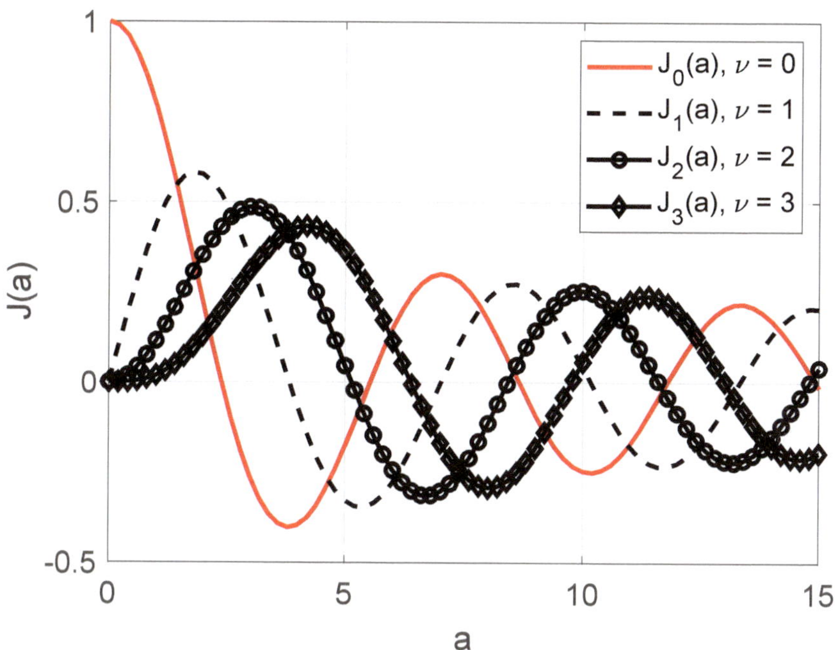

Abbildung 5.8: Beispiele für Besselfunktionen erster Art mit der Ordnung ν als Scharparameter

```
a = 0:0.2:15;
figure;
plot(a,besselj(0,a),'r-',a,besselj(1,a),'k--',a,besselj(2,a),'k-o',
a,besselj(3,a),'k-d','Linewidth',2);
grid on;
ax = gca;
ax.FontSize = 14;
xlabel('a');
ylabel('J(a)');
legend('J_0(a), \nu = 0','J_1(a), \nu = 1','J_2(a), \nu = 2',
'J_3(a), \nu = 3');
print -depsc2 -tiff Bessel_01.eps
print -dpng Bessel_01.png
```

Kapitel 6

Lösung von Differenzialgleichungen mittels Green'scher Funktionen

George Green stammt aus einfachsten Verhältnissen und wurde zu einem bedeutenden Mathematiker. Er steht stellvertretend für viele, die sich noch nicht selbst entdeckt haben, das aber demnächst tun können. Im Fortgang wird die Person George Green vorgestellt und auszugsweise in seine Methoden mit Anwendungen eingeführt.

6.1 Zur Person George Green

George Green (1793–1841), geboren in Nottingham, war britischer Mathematiker und Physiker und Müller. Green arbeitete in der Mühle seines Vaters. Bereits als kleiner Junge besaß er ein großes Interesse an der Mathematik und wurde im Alter von acht Jahren an die Robert Goodacre-Akademie in der Lower Parliament Street in Nottingham geschickt. In seinen späteren Arbeiten befasste er sich mit Potenzialfunktionen, Additions- und Vertauschungstheoremen und den Gauß'schen Satz erfüllende Integralgleichungen zweier Parameterfunktionen in räumlichen Bereichen unter Ausschließung von Unstetigkeitsstellen. In seiner Veröffentlichung „*An Essay on the Application of Mathematical Analysis in the Theories of Electricity and Magnetism*" (1828) wird u. a. in die als Green'sche Theoreme benannten Integralsätze eingeführt [33]. Als weitere empfehlenswerte Literaturen sind [51], Kap. 15 und Kap. 21; [44], Kap. 8; [36], Kap. 1.10 sowie [45] Art. 100 und Art. 101 zu nennen.

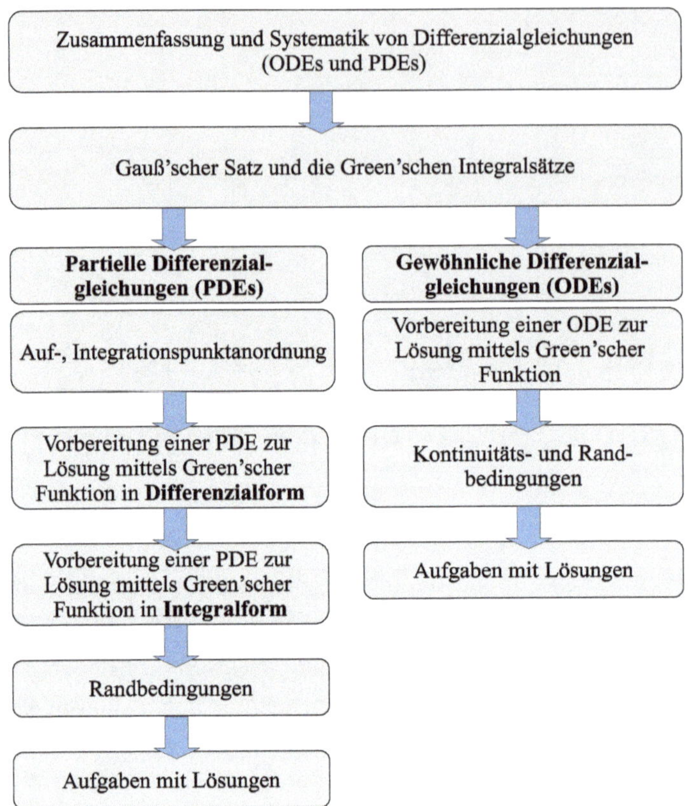

Abbildung 6.1: Vorgehensweise zur DGL-Lösung mittels Green'scher Methode

Eines der Grundprobleme der Feldtheorie ist die Konstruktion von Lösungen für lineare Differentialgleichungen (DGLs), wenn eine definierte Quelle vorliegt und die Differenzialgleichung gegebene Randbedingungen erfüllen muss. Die Methode nach Green ermöglicht das Lösen einer breiten Vielfalt von Differenzialgleichungstypen, für welche ggf. kein alternativer, analytischer Lösungsweg vorliegt. Im Allgemeinen sind die Green'schen Funktionen eher Verteilungsfunktionen. Die Green'sche Funktion ist die Lösung für Differentialgleichungen mit einem von einer Punktquelle gegebenen Quellterm. Praktisch kann die Lösung derselben Differentialgleichung mit einem beliebigen Quellterm Punkt für Punkt getätigt werden, indem die Green'sche Funktion über den Quellterm integriert wird. Dies ist gleichbedeutend mit einer unzähligen Überlagerung von Lösungen von Gleichungen mit der Punktquelle, weshalb die Linearität des Differentialoperators wichtig ist. Eine Überlagerung setzt immer eine Linearität des Systems voraus. Im Fortgang folgt gem. Abb. 6.1

Differenzialgleichungen zur Lösung mittels Green'scher Funktionen

Partielle Differenzialgleichungen (Partial Differential Equations - PDEs)	Gewöhnliche Differenzialgleichungen (Ordinary Differential Equations - ODEs)
Beispiele hierzu sind: • Inhomogene partielle Differenzialgleichung (Poisson'sche Differenzialgleichung) $\nabla^2\varphi = -\frac{\rho}{\varepsilon}$ • Homogene partielle Differenzialgleichung (Laplace'sche Differenzialgleichung) $\nabla^2\varphi = 0$ • Diffusionsgleichung $\nabla^2 u = \mu\kappa\frac{\partial u}{\partial t}$ • Helmholtzgleichung $\nabla^2 u + \lambda u = -f(r)$ • Wellengleichung $\nabla^2\Psi = \frac{1}{c^2}\cdot\frac{\partial^2\Psi}{\partial t^2}$	Beispiele hierzu sind: • Inhomogene gewöhnliche Differenzialgleichung $\frac{d}{dx}\left[p(x)\frac{dy}{dx}\right] + \left[q(x)+\lambda r(x)\right]y = f(x)$ • Homogene, gewöhnliche Differenzialgleichung (Sturm-Liouville Gleichung) $\frac{d}{dx}\left[p(x)\frac{dy}{dx}\right] + \left[q(x)+\lambda r(x)\right]y = 0$

Abbildung 6.2: Zusammenfassung und Systematik von Differenzialgleichungen zur Lösung mittels Green'scher Funktionen

- die Übersicht von häufigen Differenzialgleichungen in Abb. 6.2, welche mit Hilfe von Green'schen Funktionen gelöst werden können,
- die Herleitung der Green'schen Integralsätze,
- die Erläuterung des Prinzips, welche zur Green'schen Funktion führt,
- die Vorbereitungen der PDEs zur Lösung mittels Green'scher Funktion in Differenzial- und Integralform,
- der Einbezug der Randbedingungen,
- die Vorbereitung der ODEs unter Berücksichtigung der Rand- und Kontinuitätsbedingungen,

- die Lösung gewählter PDEs und ODEs mittels Green'scher Funktion. Die Lösung der PDEs und ODEs besteht in der Suche nach einer geeigneten Green'schen Funktion unter Einbezug von Randbedingungen.

6.2 Green'sche Integralsätze

Die Herleitung der Green'schen Integralsätze erfolgt mittels des Gauß'schen Integralsatzes

$$\oiint_{\partial\Omega} \vec{F}\,\vec{n}\,dA = \iiint_{\Omega} \operatorname{div} \vec{F}\,dV,$$

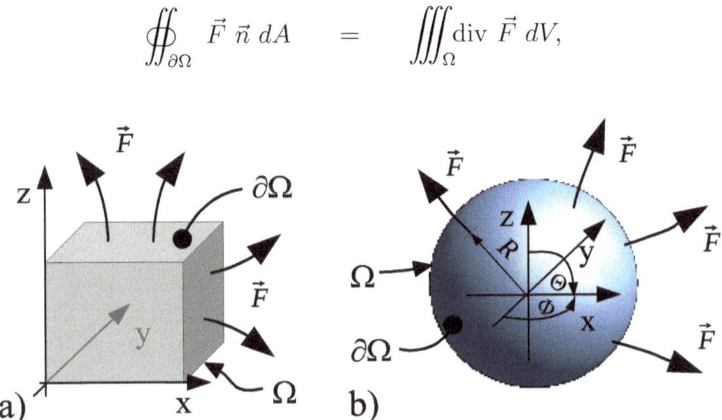

Abbildung 6.3: Im Raum Ω befindliche Quellen, deren Vektorfeld $\vec{F}$ über die Oberfläche $\partial\Omega$ austritt

wobei $\vec{F}$ ein rotationsfreies Quellenfeld repräsentiert. Siehe hierzu auch Art. 25 „*On the effect of the operator* ∇ *on a vectorfunction*" [45], S. 25 und Abb. 6.3. Hier dringt das rotationsfreie Quellenfeld $\vec{F}$ über die Oberfläche $\partial\Omega$ aus dem Volumen Ω heraus (oder hinein). Mit der Substitution $\vec{F} = v\nabla u$ folgt

$$\oiint_{\partial\Omega} (v\nabla u)\,\vec{n}\,dA = \iiint_{\Omega} \operatorname{div}(v\nabla u)\,dV.$$

Mit den frei wählbaren Skalarfunktionen u und v und den Beziehungen

- $\nabla u\,\vec{n} = \frac{\partial u}{\partial n}$, $\nabla v\,\vec{n} = \frac{\partial v}{\partial n}$,
- $\operatorname{div}(v\nabla u) = \nabla v\,\nabla u + v\nabla^2 u$, $\operatorname{div}(u\nabla v) = \nabla u\,\nabla v + u\nabla^2 v$

folgt die erste Green'sche Gleichung (erstes Green'sches Theorem)

$$\oiint_{\partial\Omega} v \frac{\partial u}{\partial n} \, dA \quad = \quad \iiint_{\Omega} (\nabla v \; \nabla u \; + \; v \; \nabla^2 u) \; dV \tag{6.1}$$

sowie

$$\oiint_{\partial\Omega} u \frac{\partial v}{\partial n} \, dA \quad = \quad \iiint_{\Omega} (\nabla u \; \nabla v \; + \; u \; \nabla^2 v) \; dV. \tag{6.2}$$

Durch Subtraktion von Gl. (6.1) mit Gl. (6.2) folgt

$$\oiint_{\partial\Omega} \left(v \frac{\partial u}{\partial n} \; - \; u \frac{\partial v}{\partial n} \right) dA \quad = \quad \iiint_{\Omega} \left(v \; \nabla^2 u \; - \; u \; \nabla^2 v \right) \; dV \tag{6.3}$$

die zweite Green'sche Gleichung (zweites Green'sches Theorem). Die Entwicklung der Theoreme ist in [33] sowie [45] Art. 100 einsehbar. Es darf in Anlehnung an Abb. 6.3 noch angemerkt werden, dass der Gauß'sche Integralsatz auf ein Volumen anwendbar ist, das von einer mehrfach (in diesem Beispiel zweifach) verbundenen Region eingeschlossen ist. Das Oberflächenintegral von Gl. (6.3) beschreibt in Abb. 6.4 die Integration über die Oberflächen $\partial\Omega_1$ und $\partial\Omega_2$, welche das Differenzvolumen $\Omega = \Omega_1 - \Omega_2$ berandet. Es gilt zu beachten, dass die positiven Oberflächen vom Volumen weg verlaufen, was durch die Normalenvektoren $\vec{n}$ in Abb. 6.4 gekennzeichnet ist. Eine nützliche Anwendung des Gauß'schen Satzes ist als Green'sches Theorem bekannt ([50], S. 21 f.).

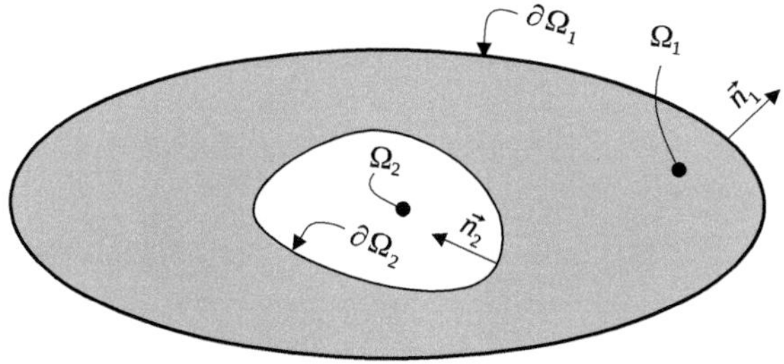

Abbildung 6.4: Volumen mit mehrfach zusammenhängenden Regionen

6.3 PDE – Auf-, Integrationspunktanordnungen

In Abb. 6.5 wird eine Fallunterscheidung zwischen einer Punktladungsanordnung, welche im Zentrum des Koordinatensystems (erste Spalte) und außerhalb des Koordinatenursprungs (zweite Spalte) angeordnet ist, vorgenommen.

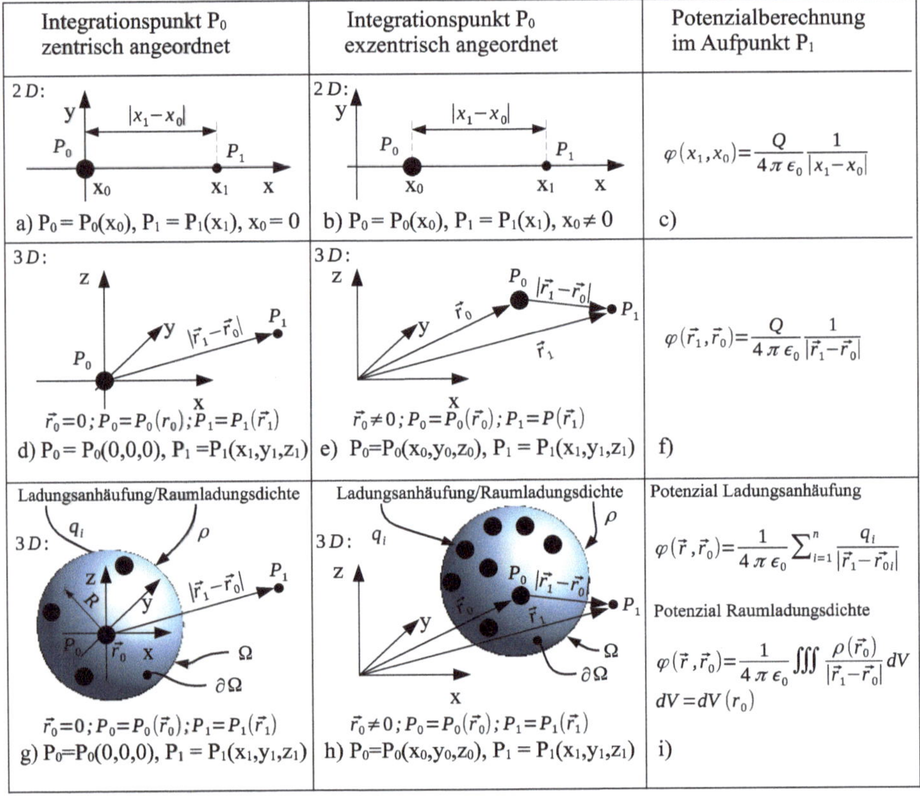

Abbildung 6.5: Potenzialberechnungen von Punktladungen, Ladungsanhäufungen und Raumladungsdichten

Die Punktladung Q erhält die Notation P_0, die als Integrationspunkt bezeichnet wird. Am Punkt P_1, welcher als Aufpunkt bezeichnet wird, soll das Potenzial φ berechnet werden. Des Weiteren werden in der rechten Spalte die Gleichungen zur Berechnung des Potenzials aus Punktladungen und Raumladungsdichten benannt. Die Abb. 6.5 a) zeigt die Punktladungsanordnung im Zentrum des 2D-Koordinatensystems. An der Stelle x_1 ist der Aufpunkt P_1 dargestellt. Der Abstand zwischen Integrations- und Aufpunkt ist demzufolge der Abstand x_1. Das ändert sich in Abb. 6.5 b) dahingehend, dass der Integrationspunkt und damit die Punktladung Q vom Ursprung weg an der Stelle $P_0 = x_0$ positioniert wurde. Der Abstand zwischen Auf- und Integrationspunkt ist demzufolge $\mid x_1 - x_0 \mid$. In Abb. 6.5 d) folgt der Wechsel in das 3D-Koordinatensystem, mit zentrischer Anordnung der Punktladung Q. Damit ist $\vec{r}_0$ an der Stelle $x_0 = 0$. Die Beschreibung des Abstandes zwischen Integrations- und Aufpunkt erfolgt nur mit dem Radius $\vec{r}_0$. In Abb. 6.5 e) wird die Punktladung Q am Integrationspunkt P_0 positioniert und mit dem Radius $\vec{r}_0$ beschrieben. Der Abstand zwischen Integrations- und Aufpunkt ist demzufolge $\mid \vec{r}_1 - \vec{r}_0 \mid$. In den Abbildungen 6.5 g) und h) sind erstmals Punktladungsanhäufungen zusammengefasst in die Raumladungsdichten ρ, beide in Kugelformen, ersichtlich. Beide Abbildungen haben gemeinsam, dass sich der Aufpunkt P_1 außerhalb des ladungsbehafteten Raums befindet. In Abb. 6.5 g) ist der ladungsbehaftete Bereich zentrisch im Koordinatenursprung angeordnet und der Sonderfall gezeichnet, bei welchem eine Punktladung zentrisch angeordnet ist und damit der Aufpunktradius $\vec{r}_0 = 0$ ist. Werden alle übrigen Punktladungen zur Berechnung herangezogen, so wird der Aufpunktradius damit $\vec{r}_0 \neq 0$, was der Vorgehensweise in Abb. 6.5 h) entspricht. In dieser Abbildung wurde zudem der ladungsbehaftete Bereich aus dem Koordinatenursprung heraus verschoben. Der Zusammenhang zwischen der Raumladungsdichte ρ, den Einzelladungen q und der Gesamtladung Q ist mit

$$
\begin{aligned}
\rho &= \lim_{\Delta V \to 0} \frac{\Delta Q}{\Delta V} \\
Q &= \iiint_{\Omega} \rho \, dV \\
&= \sum q_i
\end{aligned}
$$

gegeben. Das Potenzial φ kann einerseits mit einer Superponierung aller Einzelladungen q, andererseits mit dem Integral über der Raumladungsdichte ρ berechnet werden. Nun kann mit Hilfe der Abbildungen 6.5 d) und e) argumentiert werden, dass eine Punktladung eine Ladungsverteilung (Ladungsdichte ρ) ist, welche nur an der Stelle P_0 bei $x = x_0$, $y = y_0$ und $z = z_0$ vorhanden und über ein infinitesimales Volumen integriert

$$
\int_{x=(x_0-\epsilon)}^{x=(x_0+\epsilon)} \int_{y=(y_0-\epsilon)}^{y=(y_0+\epsilon)} \int_{z=(z_0-\epsilon)}^{z=(z_0+\epsilon)} \rho \, dx \, dy \, dz = \begin{cases} Q & \text{an } P = P_1(x_0 \pm \epsilon, y_0 \pm \epsilon, z_0 \pm \epsilon) \\ 0 & \text{an } P \neq P_1 \end{cases}
$$

die Punktladung Q ergibt, was der Eigenschaft einer Deltafunktion

$$\begin{aligned}\int_{x=(x_0-\epsilon)}^{x=(x_0+\epsilon)} \int_{y=(y_0-\epsilon)}^{y=(y_0+\epsilon)} \int_{z=(z_0-\epsilon)}^{z=(z_0+\epsilon)} \rho \; dx \; dy \; dz &= \int_{x=(x_0-\epsilon)}^{x=(x_0+\epsilon)} \int_{y=(y_0-\epsilon)}^{y=(y_0+\epsilon)} \int_{z=(z_0-\epsilon)}^{z=(z_0+\epsilon)} Q \\ &\quad \delta(x - x_0, y - y_0, z - z_0) \; dx \; dy \; dz \\ &= Q\end{aligned}$$

entspricht, und deren Einführung in Abb. 1.5 erfolgt. Des Weiteren gilt an der Stelle $r = r_0$ im Kugelkoordinatensystem mit $dV_K = 4\pi r^2 dr$

$$\begin{aligned}\int_0^{r_0} \rho \; dr &= \int_0^{r_0} Q \; \delta(r - r_0) \; dr \\ &= Q.\end{aligned}$$

Hierbei ist

$$\begin{aligned}r & \quad \mid \vec{r}(x, y, z) \mid \\ r_0 & \quad \mid \vec{r}_0(x_0, y_0, z_0) \mid .\end{aligned}$$

Für die Berechnung von Ladungsanhäufungen aus den Abbildungen 6.5 g) und h) wird das Superpositionsprinzip verwendet, welches eine Linearität des Anwendungsfalls fordert.

6.4 PDE – Vorbereitung zur Lösung nach Green – Differenzialform

Die Vorbereitung einer PDE zur Lösung mittels Green'scher Funktion erfolgt in der Differenzialform. Gelöst werden soll die inhomogene partielle Differenzialgleichung (PDE) vom Typ

$$\nabla^2 u(r) = f(r)$$

im Kugelkoordinatensystem. Das zu betrachtende Volumen in Abb. 6.3 b) sei nur vom Radius $r \in [0, R]$ abhängig. Mit dem linearen Differenzialoperator $\mathcal{L} = \nabla^2$ und dessen Anwendung auf $u(r)$ folgt

$$\mathcal{L}u(r) \quad = \quad f(r). \tag{6.4}$$

Das Ziel ist die Lösung der PDE nach u. Dies kann durch Multiplikation mit dem inversen linearen Operator in der allgemeinen Darstellung

$$\begin{aligned} \mathcal{L}^{-1}\mathcal{L}u(r) &= \mathcal{L}^{-1}f(r) \\ u(r) &= \mathcal{L}^{-1}f(r) \end{aligned} \tag{6.5}$$

erfolgen, wobei hieraus $\mathcal{L}^{-1}\mathcal{L} = 1$ hervor geht. Oder durch Einführen der noch zu bestimmenden Green'schen Funktion G und der Dirac'schen Deltafunktion in der Gleichung

$$\delta(r - r_0) \quad = \quad \mathcal{L}G(r, r_0), \tag{6.6}$$

wobei sich r_0 im Gebiet Ω, also im Volumen befindet und den Integrationspunktradius verkörpert. Durch Integration über den Bereich Ω folgt

$$\int_\Omega \delta(r - r_0)\, dr \quad = \quad \int_\Omega \mathcal{L}G(r, r_0)\, dr \;=\; 1.$$

Eine Einführung in die Dirac'sche Deltafunktion ist Abb. 1.5 zu entnehmen. Siehe hierzu auch [48], S. 562 f.. Es schließt sich die Erweiterung der Gl. (6.4) mit Eins

$$\mathcal{L}u(r) \underbrace{\int_\Omega \mathcal{L}G(r, r_0)\, dr}_{=1} \quad = \quad \underbrace{\int_\Omega \delta(r - r_0)\, dr}_{=1} \; f(r)$$

oder

$$\begin{aligned} \mathcal{L}u(r) \int_\Omega \delta(r - r_0)\, dr &= \int_\Omega \mathcal{L}\; G(r, r_0)\, dr\; f(r) \\ \mathcal{L}u(r) &= \mathcal{L} \int_\Omega f(r)\; G(r, r_0)\, dr \end{aligned}$$

an. Letztere Schreibweise erlaubt das Kürzen mit dem linearen Operator. Damit folgt die allgemeine Lösung

$$\begin{aligned} u(r) &= \int_\Omega G(r, r_0)\, f(r)\, dr \\ &= \langle G(r, r_0), f(r) \rangle \end{aligned} \tag{6.7}$$

der PDE von Gl. (6.4) nach u, welche der Lösung nach Gl. (6.12) unter Einbezug der homogenen Randbedingungen entspricht. Die Green'sche Funktion ist damit auch die Lösung von Gl. (6.6) und muss im Fortgang noch bestimmt werden. In Gl. (6.7) kann die Green'schen Funktion als Kern des Integrals verstanden werden. Des Weiteren kann die Lösung dieser Gleichung als inneres Produkt interpretiert werden. Anzumerken ist, dass r_0 die Position der Unstetigkeitsstelle verkörpert.

6.5 PDE – Vorbereitung zur Lösung nach Green – Integralform

Die Vorbereitung einer PDE zur Lösung mittels Green'scher Funktion erfolgt in der Integralform. Gelöst werden soll die inhomogene partielle Differenzialgleichung (PDE) vom Typ

$$\nabla^2 u(x, y, z) = f(x, y, z) \tag{6.8}$$

(Poisson'sche DGL) in kartesischen Koordinaten nach u. Der inhomogene Term sei hier $f(x, y, z)$ und repräsentiert eine Wärmequelle im stationären Zustand, oder eine Ladungsverteilung eines elektrostatischen Problems in einem Raum (Volumen) Ω, welcher gem. Abb. 6.3 a) durch die Oberfläche $\partial\Omega$ begrenzt ist.

6.5.1 Umstellen der PDE nach der zu lösenden Variable

Die Vorbereitung einer PDE zur Lösung mittels Green'scher Funktion erfolgt in der Integralform. Unter Einbezug der Green'schen Integralsätze (6.1) und (6.3) sowie der jeweiligen Umbenennung von v durch G folgt

$$\oiint_{\partial\Omega} G\, \frac{\partial u}{\partial n}\, dA = \iiint_\Omega (\nabla G\, \nabla u + G\, \nabla^2 u)\, dV$$

$$\oiint_{\partial\Omega} \left(G \frac{\partial u}{\partial n} - u \frac{\partial G}{\partial n} \right) dA = \iiint_{\Omega} \left(G \nabla^2 u - u \nabla^2 G \right) dV. \tag{6.9}$$

G sei hier die Green'sche Funktion, welche das PDE-Problem für u löst. Durch Einsetzen der Gl. (6.8) in Gl. (6.9) folgt

$$\begin{aligned} \oiint_{\partial\Omega} \left(G \frac{\partial u}{\partial n} - u \frac{\partial G}{\partial n} \right) dA &= \iiint_{\Omega} \left(G\, f - u \nabla^2 G \right) dV \\ &= \iiint_{\Omega} G\, f\, dV - \iiint_{\Omega} u \nabla^2 G\, dV \\ &= \iiint_{\Omega} G\, f\, dV - u \iiint_{\Omega} \nabla^2 G\, dV. \end{aligned}$$

Ein erneutes Umstellen liefert

$$\iiint_{\Omega} G\, f\, dV - \oiint_{\partial\Omega} \left(G \frac{\partial u}{\partial n} - u \frac{\partial G}{\partial n} \right) dA = u \iiint_{\Omega} \nabla^2 G\, dV.$$

Linksseitig der Gleichung befindet sich das Volumenintegral über $G\, f$ sowie das Hüllintegral, welches die Randbedingungen auf der Oberfläche enthält. Rechtsseitig steht die zu lösende Funktion u vor dem Volumenintegral. Die Anstrengungen richten sich nun dahingehend, dieses so zu lösen, dass das Integral der rechten Gleichungsseite den Wert Eins annimmt. Hierzu wird die Funktion

$$\nabla^2 G = \delta(x - x_0, y - y_0, z - z_0) \tag{6.10}$$

eingeführt, wobei die rechte Seite der Gleichung die Dirac-Deltafunktion verkörpert und x_0, y_0, z_0 im Volumen Ω liegen. Die Funktion ist physikalisch als Impulsantwort bei $x = x_0$, $y = y_0$ und $z = z_0$ zu deuten. Eine Kurzbeschreibung der Dirac'schen Deltafunktion ist in Abb. 1.5 zusammengefasst. Damit folgt

$$\iiint_{\Omega} G\, f\, dV - \oiint_{\partial\Omega} \left(G \frac{\partial u}{\partial n} - u \frac{\partial G}{\partial n} \right) dA = u \underbrace{\iiint_{\Omega} \delta(x - x_0, y - y_0, z - z_0) dx_0\, dy_0\, dz_0}_{1}$$

$$u(x, y, z) = \iiint_{\Omega} G\, f\, dV - \oiint_{\partial\Omega} \left(G \frac{\partial u}{\partial n} - u \frac{\partial G}{\partial n} \right) dA \tag{6.11}$$

die Lösung der PDE für u bei einer gegebenen Green'schen Funktion G

$$G \quad = \quad G(x, y, z, x_0, y_0, z_0),$$

welche in diesem Beispiel von sechs Variablen abhängig ist und im Fortgang noch bestimmt werden muss. Die Green'sche Funktion ist damit auch die Lösung von Gl. (6.10). Zudem wurden in Gl. (6.11) noch keine Randbedingungen gesetzt.

6.5.2 Homogene Randbedingungen

Das Oberflächenintegral der Gl. (6.11) verschwindet unter Einbezug von homogenen Randbedingungen (Randbedingungen, welche zu Null gesetzt werden). Zu nennen sind

- Dirichlet-Randbedingung: Hierbei sei u gleich Null auf der Oberfläche $\partial\Omega$: $u = 0$, oder
- Neumann-Randbedingung: Hierbei sei die Ableitung auf der Oberfläche (Rand) $\partial\Omega$: $\partial u/\partial n \; = \; 0$.

Da jeweils nur eine Randbedingung erfüllt sein kann, folgt für G

- G sei Null auf der Oberfläche $\partial\Omega$: $G = 0$, oder
- da sich die Koordinaten x_0, y_0 und z_0 innerhalb des Volumes befinden, folgt für G auf der Oberfläche (Rand) $\partial\Omega$: $\partial G/\partial n \; = \; 0$.

Die gleichzeitige Forderung, die unabhängige Variable oder deren Ableitung als Null anzunehmen, führt zur Cauchy-Randbedingung und damit zu einer Überbestimmtheit, welche keine Lösung mehr erwarten lässt. Die Gl. (6.11) wird unter Einbezug der homogenen Randbedingungen zur allgemeinen Lösung

$$\begin{aligned} u(x, y, z) \quad &= \quad \iiint_\Omega G(x, y, z, x_0, y_0, z_0)\; f(x, y, z)\; dV \\ &= \quad \langle G(x, y, z, x_0, y_0, z_0), f(x, y, z)\rangle\,, \end{aligned} \tag{6.12}$$

was auch der Lösung von Gl. (6.7) entspricht.

6.5.3 Inhomogene Randbedingungen

Die Superposition getrennter Lösungen bietet beispielsweise die Möglichkeit, einen Variablenwechsel in PDEs vorzunehmen, um zwischen der Inhomogenität der Randbedingungen und der Inhomogenität der Gleichung zu transformieren. Die Inhomogenität einer PDE wird entweder durch die PDE selbst oder durch die Randbedingungen festgelegt, welche der Lösung auferlegt werden. Siehe hierzu auch [51] Kap. 21.5.

6.5.4 Dirichlet-Randbedingungen

Ist u an der Oberfläche (Rand) des Volumens gegeben, so muss eine Green'sche Funktion $G(r, r_0)$ gefunden werden, welche

1. die Eigenschaft $G(r, r_0) = G(r_0, r)$ (gilt auch für 2) und 3)),
2. die Bedingung $\nabla^2 G(r, r_0) = \delta(r, r_0)$,
3. die Eigenschaft $G(r, r_0) = 0$, wenn r_0 auf der Oberfläche, der Begrenzung des Volumens V, liegt,
4. eine Singularität bei $r = r_0$

besitzt. Diese wird als Dirichlet-Green'sche Funktion bezeichnet und ist für den Innenraum des Volumens V definiert.

6.5.5 Neumann-Randbedingungen

Ist $\partial u / \partial n$ an der Oberfläche (Rand) des Volumens gegeben, so muss eine Green'sche Funktion $G(r, r_0)$ gefunden werden,

- welche die Eigenschaft $\partial G(r, r_0)/\partial n = 0$ annimmt, wenn r_0 auf der Oberfläche, der Begrenzung des Volumens V, liegt.
- oder die einfachste Randbedingung, welche als Neumann-Green'sche Funktion

  $$\frac{\partial G(r, r_0)}{\partial n} = \frac{1}{A}$$

  bezeichnet wird. Hierbei liegt r auf der Oberfläche $\partial\Omega$ (Hüllfläche A) der Begrenzung des Volumens Ω.

6.6 PDE – Lösung der Poisson'schen DGL

Mittels der Green'schen Methode soll die aus der Literatur bereits bekannte Poisson'sche DGL

$$\nabla^2 \varphi = -\frac{\rho}{\varepsilon_0}$$

nach dem Potenzial $\varphi(\rho, r)$ gelöst werden. Ausgangssituation ist eine Ansammlung von Punktladungen q als Ursache des Potenzials φ

$$\varphi = \frac{1}{4\pi\varepsilon_0} \sum_k \frac{q_k}{r_k}.$$

Die Summe einzelner Punktladungen q wird als Q bezeichnet. r_k beschreibt den Abstand zwischen Integrations- und Aufpunkt, wie dieser in Abb. 6.5 dargestellt ist. Mit dem Übergang der Summe von Punktladungen in eine Ladungsdichte ρ

$$Q = \iiint_\Omega \rho(r)\, dV(r)$$

folgt erneut das bereits aus der Literatur bekannte Potenzial

$$\varphi(r) = \frac{1}{4\pi\varepsilon_0} \int_\Omega \frac{\rho(r)}{|\, r_1 - r_0 \,|}\, dV(r),$$

vgl. hierzu auch Abb. 6.5 i). Das Augenmerk liegt auf dem zur Standardvorgehensweise (zweifache Integration, Bestimmung der Integrationskonstanten, Einbringen weiterer Bedingungen, ...) kurzen Lösungsweg.

6.6.1 Aufgabenbeschreibung

Gegeben sei eine Kugel mit dem Radius R, befüllt mit der Ladungsdichte ρ im Zylinderkoordinatensystem gem. den Abbildungen 6.5 g) und 6.6. Die Anordnung mit dem Volumen V (Ω), welches durch die Oberfläche A $(\partial\Omega)$ begrenzt wird, ist sphärisch und am Koordinatenursprung zentriert angeordnet. Damit ist das Potenzial nur vom Radius r abhängig. Gesucht wird das Potenzial $\varphi(r, \rho)$ der PDE

$$\nabla^2 \varphi = -\frac{\rho}{\varepsilon_0}$$

im Außenraum mit $r \in [R, \infty]$ der Anordnung von Abb. 6.6, welches mit der Poisson'schen DGL in Kugelkoordinaten beschrieben wird. Als Randbedingung soll das Potenzial $\varphi(r) \to 0$ für $r \to \infty$ annehmen.

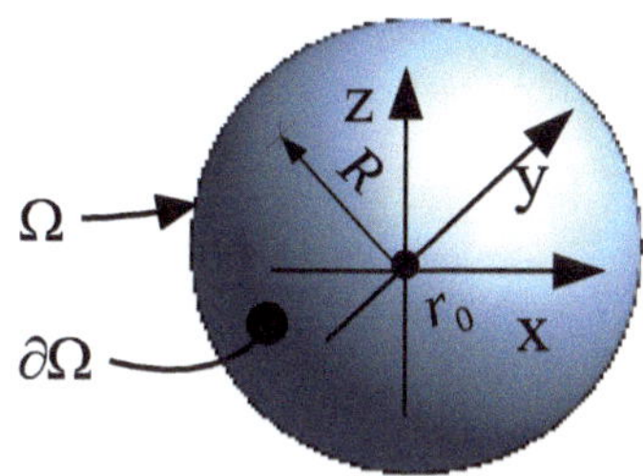

Abbildung 6.6: Ladungsbefüllte Kugel im Vakuum, deren Potenzial im Außenraum gesucht wird

6.6.2 Lösungsweg

Mit der Gl. (6.11) wird das Potenzial φ

$$\varphi(r) = \iiint_\Omega G(r, r_0)\, f(r)\, dV(r) - \oiint_{\partial\Omega} \left(G(r, r_0)\, \frac{\partial \varphi(r)}{\partial n} - \varphi(r)\, \frac{\partial G(r, r_0)}{\partial n} \right) dA$$

beschrieben. Der Einbezug der homogenen Randbedingungen

- Dirichlet: $G(r, r_0) = 0\ \partial\Omega$,
- $\varphi(r \to \infty) = 0$

lässt das Oberflächenintegral verschwinden. Es verbleibt

$$\varphi(r_0) = \iiint_\Omega G(r, r_0)\, f(r)\, dV(r_0). \tag{6.13}$$

Da die gesuchte Green'sche Funktion auch die Lösung von

$$\nabla^2 G(r, r_0) = \delta(r - r_0)$$

ist, wird wegen der nützlichen Deltafunktion die Integration über den Raum Ω

$$\iiint_{\Omega} \nabla^2 G(r, r_0)\, dV(r_0) \quad = \quad \iiint_{\Omega} \delta(r - r_0)\, dV(r_0) \;=\; 1.$$

durchgeführt. Durch Anwenden des Gauß'schen Integralsatzes (Divergenztheorems) auf die linke Seite der Gleichung folgt

$$\iiint_{\Omega} \nabla^2 G(r, r_0)\, dV(r_0) \quad = \quad \oiint_{\partial\Omega} \nabla G(r, r_0)\, dA_r(r_0) \;=\; 1.$$

An $r_0 \;=\; R$ (also auf der Oberfläche) gilt

$$\nabla G(r, r_0)\; A_r(r_0) \quad = \quad 1.$$

Der Nabla-Operator, angewendet auf die Green'sche Funktion im Kugelkoordinatensystem und die Entwicklung des Flächenelementes dA_r liefern

$$\nabla G(r, r_0) \quad = \quad \frac{\partial G(r, r_0)}{\partial r}\, \vec{e}_r \;+\; \underbrace{\frac{1}{r}\, \frac{\partial G(r, r_0)}{\partial \Theta}\, \vec{e}_\Theta}_{=0} \;+\; \underbrace{\frac{1}{r\, \sin\Theta}\, \frac{\partial G(r, r_0)}{\partial \Phi}\, \vec{e}_\Phi}_{=0}$$

und

$$\begin{aligned} dA_r \quad &= \quad r^2\, \sin\Theta\; d\Theta\; d\Phi \\ \int dA_r \quad &= \quad r^2 \int_0^{\pi} \sin\Theta\; d\Theta \int_0^{2\pi} d\Phi \;=\; 4\,\pi\, r^2 \Big|_{r=0}^{r=R}. \end{aligned}$$

Durch Umstellen und erneutes Integrieren folgt die Green'sche Funktion

$$\begin{aligned} \frac{dG(r, r_0)}{dr}\, 4\pi r^2 \Big|_{r=0}^{r=R} \quad &= \quad 1 \\ \frac{dG(r, r_0)}{dr} \quad &= \quad \frac{1}{4\pi r^2} \\ G(r, r_0) \quad &= \quad \frac{1}{4\pi} \int \frac{1}{r^2}\, dr \\ &= \quad \frac{-1}{4\pi r} \;+\; F(r, r_0), \qquad (6.14) \end{aligned}$$

wobei die Integrationskonstante $F(r, r_0)$ zu Null gesetzt werden darf. Mit dem Einsetzen von Gl. (6.14) in die Gl. (6.13) sowie mit der Substitution

$$f(r) = \frac{-\rho(r_0)}{\varepsilon_0}$$

folgt

$$\begin{aligned}\varphi(r) &= \iiint_\Omega \frac{-1}{4\pi r} \frac{-\rho(r_0)}{\varepsilon_0} \, dV(r_0) \\ &= \frac{1}{4\pi\varepsilon_0} \iiint_\Omega \frac{\rho(r_0)}{\mid r - r_0 \mid} \, dV(r_0),\end{aligned}$$

das bereits bekannte Potenzial der Ladungsanhäufung von Abb. 6.6 und Abb. 6.5 i) im Außenraum. Nach erfolgter Integration und $r \gg R$ folgt

$$\varphi(r) = \frac{1}{4\pi\varepsilon_0} \frac{Q}{r}$$

das Potenzial mit der Summe Q aller Ladungen.

6.7 PDE – Lösung der Laplace'schen DGL

Mittels der Green'schen Methode soll die aus der Literatur bereits bekannte Laplace'sche DGL

$$\nabla^2 \varphi = 0$$

gelöst werden, deren Lösung

$$\varphi(r) = \frac{Q}{4\pi\varepsilon_0 r}$$

ebenfalls bekannt ist.

6.7.1 Aufgabenbeschreibung

Gelöst werden soll die Laplace'sche PDE

$$\nabla^2 \varphi = 0$$

nach dem Potenzial $\varphi(r)$ für $r \in [0, \infty]$. Durch Anwendung des Kugelkoordinatensystems ist das Potenzial φ nur noch vom Radius r abhängig. Als Randbedingung soll das Potenzial $\varphi(r) \to 0$ für $r \to \infty$ annehmen.

6.7.2 Lösungsweg

Es gilt die allgemeine Potenzialgleichung

$$\varphi(r) = \iiint_\Omega G(r, r_0)\ f(r)\ dV(r) - \oint\!\!\oint_{\partial\Omega} \left(G(r, r_0)\ \frac{\partial \varphi(r)}{\partial n} - \varphi(r)\ \frac{\partial G(r, r_0)}{\partial n} \right) dA_r(r)$$

durch Ermittlung der Green'schen Funktion zu lösen. Mit $f(r) = 0$ wird das Volumenintegral zu Null und die Potenzialgleichung in ein Randwertproblem

$$\varphi(r) = -\oint\!\!\oint_{\partial\Omega} \left(G(r, r_0)\ \frac{\partial \varphi(r)}{\partial n} - \varphi(r)\ \frac{\partial G(r, r_0)}{\partial n} \right) dA_r(r)$$

überführt. Die Lösung erfolgt durch Suchen von Randbedingungen. Die Anwendung der Dirichlet-Randbedingung $G(r, r_0) = 0$ auf der Oberfläche A lässt in der rechten Seite der Gleichung den ersten Term verschwinden. Gleichwohl darf aber nicht $\partial G(r, r_0)/\partial n = 0$ gesetzt werden, da damit die Bedingungen

$$\oint\!\!\oint_{\partial\Omega} \frac{\partial G(r, r_0)}{\partial n}\ dA_r = \oint\!\!\oint_{\partial\Omega} \nabla G(r, r_0)\ \vec{n}\ dA_r = \iiint_\Omega \nabla^2 G(r, r_0) dV = 1$$

verletzt werden würden. Dies führt zur einfachsten erlaubten Neumann-Randbedingung (Neumann-Green'sche Funktion)

$$\frac{\partial G(r, r_0)}{\partial n}\ A_r = 1.$$

Weitere Darstellungsformen des Bruchs sind

$$\frac{\partial G(r, r_0)}{\partial n} = \frac{dG(r, r_0)}{dn} = G'(r, r_0)\ \frac{\vec{r}}{|\vec{r}|} = G'(r, r_0)\ \vec{e}_r = \frac{dG(r, r_0)}{dr}\ \vec{e}_r,$$

und führen zu

$$\frac{dG(r, r_0)}{dr} = \frac{1}{A_r} = \frac{1}{4\pi r^2}.$$

Es sei an dieser Stelle noch eine Anmerkung zu den Einheitsvektoren getätigt. Grundsätzlich ist das Potenzial $\varphi(r)$ eine skalare Größe. Diese wird durch die Multiplikation mit dem Einheitsvektor $\vec{e}_r$

$$\frac{dG(r,r_0)}{dr}\,\vec{e}_r\,A_r\,\vec{e}_r \quad = \quad \frac{dG(r,r_0)}{dr}\,A_r$$

erreicht, da $\vec{e}_r \cdot \vec{e}_r = 1$. Im Fortgang wird der Funktion $\varphi(r)$ ein fester Wert K auf der Oberfläche von A_r zugewiesen. Damit folgt

$$K \quad = \quad \frac{dG(r,r_0)}{dr}\,A_r.$$

Die Integration der Gleichung über r führt zur gesuchten Green'schen Funktion

$$G(r,r_0) \;=\; \int_r \frac{dG(r,r_0)}{dr}\,dr \;=\; \int_r \frac{1}{A_r}\,dr \;=\; \int_r \frac{1}{4\pi r^2}\,dr \;=\; -\frac{1}{4\pi r} \;+\; F(r,r_0),$$

wobei die Integrationskonstante $F(r,r_0)$ gleich Null gesetzt werden darf. Damit folgt das Potenzial $\varphi(r)$ mit

$$\begin{aligned} \varphi(r) \quad &= \quad K\,G(r,r_0) \\ &= \quad K\,\frac{-1}{4\pi r}. \end{aligned}$$

Es verbleibt noch die Bestimmung der Konstante K. Hier wird auf die Gegebenheit des Potenzials der Poisson'schen DGL im Außenraum zurückgegriffen. Dieses ist identisch mit dem Potenzial der Laplace'schen DGL. Der Ort der Bestimmung beider Potenziale erfolgt im ladungsfreien Außenraum. Daher folgt die Konstante K mit

$$K \quad = \quad \frac{-\,Q}{\varepsilon_0} = \frac{-\iiint \rho(r_0)\,dV(r_0)}{\varepsilon_0},$$

wobei das Vorzeichen über positive oder negative Ladungsträger entscheidet. Die Lösung nach dem Potenzial $\varphi(r)$ ist damit

$$\varphi(r) \quad = \quad \frac{Q}{4\pi\varepsilon_0 r}.$$

6.8 ODE – Vorbereitung zur Lösung mit der Green'schen Funktion

Angenommen wird die inhomogene ODE n-ter Ordnung mit

$$a_n(x)\,\frac{d^n y(x)}{dx^n} + \cdots + a_1(x)\,\frac{dy(x)}{dx} + a_0(x)\,y(x) \quad = \quad f(x), \tag{6.15}$$

welche nur von x abhängt und nach y gelöst werden soll und $f(x)$ eine frei wählbare Funktion repräsentiert. Vorbereitend wird der lineare Operator $\mathcal{L}$

$$\mathcal{L} \quad = \quad a_n(x)\frac{d^n}{dx^n} + \cdots + a_1(x)\frac{d}{dx} + a_0$$

eingeführt, welcher die vereinfachte Schreibweise

$$\mathcal{L}y(x) \quad = \quad f(x) \tag{6.16}$$

erlaubt. Die allgemeine Lösung der Differenzialgleichung erfolgt durch Multiplikation mit dem inversen linearen Operator $\mathcal{L}^{-1}$

$$\begin{aligned} \mathcal{L}^{-1}\mathcal{L}y(x) &= \mathcal{L}^{-1}f(x) \\ y(x) &= \mathcal{L}^{-1}f(x), \end{aligned}$$

wobei $\mathcal{L}^{-1}\ \mathcal{L} = 1$ ist. Die exakte Lösung der Differenzialgleichung soll mit der Green'schen Methode erfolgen, was der Bestimmung des inversen linearen Operators gleichkommt. Im Fortgang wird die Differenzialgleichung Gl. (6.16) mittels der noch zu ermittelnden Green'schen Funktion $G(x, z)$ unter Berücksichtigung der Randbedingungen im Bereich $a \leq x \leq b$ gelöst. Die Green'sche Funktion $G(x, z)$ entspricht der Funktion $y(x)$. Eine Substitution, welche die Green'sche Methode erkennen lässt. Zudem gilt die Ausblendeigenschaft der Dirac'schen Funktion (siehe hierzu Kap. 1.7)

$$\begin{aligned} \delta(x - z) &= \mathcal{L}G(x, z) \\ &= f(x), \end{aligned} \tag{6.17}$$

was physikalische der Impulsantwort eines Systems entspricht. Die Green'sche Funktion $G(x,z)$ muss hier der ursprünglichen ODE, linke Gleichungsseite von Gl. (6.15) genügen (also Lösung von ihr sein), wobei die linke Seite der Gl. (6.17) der Deltafunktion entspricht. Die sich anschließende Integration

$$\int_a^b \delta(x-z)\,dx \quad = \quad \int_a^b \mathcal{L}G(x,z)\,dx \;=\; \int_a^b f(x)\,dx \;=\; 1$$

liefert die Zahl Eins ist. Die Multiplikation von Gl. (6.16) mit Eins bietet mehrere Möglichkeiten, von denen

$$\begin{aligned}
\mathcal{L}y(x) \underbrace{\int_a^b \delta(x-z)\,dx}_{=1} &= \underbrace{\int_a^b \mathcal{L}G(x,z)\,dx}_{\mathcal{L}^{-1}}\; f(x) \\
y(x) &= \int_a^b G(x,z)\,dx\; f(x) \\
&= \int_a^b G(x,z)\; f(z)\,dz \qquad (6.18)\\
&= \langle G(x,z), f(z)\rangle
\end{aligned}$$

gewählt wird, da der lineare Operator gekürzt werden kann, die zu lösende Gleichung $y(x)$ auf der linken Seite steht und diese von der zu bestimmenden Green'schen Funktion abhängt und als inneres Produkt dargestellt werden kann. Die Anwendung des linearen Differenzialoperators $\mathcal{L}$ auf beide Seiten der Gl. (6.18) führt zu

$$\mathcal{L}y(x) \quad = \quad \int_a^b [\mathcal{L}G(x,z)]\; f(z)\,dz \;=\; f(x). \qquad (6.19)$$

Ein Vergleich mit der Deltafunktion und ihren Eigenschaften

$$f(x) \quad = \quad \int_a^b \delta(x \; - \; z)\; f(z)\,dz \qquad (6.20)$$

zeigt, dass Gl. (6.19) für eine frei wählbare Funktion $f(x)$ im Intervall $a \leq x \leq b$ fordert. Die Entwicklung der Green'schen Funktion basiert auf der Gegebenheit, dass immer wenn $x \neq z$ ist, dann $\mathcal{L}G(x,z) = 0$ wird. Dies gilt für $x < z$ und $x > z$, womit $G(x,z)$ als Lösung einer homogenen ODE ausgedrückt wird. Die rechte Seite der Gleichung kann aus physikalischer Sicht als Systemantwort auf einen Einheitsimpuls bei $x = z$

gewertet werden. Der Green'schen Funktion $G(x, z)$ müssen zur Lösung Bedingungen auferlegt werden. Diese sind die Rand- und Kontinuitätsbedingungen. Unterschieden werden

- homogene und inhomogene Randbedingungen,
- Kontinuitäts- sowie Diskontinuitätsbedingungen.

6.8.1 Homogene Randbedingungen

Für die allgemeine Lösung von $y(x)$ der Gl. (6.18) muss $G(x, y)$ den Randbedingungen genügen. $y(x)$ oder deren Ableitung müssen an vorgegebenen Punkten den Wert Null annehmen. Dies wird am leichtesten dadurch erreicht, dass $G(x, z)$ selbst den Randbedingungen genügt. Es sei beispielsweise $y(a) = y(b) = 0$, dann wird auch $G(a, z) = G(b, z) = 0$ gefordert.

6.8.2 Inhomogene Randbedingungen

Als inhomogene Randbedingungen sind beispielsweise $y(a) = \alpha$, $y(b) = \beta$ oder $y(0) = y'(0) = \gamma$ zu nennen, wobei α, β und γ von Null verschieden sind. Für eine DGL *n'ter* Ordnung werden im Allgemeinen n Randbedingungen zur Lösung der DGL erforderlich. Diese n Randbedingungen können unterschiedlichen Typs

- n-Punkte-Randbedingungen: $y(x_m) = y_m$, wobei $m \in [1, n]$ ist,
- 1-Punkt-Randbedingungen: $y(x_0) = y'(x_0) = y''(x_0) = ... = y^{(n-1)}(x_0) = y_0$,
- eine Kombination zwischen n- und 1-Punkt-Randbedingungen

sein. Die einfachste Methode zur Lösung der ODE besteht in der Vorgehensweise nach

$$u(x) = y(x) + p(x).$$

Hierbei ist

- $u(x)$ die nach x gelöste inhomogene ODE mit inhomogenen Randbedingungen $y(a) = \alpha$ und $y(b) = \beta$.
- $y(x)$ die nach x gelöste homogene ODE mit homogenen Randbedingungen $y = u(a) = u(b) = 0$.

- $p(x)$ das Polynom $(n-1)$'ter-Ordnung, welches die Randbedingungen erfüllt. Dabei ist $p = mx + c$, mit $m = (\alpha - \beta)/(a - b)$ und $c = (\beta a - \alpha b)/(a - b)$.

6.8.3 Kontinuitäts- und Diskontinuitätsbedingungen

Die Kontinuitäts- und Diskontinuitätsbedingungen (Stetigkeits-, Unstetigkeitsbedingungen) betreffen die Green'sche Funktion $G(x,z)$ und deren Ableitungen bei $x = z$, welche durch Integration von Gl. (6.17) nach x über das kleine Intervall $[z-\varepsilon, z+\varepsilon]$ und der Bedingung $\varepsilon \to 0$

$$\lim_{\epsilon\to 0}\sum_{m=0}^{n}\int_{z-\epsilon}^{z+\epsilon} a_m(x)\frac{d^m G(x,z)}{dx^m}\,dx = \lim_{\epsilon\to 0}\int_{z-\epsilon}^{z+\epsilon}\delta(x-z)\,dx = 1 \tag{6.21}$$

mit folgendem Ergebnis ermittelt werden:
Existiert $d^n G/dx^n$ an $x = z$ mit Wert *unendlich* (unendliche Unstetigkeit), so muss

- die $(n-1)te$ Ableitung eine *endliche* Unstetigkeit aufweisen,
- während alle niedrigeren Ordnungen $d^m G/dx^m$ mit $m < (n-1)$ eine Stetigkeit an $x = z$ aufweisen müssen. Deshalb können Terme, welche diese Ableitung enthalten, keinen Beitrag zum Integral der linken Seite von Gl. (6.21) liefern.

Eine partielle Integration der linken Seite von Gl. (6.21) liefert

$$\begin{aligned}\lim_{\epsilon\to 0}\int_{z-\epsilon}^{z+\epsilon} a_n(x)\,\frac{d^n G(x,x_0)}{dx^n}\,dx &= \lim_{\epsilon\to 0}\left| a_n(x)\,\frac{d^{n-1}G(x,z)}{dx^{n-1}}\right|_{z-\epsilon}^{z+\epsilon} \\ &\quad - \lim_{\epsilon\to 0}\int_{z-\epsilon}^{z+\epsilon} a_{n-1}(x)\,\frac{d^n G(x,z)}{dx^n}\,dx \\ &= 1.\end{aligned}$$

Mit $m \in [0, n-1]$ folgt

$$\lim_{\epsilon\to 0}\int_{z-\epsilon}^{z+\epsilon} a_m(x)\,\frac{d^m G(x,z)}{dx^m}\,dx = 0,$$

da aufgrund der geforderten Kontinuität die Ableitung sehr kleine Werte annehmen und zudem das Integral über das sehr kleine Intervall $z \pm \varepsilon$ vernachlässigt werden darf. Somit liefert nur der verbleibende Term $d^n G/dx^n$ einen Beitrag zum Integral der Gl. (6.21). Weiterhin bestehen n-Bedingungen, wobei für $G(x,z)$ und ihre Ableitungen bis hoch zur $n-2$-ten Ordnung an der Stelle $x = z$ eine Kontinuität bestehen muss, wobei $d^{n-1}G/dx^{n-1}$ eine Diskontinuität von $1/a_n(z)$ bei $x = z$

$$\begin{aligned} a_n(z)\left.\frac{d^{n-1}G(x,z)}{dx^{n-1}}\right|_{x=(z\pm\epsilon)} &= 1 \\ \left.\frac{d^{n-1}G(x,z)}{dx^{n-1}}\right|_{x=(z\pm\epsilon)} &= \frac{1}{a_n(z)}, \end{aligned}$$

aufweist, was auch

$$\left.\frac{d^{n-1}G}{dx^{n-1}}\right|_{x=(z+\epsilon)} - \left.\frac{d^{n-1}G}{dx^{n-1}}\right|_{x=(z-\epsilon)} = \frac{1}{a_n(z)}$$

bedeutet. Siehe hierzu auch Abb. 6.7. Im Fortgang gilt es, die Green'sche Funktion G zu bestimmen und damit die Differenzialgleichungen Gl. (6.18) zu lösen.

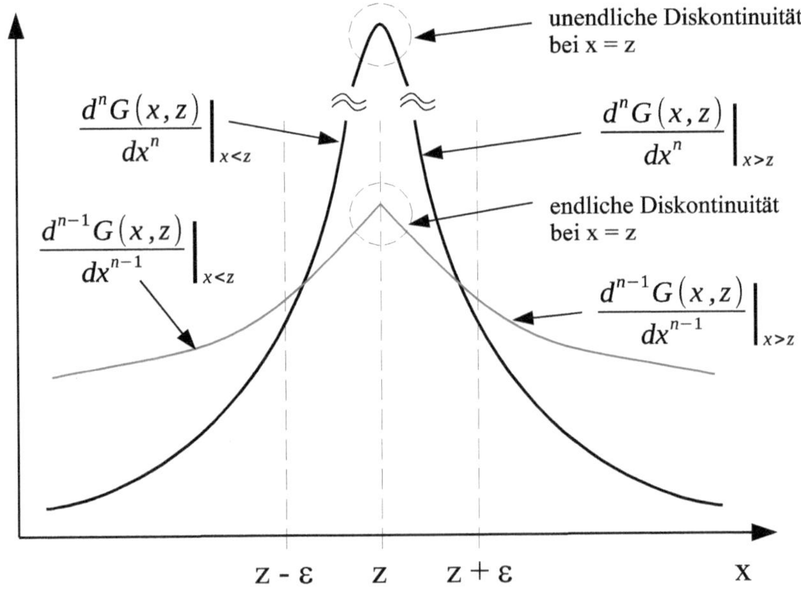

Abbildung 6.7: Verläufe der abgeleiteten Green'schen Funktionen

6.9 ODE – Lösung von $d^2u/dx^2 = -1$ (I)

Gegeben ist die gewöhnliche Differenzialgleichung 2'ter Ordnung

$$\frac{d^2u(x)}{dx^2} + 1 = 0, \quad x \in \Omega \tag{6.22}$$

im Gebiet $\Omega = [0,1]$ mit den homogenen Dirichlet-Randbedingungen $u(0) = u(1) = 0$, deren Lösung

$$u(x) = -\frac{1}{2}\,x^2 + \frac{1}{2}\,x = \frac{1}{2}\left(x - x^2\right),$$

eine quadratische Gleichung (nach unten geöffnete Parabel) ist, bei welcher sich die Koeffizienten nur durch das Vorzeichen unterscheiden, der Scheitelpunkt $S_P(1/2 \mid 1/8)$ ist und die Nullstellen $a = 0$ und $b = 1$ aufweist. Das zweimalige Differenzieren dieser Gleichung führt zur Gl. (6.22). In Abb. 6.8 ist der exakte Verlauf der Gleichung ersichtlich.

6.9.1 Aufgabenbeschreibung

Mittels Green'scher Methode gelöst werden soll die gewöhnliche Differenzialgleichung 2'ter Ordnung

$$\frac{d^2u(x)}{dx^2} + 1 = 0, \quad x \in \Omega$$

oder

$$\frac{d^2u(x)}{dx^2} = -1$$

mit den homogenen Randbedingungen $u(0) = u(1) = 0$, deren Lösung

$$u(x) = -\frac{1}{2}\,x^2 + \frac{1}{2}\,x = \frac{1}{2}\left(x - x^2\right)$$

ist. Hierzu werden zwei Lösungswege vorgestellt.

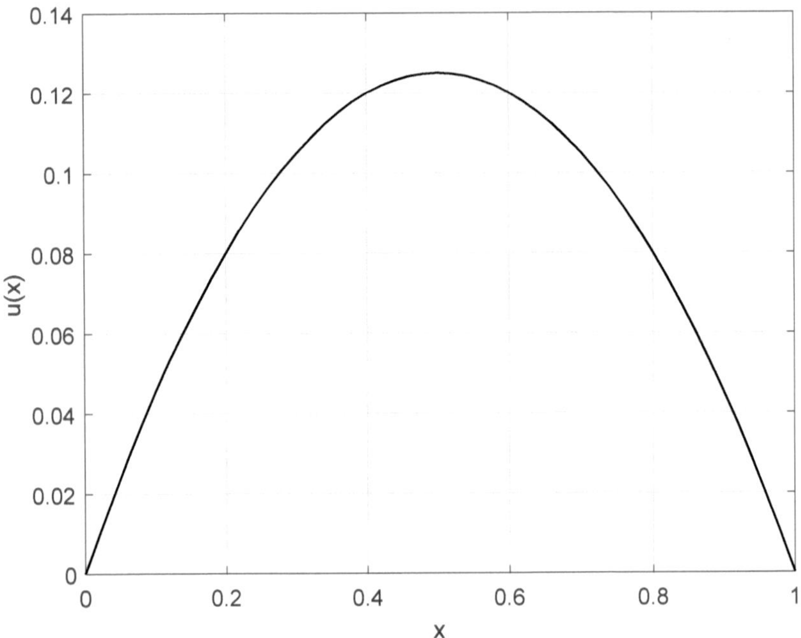

Abbildung 6.8: Lösung u(x) der Differenzialgleichung 2'ter Ordnung

6.9.2 Lösungsweg I

Es ist

$$\begin{aligned}\mathcal{L} &= \frac{d^2}{dx} \\ f(x) &= -1.\end{aligned}$$

Damit folgt

$$\mathcal{L}u(x) = f(x).$$

Im Intervall $[0, 1]$ besteht die Forderung

$$\mathcal{L}G(x, z) = \delta(x - z).$$

Der Lösungsweg beginnt mit der Substitution von $u(x)$ durch $G(x,z)$

$$\frac{d^2G(x,z)}{dx^2} = \delta(x - z).$$

Die allgemeine Lösung der Green'schen Funktion folgt mit dem allgemeinen Ansatz

$$G(x,z) = \begin{cases} A(z)\,x + B(z) & \text{für } x < z \\ C(z)\,x + D(z) & \text{für } x > z, \end{cases}$$

wobei die Koeffizienten $A(z)$, $B(z)$, $C(z)$ und $D(z)$ im Fortgang noch bestimmt werden müssen. Dies erfolgt unter Einbezug der Randbedingungen

$$\begin{aligned} G(0,z) &= 0 = A(z)\,0 + B(z) \Rightarrow B(z) = 0 \\ G(1,z) &= 0 = C(z)\,1 + D(z) \Rightarrow D(z) = -\,C(z), \end{aligned}$$

womit erneut die Green'sche Funktion

$$G(x,z) = \begin{cases} A(z)\,x & \text{für } x < z \\ C(z)\,x - C(z) & \text{für } x > z \end{cases}$$

notiert werden kann. Die Berücksichtigung der Kontinuitäts- und Diskontinuitätsbedingungen (links- und rechtsseitig der Unstetigkeitsstelle) von $G(x,z)$ an der Stelle $x = z$

$$\begin{aligned} C(z)\,z - C(z) - A(z)\,z &= 0 \\ A(z)\,z &= C(z)\,z - C(z) \\ A(z) &= C(z) - \frac{1}{z}\,C(z) \\ &= C(z)\left(1 - \frac{1}{z}\right) \end{aligned}$$

sowie die Ableitung von $G(x,z)$ mit dG/dx ergeben

$$\frac{dG(x,z)}{dx} = \begin{cases} A(z) & \text{für } x < z \\ C(z) & \text{für } x > z. \end{cases}$$

Die Fortsetzung der Koeffizientenbestimmung erfolgt durch Einbezug der links- und rechtsseitigen Ableitungen

$$\begin{aligned}C(z) - A(z) &= 1\\ C(z) - C(z)\left(1 - \frac{1}{z}\right) &= 1\\ C(z) - C(z) + \frac{C(z)}{z} &= 1\\ C(z) &= z\end{aligned}$$

sowie mit $C(z)$ folgt

$$\begin{aligned}A(z) &= C(z)\left(1 - \frac{1}{z}\right)\\ &= z\left(1 - \frac{1}{z}\right)\\ &= z - 1.\end{aligned}$$

Es folgt erneut die Green'sche Funktion mit

$$G(x,z) = \begin{cases}(z - 1)\,x & \text{für } x < z\\ z\,x - z & \text{für } x > z,\end{cases}$$

deren Integration über den Bereich Ω gem. Gl. (6.18) die Lösung der ODE liefert

$$\begin{aligned}u(x) &= \int_0^1 G(x,y)\,(-1)\,dz\\ &= -\left[\int_0^x (z\,x - z)\,dz + \int_x^1 (z-1)\,x\,dz\right]\\ &= -\left[x\int_0^x z\,dz - \int_0^x z\,dz + x\int_x^1 z\,dz - x\int_x^1 dz\right]\\ &= -\left[\frac{x}{2}\,z^2\Big|_0^x - \frac{1}{2}\,z^2\Big|_0^1 + \frac{x}{2}\,z^2\Big|_x^1 - x\,z\Big|_x^1\right]\\ &= -\left[\frac{x^3}{2} - \frac{x^2}{2} + \frac{x}{2} - \frac{x^3}{2} - x + x^2\right]\\ &= -\left(\frac{x^2}{2} - \frac{x}{2}\right)\\ &= \frac{1}{2}\left(x - x^2\right),\end{aligned}$$

was der Lösung der ODE in Kap. 16 gleichkommt. Was die abschnittsweise Definition der Green'schen Funktion und deren Integrationsgrenzen-Zuordnungen zur Durchführung der Integration betrifft, so sei hier noch Folgendes angemerkt:

- Die Integration erfolgt über die unabhängige Variable z.
- Somit ist dem ersten Integral das Integrationsintervall $z = 0$ bis $z = x$ zuzuordnen, was auch bedeutet, dass $z < x$ und damit $x > z$ ist.
- Integriert wird damit über die Funktion $zx - z$.

6.9.3 Lösungsweg II

Ein anders gestalteter Lösungsweg sei mittels der Wronski-Determinante vorgestellt. Angenommen wird, dass y_1 und y_2 die linearen, unabhängigen Lösungen der homogenen ODE $\mathcal{L}u(x) = 0$ im Bereich $[0, 1]$ bilden. Gefordert wird, dass $y_1(0) = 0$ und $y_2(1) = 0$ ist. Alle homogenen Lösungen von $\mathcal{L}u(x) = 0$, welche $y(0)$, $y(1) = 0$ genügen, müssen eine Proportionalität zu den Konstanten $A(z)$, $B(z)$ besitzen, welche von x unabhängig sind. Damit folgt die Green'sche Funktion

$$G(x,z) = \begin{cases} A(z)\; y_1(x) & \text{für } x < z \\ B(z)\; y_2(x) & \text{für } x > z. \end{cases}$$

Es gilt die Kontinuitätsbedingung

$$\begin{aligned} G(x,z)\Big|_{z-\varepsilon} &= G(x,z)\Big|_{z+\varepsilon} \\ A(z)\; y_1(x) &= B(z)\; y_2(x) \end{aligned}$$

und Diskontinuitätsbedingung (Sprung in der Ableitung)

$$\begin{aligned} \frac{dG(x,z)}{dx}\Big|_{z-\varepsilon} - \frac{dG(x,z)}{dx}\Big|_{z+\varepsilon} &= \frac{1}{a_2} \\ A(z)\; y_1'(z) - B(z)\; y_2'(z) &= \frac{1}{a_2}. \end{aligned}$$

Der Koeffizient a_2 ist der höchsten Ableitung zuzuordnen, welcher in der Normalform den Wert Eins annimmt. Siehe hierzu auch Gl. (6.21). Im Fortgang wird die Kontinuitätsbedingung nach $A(z)$

$$A(z) = \frac{B(z)\; y_2(z)}{y_1(z)}$$

umgestellt. Ein erneutes Einsetzen in die Diskontinuitätsbedingung mit fortgesetzter Umstellung führt zur Proportionalitätskonstante $B(z)$

$$\begin{aligned} \frac{B(z)\, y_2(z)\, y_1'(z)}{y_1(z)} - B(z)\, y_2'(z) &= \frac{1}{a_2} \\ B(z)\, \frac{y_2(z)\, y_1'(z) - y_2'(z)\, y_1(z)}{y_1(z)} &= \frac{1}{a_2} \end{aligned}$$

$$\begin{aligned} B(z) &= \frac{y_1(z)}{[y_2(z)\, y_1'(z) - y_2'(z)\, y_1(z)]\, a_2} \\ &= \frac{y_1(z)}{W(z)\, a_2}. \end{aligned}$$

Dabei ist $W(z)$ die Wronski-Determinante

$$W(z) = \begin{vmatrix} y_1 & y_2 \\ y_1' & y_2' \end{vmatrix} = y_1\, y_2' - y_2\, y_1' \neq 0.$$

Mit der Kontinuitätsbedingung und $B(z)$ folgt die Bestimmung der Proportionalitätskonstante $A(z)$

$$B(z) = A(z)\, \frac{y_1(z)}{y_2(z)}$$

sowie durch Einsetzen in die Diskontinuitätsbedingung folgt

$$\begin{aligned} A(z)\, y_1'(z) - A(z)\, \frac{y_1(z) y_2'(z)}{y_2(z)} &= \frac{1}{a_2} \\ A(z)\, \frac{y_1'(z) y_2(z) - y_1(z) y_2'(z)}{y_2(z)} &= \frac{1}{a_2}, \end{aligned}$$

welche durch Umstellung $A(z)$

$$\begin{aligned} A(z) &= \frac{y_2(z)}{[y_1'(z) y_2(z) - y_1(z) y_2'(z)]\; a_2} \\ &= \frac{y_2(z)}{W(z)\, a_2} \end{aligned}$$

erzielt. Mit den Proportionalitätskonstanten $A(z)$ und $B(z)$ folgt erneut die Green'sche Funktion

$$G(x,z) = \begin{cases} \frac{y_2(z)\; y_1(x)}{W(z)\; a_2} & \text{für } x < z \\ \frac{y_1(z)\; y_2(x)}{W(z)\; a_2} & \text{für } x > z. \end{cases}$$

Es verbleibt noch die Bestimmung von $y_1(x)$ und $y_2(x)$ aus den Randbedingungen

$$\begin{aligned} y_1(0) &= 0 : y_1(x) = x; y_1'(x) = 1 \\ y_2(1) &= 0 : y_2(x) = x - 1; y_2'(x) = 1. \end{aligned}$$

Damit wird der Wert der Wronski-Determinante mit

$$\begin{aligned} W(z) &= y_1\, y_2' \ - \ y_2\, y_1' \\ &= z\, 1 - (z-1)1 \\ &= z - z + 1 \\ &= 1 \end{aligned}$$

bestimmt. Mit dem Koeffizienten der höchsten Ableitung $a_2 = 1$ folgt die Green'sche Funktion

$$G(x,z) = \begin{cases} x\ (z-1) & \text{für } x < z \\ (x-1)\ z & \text{für } x > z, \end{cases}$$

was der Green'schen Funktion des erstgenannten Lösungswegs entspricht. Die Lösung der ODE erfordert deren Integration

$$\begin{aligned} u(x) &= \int_0^1 G(x,z)\ f(z)\ dz \\ &= \int_0^x B(z)\ y_2(x)\ f(z)\ dz \ + \ \int_x^1 A(z)\ y_1(x)\ f(z)\ dz \\ &= y_2(x) \int_0^x \frac{y_1(z)}{W(z)\ a_2}\ f(z)\ dz \ + \ y_1(x) \int_x^1 \frac{y_2(z)}{W(z)\ a_2}\ f(z)\ dz \\ &= \int_0^x (x-1)\ z\ (-1)\ dz \ + \ \int_x^1 x\ (z-1)\ (-1)\ dz, \end{aligned}$$

wobei hier $f(z) = (-1)$ ist. Die Lösung ist identisch mit der Lösung aus Kap. 6.9.2. Es sei hier noch ein Hinweis zur Suche der Funktion y_2 getätigt. Die Funktion $y_2(x) = 1 - x$ erfüllt ebenfalls die homogene Randbedingung und führt aber auf die Green'sche Funktion

$$G(x,z) = \begin{cases} x\ (1-z) & \text{für } x < z \\ (1-x)\ z & \text{für } x > z, \end{cases}$$

welche eine um das Vorzeichen verkehrte Lösung der gesuchten ODE hervorbringt.

6.10 ODE – Lösung von $d^2y/dx^2 + y = cosec\ x$

Zu lösen ist die inhomogene ODE 2'ter Ordnung mit homogenen Randbedingungen.

6.10.1 Aufgabenbeschreibung

Die inhomogene ODE 2'ter Ordnung

$$\frac{d^2y}{dx^2} + y = \text{cosec } x = \frac{1}{\sin x}$$

mit den Randbedingungen $y(0) = y(\pi/2) = 0$ soll mittels Green'scher Methode gelöst werden.

6.10.2 Lösungsweg

Es ist

$$\begin{aligned} \mathcal{L} &= \frac{d^2}{dx^2} + 1 \\ f(x) &= \text{cosec } x. \end{aligned}$$

Damit folgt

$$\mathcal{L}u(x) = f(x).$$

Im Intervall $[0, \pi/2]$ wird

$$\mathcal{L}G(x,z) = \delta(x - z)$$

gefordert. Der Lösungsweg beginnt mit der Substitution von $u(x)$ durch $G(x,z)$

$$\frac{d^2G(x,z)}{dx^2} + G(x,z) = \delta(x - z).$$

Die allgemeine Lösung der Grenn'schen Funktion ist

$$G(x,z) = \begin{cases} A(z)\sin x + B(z)\cos x & \text{für } 0 < x < z \\ C(z)\sin x + D(z)\cos x & \text{für } z < x < \pi/2. \end{cases}$$

Durch Einsetzen der Randbedingungen für $x < z$

$$G(0, z) \quad = \quad 0 \;=\; A(z)\,0 \;+\; B(z)\,1 \Rightarrow B(z) \;=\; 0$$

und für $x > z$

$$G(\pi/2, z) \quad = \quad 0 \;=\; C(z)\,1 \;+\; D(z)\,0 \Rightarrow C(z) \;=\; 0$$

folgt die Green'sche Funktion

$$G(x, z) = \begin{cases} A(z)\sin x & \text{für } 0 < x < z \\ D(z)\cos x & \text{für } z < x < \pi/2. \end{cases}$$

Hier sind $B(z) = C(z) = 0$. Die Ableitung der Green'schen Funktion führt zu

$$\left.\frac{dG(x, z)}{dx}\right|_{x=z} = \begin{cases} A(z)\cos z & \text{für } 0 < x < z \\ -D(z)\sin z & \text{für } z < x < \pi/2. \end{cases}$$

Deren Kontinuitäts- und Diskontinuitätsbedingungen liefern

$$\begin{aligned} \frac{dD(z)\cos z}{dz} - \frac{dA(z)\sin z}{dz} &= 1 \\ -D(z)\sin z - A(z)\cos z &= 1. \end{aligned}$$

Es ist

$$D(z)\cos z - A(z)\sin z \quad = \quad 0.$$

Nach dem Erhalt von zwei Gleichungen, welche die Koeffizienten $A(z)$ und $D(z)$ beinhalten, folgt die Auflösung nach $A(z)$ und $D(z)$

$$\begin{aligned} A(z) &= -\cos z \\ D(z) &= -\sin z \end{aligned}$$

sowie mit dem Einsetzen in die Green'sche Funktion folgt

$$G(x, z) = \begin{cases} -\cos z\ \sin x & \text{für } 0 < x < z \\ -\sin z\ \cos x & \text{für } z < x < \pi/2. \end{cases}$$

Durch Integration über den Bereich $[0, \pi/2]$ folgt gem. der Gl. (6.18)

$$\begin{aligned} y(x) &= \int_0^{\pi/2} G(x,y) \operatorname{cosec} z \, dz \\ &= -\cos x \int_0^x \sin z \operatorname{cosec} z \, dz - \sin x \int_x^{\pi/2} \cos z \operatorname{cosec} z \, dz \\ &= -x \cos x + \sin x \ln(\sin x) \end{aligned}$$

die gesuchte Funktion $y(x)$. Was die abschnittsweise Definition der Green'schen Funktion und deren Integrationsgrenzen-Zuordnungen zur Durchführung der Integration betrifft, so sei hier ebenfalls noch Folgendes anzumerken: Die Integration erfolgt über die unabhängige Variable z. Somit ist dem ersten Integral das Integrationsintervall $z = 0$ bis $z = x$ zuzuordnen, was auch bedeutet, dass $z < x$ und damit $x > z$ ist. Integriert wird damit über die Funktion $-\sin z \, \cos x \operatorname{cosec} z$.

6.11 ODE – Lösung von $d^2y/dx^2 + y = f(x)$

Zu lösen ist die inhomogene ODE 2'ter Ordnung mit homogenen Randbedingungen.

6.11.1 Aufgabenbeschreibung

Die inhomogene ODE 2'ter Ordnung

$$\frac{d^2y}{dx^2} + y = f(x)$$

mit den Randbedingungen $y(0) = y'(0) = 0$ soll mittels Green'scher Methode gelöst werden.

6.11.2 Lösungsweg

Der lineare Differenzialoperator ist

$$\mathcal{L} = \frac{d^2}{dx} + 1,$$

womit

$$\mathcal{L}y \quad = \quad f(x)$$

folgt. Weiterhin gilt

$$\mathcal{L}G(x,z) \quad = \quad \delta(x \;-\; z).$$

Die allgemeine Lösung mit Hilfe trigonometrischer Funktionen der Green'schen Funktion ist

$$G(x,z) = \begin{cases} A(z)\sin x \;+\; B(z)\cos x & \text{für } 0 < x < z \\ C(z)\sin x \;+\; D(z)\cos x & \text{für } z < x < \infty. \end{cases}$$

Die Randbedingungen für $0 < x < z$ werden wie folgt herangezogen:

- G(0,z) = 0: $A(z)\cdot\sin 0 \;+\; B(z)\cdot\cos 0 \;=\; 0 \Rightarrow B(z) \;=\; 0,$
- G'(0,z) = 0: $A(z)\;\cos 0 \;\Rightarrow\; A(z) \;=\; 0.$

Die Green'sche Funktion wird damit zu

$$G(x,z) = \begin{cases} 0 & \text{für } 0 < x < z \\ C(z)\sin x \;+\; D(z)\cos x & \text{für } z < x < \infty. \end{cases}$$

Die Kontinuitäts-, Diskontinuitätsbedingung links- und rechtsseitig der Unstetigkeitsstelle $x = z$

$$G(x = z, z):\; C(z)\;\sin z \;+\; D(z)\;\cos z \;-\; 0 \quad = \quad 0$$

sowie deren Ableitung

$$\left.\frac{dG(x,z)}{dx}\right|_{x=z}:\; C(z)\;\cos z \;-\; D(z)\;\sin z \quad = \quad 1$$

führen zu zwei Gleichungen, welche die Bestimmung der Koeffizienten $C(z)$ und $D(z)$

$$\begin{aligned} C(z) \quad &= \quad \cos z \\ D(z) \quad &= \quad -\sin z \end{aligned}$$

erlauben. Im Anschluss wird die Green'sche Funktion neu mit

$$G(x,z) = \begin{cases} 0 & \text{für } 0 < x < z \\ \sin x \cos z \quad - \quad \cos x \sin z & \text{für } z < x < \infty \end{cases}$$

formuliert, was auch

$$G(x,z) = \begin{cases} 0 & \text{für } 0 < x < z \\ \sin(x-z) & \text{für } z < x < \infty \end{cases}$$

entspricht. Die gesuchte Lösung für $y(x)$ folgt mit

$$\begin{aligned} y(x) &= \int_0^\infty G(x,z)\ f(z)\ dz \\ &= \int_0^x \sin(x-z)\ f(z)\ dz - \underbrace{\int_x^\infty 0\ f(z)\ dz}_{0}. \end{aligned}$$

Es sei hier noch ein Hinweis zur alternativen Berechnung gegeben: Die Lösung wurde mit dem Abschnitt der Green'schen Funktion für das Intervall $0 < x < z$ begonnen. Alternativ kann die Berechnung auch mit dem Abschnitt der Green'schen Funktion für das Intervall $z < x < \infty$ begonnen werden. Dies führt am Ende des Lösungsvorgehens zur Integration über dieselbe Green'sche Funktion. Hierbei wird allerdings das erste Integral zu Null (Intervall $[0, x]$). Das zweite, zu subtrahierende Integral, ist das Integral über die Green'sche Funktion mit dem Intervall $[x, \infty]$.

6.12 ODE – Lösung von $d^2u/dx^2 = -1$ (II)

Zu lösen ist die inhomogene ODE 2'ter Ordnung mit inhomogenen Dirichlet-Randbedingungen.

6.12.1 Aufgabenbeschreibung

Der Differenzialgleichung

$$\frac{d^2u(x)}{dx^2} = -1 \tag{6.23}$$

wurden die inhomogenen Randbedingungen $u(0) = 0$ und $u(4/5) = 2/25$ zugewiesen. Die Lösung der Differenzialgleichung ist

$$u(x) \quad = \quad -\frac{1}{2}\,x^2 + \frac{1}{2}\,x.$$

Der Funktionsverlauf ist in Abb. 6.9 einsehbar.

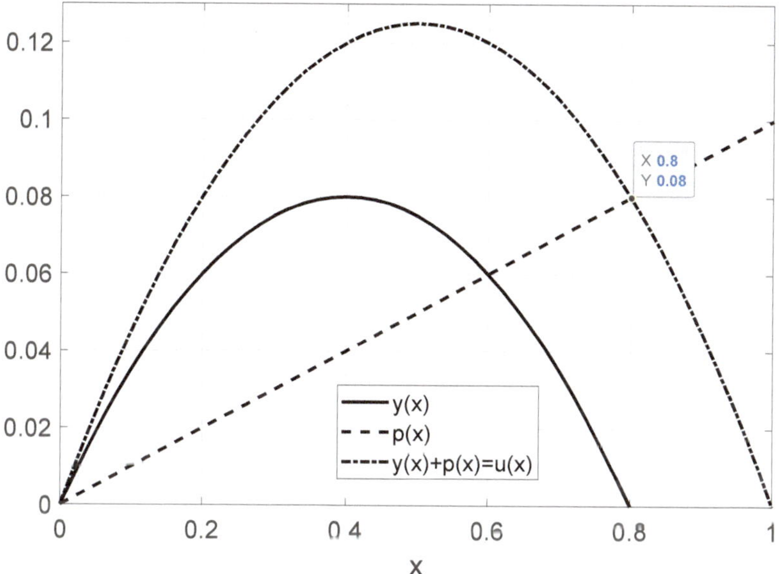

Abbildung 6.9: Vorgehen zur Lösung der ODE Gl. (6.23) mit inhomogenen Randbedingungen

6.12.2 Lösungsweg

Der Lösungsweg beginnt, indem die Randbedingungen von $u(0) = u(4/5) = 2/25$ auf $y(0) = y(4/5) = 0$ gesetzt werden. Die zugehörige Funktion wird mit der abhängigen Variable y benannt. Die Fortsetzung folgt mit der Suche dem $(n-1)$'ten Polynom $p(x)$

$$p(x) \quad = \quad m\,x = \frac{0,08}{0,8}\,x = \frac{1}{10}\,x,$$

welches die Randbedingungen erfüllt. Der Verlauf der Polynomfunktion ist ebenfalls in Abb. 6.9 ersichtlich. Die Lösung setzt sich damit aus der homogenen Lösung $y(x)$ und der inhomogenen Lösung $p(x)$

$$u(x) \quad = \quad y(x) \; + \; p(x)$$

zusammen. Zur Lösung der homogenen ODE $y(x)$ mittels Green'scher Funktion wird der lineare Ansatz

$$G(x,z) = \begin{cases} A(z)\, x \; + \; B(z) & \text{für } 0 < x < z \\ C(z)\, x \; + \; D(z) & \text{für } z < x < 4/5 \end{cases}$$

gewählt, bei dem die Koeffizienten im Fortgang einzeln bestimmt werden. Mit den Randbedingungen

$$\begin{aligned} A(z)\, 0 \; + \; B(z) \quad &= \quad 0 \Rightarrow B(z) \; = \; 0 \\ C(z)\, 4/5 \; + \; D(z) \quad &= \quad 0 \Rightarrow D(z) \; = \; -\,4/5\; C(z) \end{aligned}$$

folgt erneut die Green'sche Funktion

$$G(x,z) = \begin{cases} A(z)\, x & \text{für } 0 < x < z \\ C(z)\, (x \; - \; 4/5) & \text{für } z < x < 4/5. \end{cases}$$

Das Hinzuziehen der Kontinuitätsbedingungen an der Stelle $x = z$ bringt

$$\begin{aligned} C(z)\, (z - 4/5) \quad &= \quad A(z)\, z \\ C(z) \left(1 - \frac{4}{5z}\right) \quad &= \quad A(z). \end{aligned}$$

Die Ableitung der Green'schen Funktion (Diskontinuitätsbedingung)

$$\left.\frac{dG(x,z)}{dx}\right|_{x=z} = \begin{cases} A(z) & \text{für } 0 < x < z \\ C(z) & \text{für } z < x < 4/5 \end{cases}$$

führt auf $C(z)$

$$\begin{aligned} C(z) \; - \; A(z) \quad &= \quad 1 \\ C(z) \; - \; C(z) \left(1 - \frac{4}{5}\, z\right) \quad &= \quad 1 \\ C(z) \quad &= \quad \frac{5}{4}\, z \end{aligned}$$

sowie auf $D(z)$

$$\begin{aligned} D(z) &= -\frac{4}{5}\, C(z) \\ &= -\frac{4}{5}\,\frac{5}{4}\, z \\ &= -z. \end{aligned}$$

Letztendlich wird damit $A(z)$

$$\begin{aligned} A(z) &= C(z)\,\left(1 - \frac{4}{5z}\right) \\ &= \frac{5}{4}\, z\,\left(1 - \frac{4}{5z}\right) \\ &= \frac{5}{4}\, z - 1 \end{aligned}$$

bestimmt. Die Green'sche Funktion

$$G(x,z) = \begin{cases} \left(\frac{5}{4}\, z - 1\right)\, x & \text{für } 0 < x < z \\ \frac{5}{4}\, z\, x - z & \text{für } z < x < 4/5 \end{cases}$$

ist damit vollständig bestimmt und wird

$$\begin{aligned} y(x) &= \int_0^{4/5} G(x,z)\, f(z)\, dz \\ &= \int_0^{4/5} G(x,z)\, (-1)\, dz \end{aligned}$$

integriert. Im Einzelnen folgen die gliedweisen Integrationsschritte

$$\begin{aligned} y(x) &= -\left[\int_0^x \left(\frac{5}{4}\, z\, x - z\right)\, dz + \int_x^{4/5} \left(\frac{5}{4}\, z - 1\right)\, x\, dz\right] \\ &= -\left[\left(\frac{5}{8} z^2 x - \frac{1}{2} z^2\right)\Big|_{z=0}^{z=x} + \left(\frac{5}{8} z^2 x - xz\right)\Big|_{z=x}^{z=4/5}\right] \\ &= -\left[\frac{5}{8}\, x^3 - \frac{1}{2}\, x^2 + \frac{2}{5}\, x - \frac{4}{5}\, x - \frac{5}{8}\, x^3 + x^2\right] = \frac{2}{5}\, x - \frac{1}{2}\, x^2. \end{aligned}$$

Die Probe ergibt $y(0) = y(4/5) = 0$. Die Gleichung ist in Abb. 6.9 abgebildet. Mit der Addition folgt

$$\begin{aligned} u(x) &= y(x) + p(x) \\ &= \frac{2}{5}x - \frac{1}{2}x^2 + \frac{1}{10}x \\ &= \frac{1}{2}x - \frac{1}{2}x^2 \\ &= \frac{1}{2}\left(x - x^2\right) \end{aligned}$$

die Lösung der gesuchten ODE.

6.13 ODE – Lösung von $d^2u/dx^2 = x$

Die homogene ODE 2'ter Ordnung mit inhomogenen Randbedingungen soll mittels Green'scher Methode gelöst werden.

6.13.1 Aufgabenbeschreibung

Der Differenzialgleichung

$$\begin{aligned} \frac{d^2u(x)}{dx^2} &= x \\ \mathcal{L}u(x) &= x \end{aligned}$$

mit den inhomogenen Randbedingungen $u(0) = 1$ und $u(1) = 2$, deren Lösung

$$u(x) = \frac{1}{6}x^3 + \frac{5}{6}x + 1$$

auch durch Integration erreicht werden kann, soll mittels der Green'schen Methode gelöst werden. Es ist $\mathcal{L} = d^2/dx^2$ der lineare Operator.

6.13.2 Lösungsweg

Die ODE wird nachfolgend mit der Green'schen Methode gelöst. Hierzu wird

- die ursprüngliche Differenzialgleichung $\mathcal{L}u(x) = x$ in eine homogene Differenzialgleichung $\mathcal{L}y(x) = 0$ mit den Randbedingungen $y(0) = y(1) = 0$ in die zu bestimmenden Funktion $y(x)$ überführt,

- eine partikuläre Lösung $p(x)$ gesucht, welche beide Randbedingungen erfüllt. Gefunden wurde die Gleichung $p(x)$

$$p(x) \quad = \quad x + 1.$$

Die Lösung der gesuchten Differenzialgleichung bildet die Summe aus partikulärer und homogener Lösung

$$u(x) \quad = \quad y(x) + p(x).$$

Mit der Green'schen Methode wird folgend die Lösung der homogenen ODE $\mathcal{L}y(x) = 0$ ermittelt. Die allgemeine Form der Green'schen Funktion ist

$$G(x,z) = \begin{cases} A(z)\; y_1(x) & \text{für } x < z \\ B(z)\; y_2(x) & \text{für } x > z. \end{cases}$$

Zudem wird die Kontinuitätsbedingung

$$\begin{aligned} G(x,z)\Big|_{z-\varepsilon} &= G(x,z)\Big|_{z+\varepsilon} \\ A(z)\; y_1(x) &= B(z)\; y_2(x) \end{aligned}$$

und Diskontinuitätsbedingung (Sprung in der Ableitung)

$$\begin{aligned} \frac{dG(x,z)}{dx}\Big|_{z-\varepsilon} - \frac{dG(x,z)}{dx}\Big|_{z+\varepsilon} &= \frac{1}{a_2} \\ A(z)\; y_1'(z) - B(z)\; y_2'(z) &= \frac{1}{a_2} \end{aligned}$$

mit einbezogen. Der Koeffizient a_2 ist der höchsten Ableitung zuzuordnen. Siehe hierzu auch Gl. (6.21), welcher in der Normalform den Wert Eins annimmt. Im Fortgang gilt es, $A(z)$, $B(z)$, $y_1(x)$, $y_1'(x)$, $y_2(x)$ und $y_2'(x)$ zu bestimmen. Hierzu werden $y_1(x)$ und $y_2(x)$ aus den Randbedingungen

$$\begin{aligned} y_1(0) &= 0: \; y_1(x) = x; \; y_1'(x) = 1 \\ y_2(1) &= 0: \; y_2(x) = x - 1; \; y_2'(x) = 1 \end{aligned}$$

ermittelt. Die Wronski-Determinante $W(z)$

$$W(z) = \begin{vmatrix} y_1 & y_2 \\ y_1' & y_2' \end{vmatrix} = y_1\, y_2' - y_2\, y_1' \neq 0$$

nimmt den Wert

$$\begin{aligned} W(z) &= y_1\, y_2' - y_2\, y_1' \\ &= z\, 1 - (z-1)\, 1 \\ &= z - z + 1 \\ &= 1 \end{aligned}$$

an. Die Green'sche Funktion

$$G(x,z) = \begin{cases} \underbrace{\dfrac{y_2(z)}{W(z)\, a_2}}_{A(z)} y_1(x) & \text{für } 0 < x < z \\ \underbrace{\dfrac{y_1(z)}{W(z)\, a_2}}_{B(z)} y_2(x) & \text{für } z < x < 1 \end{cases}$$

wird zu

$$G(x,z) = \begin{cases} x\,(z-1) & \text{für } 0 < x < z \\ (x-1)\, z & \text{für } z < x < 1. \end{cases}$$

Die Herleitung der Koeffizienten $A(z)$ und $B(z)$ ist Kap. 6.9.3 zu entnehmen. Die homogene Lösung folgt durch Integration der allgemeinen Lösung nach Gl. (6.18) mit

$$\begin{aligned} y(x) &= \int_0^1 G(x,z)\, f(z)\, dz \\ &= (x-1) \int_{z=0}^{z=x} z\, z\, dz + x \int_{z=x}^{z=1} (z-1)\, z\, dz \\ &= (x-1)\, \frac{1}{3}\, z^3 \Big|_{z=0}^{z=x} + x\, (\frac{1}{3} z^3 - \frac{1}{2} z^2) \Big|_{z=x}^{z=1} \\ &= \frac{1}{3}\, x^4 - \frac{1}{3}\, x^3 + \frac{1}{3}\, x - \frac{1}{2}\, x - \left(\frac{1}{3}\, x^4 - \frac{1}{2}\, x^3\right) \\ &= \frac{1}{6}\, x^3 - \frac{1}{6}\, x. \end{aligned}$$

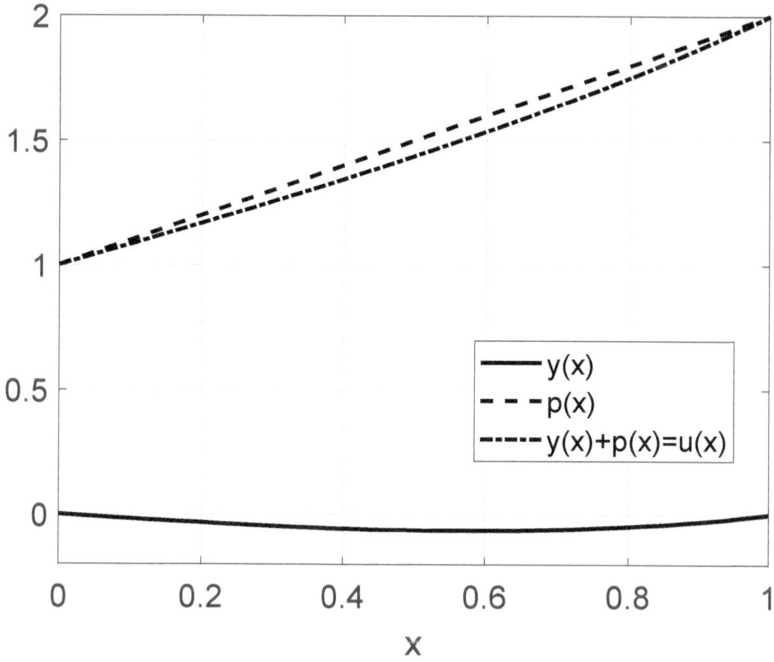

Abbildung 6.10: Vorgehen zur Lösung der ODE Gl. (6.24) mit inhomogenen Randbedingungen

Die gesuchte Lösung der inhomogenen ODE nach $u(x)$ folgt aus der Summe der homogenen und partikulären Einzellösungen mit

$$\begin{aligned} u(x) &= y(x) + p(x) \\ &= \frac{1}{6}\,x^3 - \frac{1}{6}\,x + x + 1 \\ &= \frac{1}{6}\,x^3 + \frac{5}{6}\,x + 1. \end{aligned}$$

In Abb. 6.10 sind die Funktionsverläufe dargestellt.

Kapitel 7

Differenzialgleichungen und Finite Elemente

Vorgestellt werden häufig verwendete Differenzialgleichungen 2'ter Ordnung und deren Lösung mit der Galerkin-Methode als meist verwendeter Methode innerhalb der Finite-Element-Methode (FEM). Zudem werden die im FEM-Einsatz verwendeten Elemente gezeigt. Die FEM zählt zu den dominierenden numerischen Methoden zur Berechnung von Gleichungssystemen. Sie hat ihren Ursprung in der Strukturanalysis. Eine mathematische Beschreibung der Methode erfolgte bereits 1943. Erst 1968 erfolgte die Anwendung der Methode auf elektromagnetische Feldprobleme. Die FEM hat sich als leistungsfähiger und flexibler in ihrer Anwendung auf komplexe Geometrien und inhomogene Stoffe im Vergleich zu anderen Methoden erwiesen und damit durchgesetzt. Aus diesem Grund konnten Computerprogramme entwickelt werden, welche eine große Vielfalt von Anwendungsmöglichkeiten schufen. Viele Vorgänge in Naturwissenschaft und Technik werden mittels partieller Differenzialgleichungen 1'ter und 2'ter Ordnung beschrieben. Die folgenden Abhandlungen des Manuskripts wurden im Wesentlichen mit der Literatur [1], [2], [28], [31] und [47] erstellt.

7.1 Beispiele aus der Physik für Differenzialgleichungen 1'ter Ordnung

Differenzialgleichungen 1'ter Ordnung enthalten eine Ableitung der unabhängigen Variablen. Bei Ableitungen nach der Zeit verkörpern diese oft einen Energiespeicher. Beispiele von Differenzialgleichungen 1'ter Ordnung sind in Abb. 7.1 zusammengefasst. Die erforderlichen unabhängigen Variablen werden hinsichtlich ihres Ansatzes am Element gegliedert:

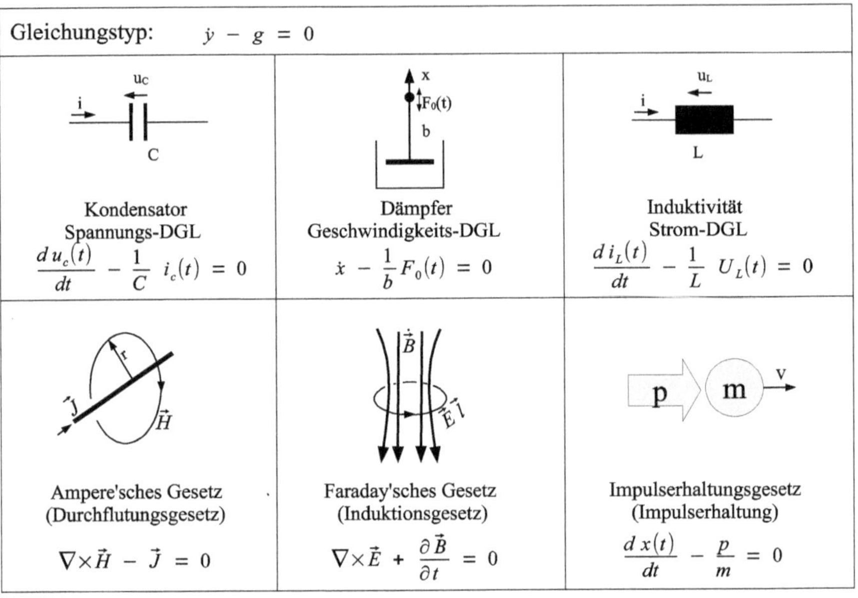

Abbildung 7.1: Beispiele von Differenzialgleichungen 1'ter Ordnung

- „Across Variables": Variablen, deren Größen über das Element hinweg (across, entlang) wirken. Beispiele sind der elektrische Spannungsabfall entlang eines Widerstandes, der Druckabfall entlang einer Wasserleitung, der Temperaturabfall entlang eines Bauelementes bzw. durch eine Wand hindurch.
- „Through Variables": Variablen, deren Größen durch das Element hindurch (through, durch) strömen. Beispiele sind der elektrische Strom, der Massen- Volumenstrom und der Wärmestrom.

7.2 Beispiele aus der Physik für Differenzialgleichungen 2'ter Ordnung

Beispiele von Differenzialgleichungen 2'ter Ordnung sind in Abbildungen 7.2 und 7.3 zusammengefasst. In Abb. 7.2 a) sind die Schwingungsgleichungen des elektrischen und mechanischen Schwingkreises zu entnehmen. Schwingungsfähige Systeme sind durch zwei unabhängige Energieformen gekennzeichnet, in welche die Energie beim Austausch jeweils überführt wird. Die zeitlichen Ableitungen in den Gleichungen verkörpern jeweils einen Energiespeicher. Bei den Differenzialgleichungen handelt es sich jeweils um einen gedämpften Reihenschwingkreis mit Erregung. Gelöst wird nach dem Strom i bzw. nach dem Weg x.

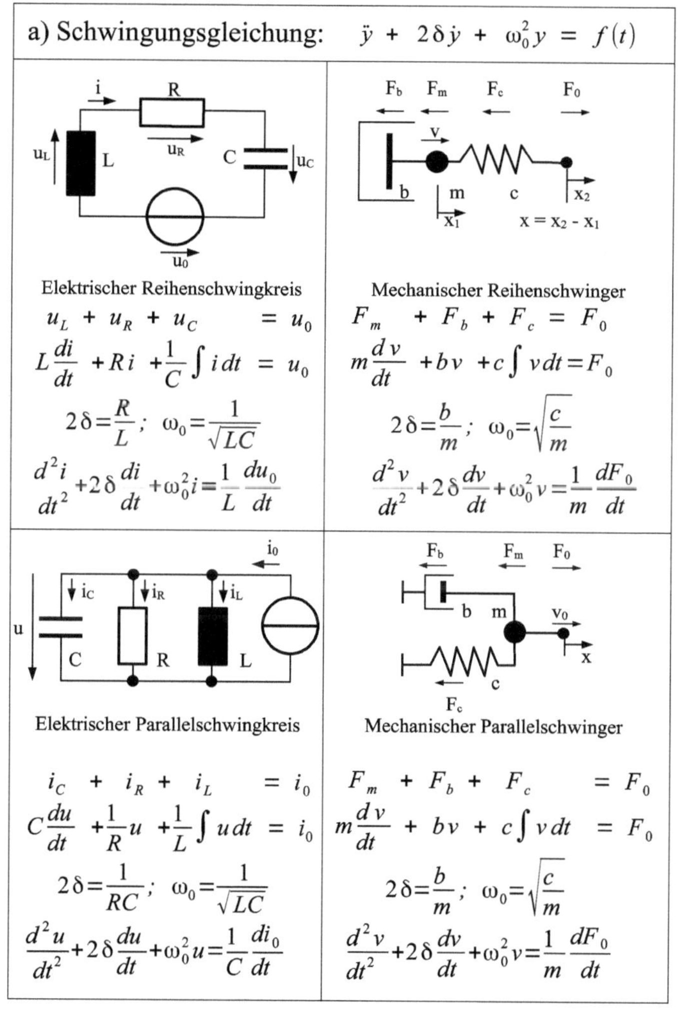

Abbildung 7.2: Beispiele von Differenzialgleichungen 2'ter Ordnung

Die Diffusionsgleichung ist Abb. 7.3 b) zu entnehmen. Gezeigt werden die Felddiffusions-

und Wärmediffusionsgleichung. Die Gleichungen sind durch zwei Orts- und eine Zeitableitung charakterisiert. Gelöst wird nach der Flussdichte $\vec{B}$ bzw. nach der Temperatur υ. Die Poisson'sche Differenzialgleichung der Elektrostatik zur Lösung des Potenzials φ ist der Abb. 7.3 c) zu entnehmen. Die Wellengleichung in Abb. 7.3 d) ist mit zwei Ortsableitungen und zwei Zeitableitungen charakterisiert. Gelöst wird jeweils nach der elektrischen Feldstärke $\vec{E}$ bzw. nach der magnetischen Feldstärke $\vec{H}$. Mit Blick auf die Schwingungsgleichung in Abb. 7.2 a) lassen sich Analogien zwischen mechanischen und elektrischen Schwingern herausarbeiten. Erkenntnisse, welche am Beispiel mechanischer Schwinger gewonnen wurden, lassen sich demzufolge auf elektrische Schwingkreise übertragen. Es gilt die Umkehrung dieser Feststellung. Zwei schwingungsfähige Anordnungen werden als analog bezeichnet, wenn diese durch dieselbe Differenzialgleichung beschrieben werden. In Tab. 7.1 erfolgt eine Gegenüberstellung zwischen den elektrischen und mechanischen Größen der Schwingungsgleichungen, welche in den elektrischen Reihen- und Parallelschwingkreis unterteilt sind [35], S. 210.

b) Diffusionsgleichung: $\Delta f = g\frac{\partial f}{\partial t} \quad \left(\Delta = \frac{\partial^2}{\partial x^2} + \ldots\right)$	
$f = \vec{B}$ $g = \mu\kappa$ $\nabla^2\vec{B} = \mu\kappa\frac{\partial\vec{B}}{\partial t}$ 1) Felddiffusionsgleichung	$f = \upsilon$ $g = \frac{\rho c}{\lambda}$ $\nabla^2\upsilon = \frac{\rho c}{\lambda}\frac{\partial\upsilon}{\partial t}$ 2) Wärmediffusionsgleichung

c) Poisson'sche DGL der Elektrostatik:	**d) Wellengleichungen:**
$\rho = \nabla\vec{D}$	$\nabla^2\vec{E} = \varepsilon_0\cdot\mu_0\cdot\frac{\partial^2\vec{E}}{\partial t^2}$
$\rho = \nabla(\varepsilon\vec{E})$	$\nabla^2\vec{E} = \frac{1}{c^2}\cdot\frac{\partial^2\vec{E}}{\partial t^2}$
$\rho = \nabla(\varepsilon\nabla\varphi)$	$\nabla^2\vec{H} = -\varepsilon_0\cdot\mu_0\cdot\frac{\partial^2\vec{H}}{\partial t^2}$
$-\frac{\rho}{\varepsilon} = \nabla^2\varphi$	$\nabla^2\vec{H} = \frac{-1}{c^2}\frac{\partial^2\vec{H}}{\partial t^2}$

Abbildung 7.3: Beispiele von Differenzialgleichungen 2'ter Ordnung – Fortsetzung

Die analogen Beziehungen wurden aus der Abb. 7.2 a) hergeleitet. Eine Interpretation dieser Beziehungen führt zu den folgenden Feststellungen:

Tabelle 7.1: Analogie elektrischer und mechanischer Größen

Elektrische Analogie	**Mechanische Analogie**
Reihenschwingkreis:	
Spannung u	Kraft F
Strom i	Geschwindigkeit v
Kehrwert Kapazität C	Federkonstante c
Widerstand R	Dämpfungskonstante b
Induktivität L	Masse m
Parallelschwingkreis:	
Spannung u	Geschwindigkeit v
Strom i	Kraft F
Kapazität C	Masse m
Kehrwert Widerstand 1/R	Viskositätskoeffizient b
Kehrwert Induktivität 1/L	Federkonstante c

- In Abhängigkeit der Schaltungsanordnung (Reihen- oder Parallelschaltung) wechseln die elektrischen gegenüber den mechanischen Parametern.
- Beispielsweise kann die mechanische Schwingungsgleichung mit der Wegvariable x als unabhängiger Parameter geschrieben werden:

$$\begin{aligned} m\,\frac{d^2x}{dt^2} + b\,\frac{dx}{dt} + c\,x &= F_0 \\ \frac{d^2x}{dt^2} + \frac{b}{m}\,\frac{dx}{dt} + \frac{c}{m}\,x &= a_0. \end{aligned}$$

  Die Wegvariable x entspricht im elektrischen Reihenschwingkreis dem Strom i und im elektrischen Parallelschwingkreis der Spannung u.
- Mittels zeitlicher Integration der zuletzt gezeigten Gleichung folgt

$$\frac{dx}{dt} + \frac{b}{m}\,x + \frac{c}{m}\int x\,dt = v_0$$

  die Schwinungsgleichung mittels eingeprägter Geschwindigkeit v_0 eines Parallelschwingers. Alle beteiligten Elemente erfahren dieselbe Geschwindigkeit, was im elektrischen Parallelschwingkreis der Spannungsquelle u_0 entspricht.

7.3 Finite Elemente

Die Diskretisierung des Lösungsraums oder Lösungsgebietes erfordert die Aufteilung in einzelne Räume bzw. einzelne Gebiete, die finiten Elemente. In Abb. 7.4 sind typische finite Elemente nach Raumdimensionen und Ordnung der Ansatzfunktion geordnet dargestellt.

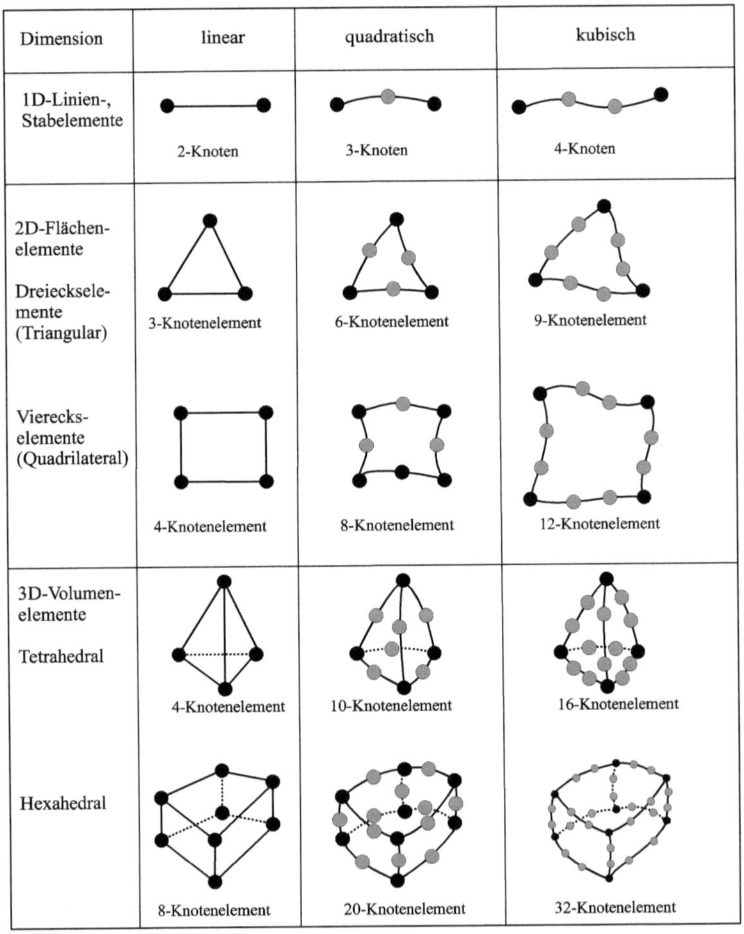

Dimension	linear	quadratisch	kubisch
1D-Linien-, Stabelemente	2-Knoten	3-Knoten	4-Knoten
2D-Flächen-elemente Dreieckselemente (Triangular)	3-Knotenelement	6-Knotenelement	9-Knotenelement
Vierecks-elemente (Quadrilateral)	4-Knotenelement	8-Knotenelement	12-Knotenelement
3D-Volumen-elemente Tetrahedral	4-Knotenelement	10-Knotenelement	16-Knotenelement
Hexahedral	8-Knotenelement	20-Knotenelement	32-Knotenelement

Abbildung 7.4: Klassifizierung gewählter finiter Elemente

Zur Diskretisierung der Randwertprobleme im zweidimensionalem Gebiet finden vorzugsweise Dreiecks- oder Viereckselemente Anwendung. Bei Dreieckselementen werden häufig elementweise lineare, quadratische oder kubische Ansatzfunktionen verwendet.

Diese sind genau in einem Knoten gleich Eins und in allen verbleibenden Knoten gleich Null. Bei elementweise quadratischen Ansatzfunktionen werden zusätzlich noch Kantenmittelknoten verwendet. Hier werden quadratische Ansatzfunktionen definiert, welche in einem Dreiecksknoten gleich Eins und in den verbleibenden Eckknoten gleich Null sind. Bei den Viereckselementen werden bilineare, biquadratische oder quadratische Funktionen verwendet (siehe hierzu auch [37], S. 227 ff.).

Kapitel 8

Von der Momentenmethode zur Galerkin-Methode

Die Momentenmethode oder *Method of Moments* (MOM) ist eine numerische Methode zur Lösung von Randwertproblemen vorzugsweise im Gebiet Elektromagnetismus. Gleich wie die Finite-Elemente-Methode überführt die Momentenmethode Gleichungen eines vorliegenden Randwertproblems in eine Matrixgleichung zur Lösung mit einem Computer. Eine geschlossene Formulierung der Methode wird in [34] vorgestellt. Sie wurde zu einer vorherrschenden Methode für Berechnungen im Gebiet des Elektromagnetismus entwickelt. In [53] wird das Phasen-Diskretisierungsraster-Verfahren (PDRV) als eine Erweiterung der MOM zur Berechnung des Feld-Streuverhaltens elektrisch leitfähiger Körper vorgestellt.

8.1 Grundprinzip der Momentenmethode (MOM)

Eine gelungene Einführung in die Momentenmethode ist in [34], S. 5 ff. gegeben. Das Grundprinzip der MOM beruht auf der Umwandlung einer Funktionsgleichung (Randwertproblem) mittels numerischer Approximation in eine Matrixgleichung zur Lösung mit bekannten Vorgehensweisen. Zur Veranschaulichung der Methode wird die inhomogene Gleichung

$$\mathcal{L}f = g \tag{8.1}$$

betrachtet. Wobei $\mathcal{L}$ ein linearer Operator, f die unbekannte, zu bestimmende Funktion und g die bekannte Funktion ist, welche den Quellterm repräsentiert. Hierbei handelt es sich um ein deterministisches Problem, dessen Lösung eindeutig ist, was bedeutet, dass nur eine f mit einer gegebenen g verbunden ist. Ein Analyseproblem liegt vor, wenn $\mathcal{L}$ und g gegeben sind und f zu bestimmen ist. Ein Syntheseproblem liegt vor, wenn f und g gegeben sind und $\mathcal{L}$ zu bestimmen ist. Im Fortgang werden ausschließlich Analyseprobleme behandelt.

Der Lösungsbereich ist mit Ω definiert. Zur Lösungsfindung wird f als Reihe der Funktionen ϕ_1, ϕ_2, ϕ_3, ... im Bereich von Ω

$$f = \sum_{j=1}^{N} a_j \, \phi_j \tag{8.2}$$

entwickelt. Dabei sind a_j die unbekannten Entwicklungskoeffizienten und ϕ_j die Entwicklungs- oder Basisfunktionen. Die dabei entstehende endliche Summe muss entsprechend abgebrochen werden. Damit folgt die inhomogene Gleichung

$$\sum_{j=1}^{N} a_j \, \mathcal{L}\phi_j = g.$$

Folgend werden Wichtungs- oder Testfunktionen w_1, w_2, w_3 definiert und mit diesen das innere Produkt

$$\sum_{j=1}^{N} a_j \, \langle w_k, \mathcal{L}\phi_j \rangle = \langle w_k, g \rangle$$

mit $k = 1, 2, 3, ...$ gebildet. Die Gleichung wird in Matrixschreibweise

$$(l_{jk}) \; (a_j) = (g_k)$$

notiert. Dabei sind

$$(l_{jk}) = \begin{pmatrix} \langle w_1, \mathcal{L}\phi_1 \rangle & \langle w_1, \mathcal{L}\phi_2 \rangle & ... \\ \langle w_2, \mathcal{L}\phi_1 \rangle & \langle w_2, \mathcal{L}\phi_2 \rangle & ... \\ ... & ... & ... \end{pmatrix} \tag{8.3}$$

$$(a_j) = \begin{pmatrix} a_1 \\ a_2 \\ . \\ . \end{pmatrix} \tag{8.4}$$

$$(g_k) = \begin{pmatrix} \langle w_1, g \rangle \\ \langle w_2, g \rangle \\ . \\ . \end{pmatrix}.$$

Unter der Voraussetzung der Nichtsingularität der Matrix (l) ist die Bestimmung der Koeffizienten a mit

$$(a_j) = (l_{jk}^{-1})\,(g_k)$$

möglich. Dies entspricht der Lösung von f. Die Ausdrücke zur Lösung von f werden mit

$$(\phi_j) = (\phi_1 \quad \phi_2 \quad \phi_3 \quad ...)$$

und

$$\begin{aligned} f &= (\phi_j)\,(a_k) \\ &= (\phi_j)\,(l_{jk}^{-1})\,(g_k) \end{aligned}$$

gekürzt wiedergegeben. Ob die Lösung exakt oder approximiert ist, hängt von der Wahl von ϕ_j und w_k ab.

8.2 Anmerkungen zur Momentenmethode

Im Folgenden werden dem Anwender der MOM Hinweise und Empfehlungen hinsichtlich der Matrix, der Wahl der Basis- und Wichtungsfunktion gegeben.

8.2.1 Matrix (l_{jk})

Ist die Matrix (l_{jk}) unendlicher Ordnung, so kann ihre Invertierung nur für einige spezielle Fälle wie beispielsweise eine Diagonalmatrix durchgeführt werden. Die klassische Eigenfunktionsmethode führt auf eine Diagonalmatrix und kann als spezieller Fall der MOM aufgefasst werden. Sind dagegen ϕ_j und w_k endlich, so nimmt die Matrix eine endliche Ordnung an und kann mittels bereits bekannter Methoden invertiert werden.

8.2.2 Wahl der Basis- und Wichtungsfunktionen ϕ_n und w_k

Eine der Hauptaufgaben aller speziellen Probleme ist die Wahl der Basis- ϕ_j und Wichtungsfunktion w_k. Die Basisfunktion sollte linear unabhängig sein und dabei so gewählt werden, dass die Superponierung von Gl. (8.2) die Funktion f angemessen und gut approximiert. Die Wichtungsfunktion w_k sollte ebenfalls linear unabhängig und so gewählt werden, dass das innere Produkt $\langle w_k, g \rangle$ relativ unabhängig von der Eigenschaft von g ist. Eine Orientierung zur Auswahl der Basis- und Wichtungsfunktionen können die Koeffizienten der MacLaurin-Reihe, welche die gesuchte Funktion beschreibt, bieten. Einige weitere Faktoren, welche die Wahl von ϕ_j und w_k beeinflussen, sind

- die gewünschte Genauigkeit der Lösung,
- der Aufwand zur Entwicklung der Matrixelemente,
- die zu invertierende Matrixgröße,
- die Realisierung einer wohl konditionierten Matrix.

Dieses Kapitel informiert über die Idee des Mathematikers Galerkin und führt in dessen Methode ein. Die Galerkin-Methode findet eine sehr breite Anwendung zur Lösung von Differenzialgleichungen beispielsweise in der Strukturmechanik, der Strömungsmechanik, dem Wärme- und Massetransport, der Akustik sowie in Mikrowellenanwendungen. Probleme, beschrieben durch gewöhnliche Differenzialgleichungen, partielle Differenzialgleichungen und Integralgleichungen können mittels des Galerkin-Formalismus untersucht werden.

„*Any problem for which governing equation can be written down is a candidate for a Galerkin method.*“ [31], S. 1.

Der Ursprung der Methode wird auf eine Veröffentlichung von Galerkin (1915) zurückgeführt. Galerkin war ein Maschinenbauingenieur, der 1899 in St. Petersburg seinen Abschluss machte [31].

8.3 Zur Person Boris Galerkin

Boris Grigorjewitsch Galjorkin (Galerkin) (1871–1945) war ein sowjetischer Maschinenbauingenieur und Mathematiker. Galerkin studierte ab 1893 am Polytechnikum in

Sankt Petersburg. Ab 1899 arbeitete er in einer Lokomotivfabrik als Ingenieur und half beim Bau einer Eisenbahnlinie in der Mandschurei. Zurück in Sankt Petersburg arbeitete er als leitender Ingenieur in einer Dampfkesselfabrik. Galerkin kam 1907 wegen Zar-kritischer Äußerungen ins Gefängnis und befasste sich dort mit dem Bauwesen. Im Jahre 1908 erschien seine erste Veröffentlichung über die Baustatik. In Leningrad nahm er 1922 einen Lehrstuhl für Bauingenieurwesen an, und lehrte am Leningrader Institut für Eisenbahningenieurwesen und an der Staatlichen Universität in Leningrad. An der dortigen Militärischen Ingenieurtechnischen Universität wurde er Professor und Leiter des Bauingenieurwesens. Galerkin war ab 1940 bis zu seinem Tode in Moskau Vorstand des Instituts für Mechanik der sowjetischen Akademie der Wissenschaften in Sankt Petersburg.

8.4 Galerkins Idee

Die spezielle Wahl, als Wichtungsfunktion die Basisfunktion $w_j = \phi_j$ zu nehmen, wird als **Galerkin-Methode** bezeichnet.

„*Galerkin method is used to reduce an ordinary differential equation to a system of algebraic equations.*“ [31], S. 4.

Kapitel 9

Traditionelle Galerkin-Methode

Eines der Schlüsselmerkmale der traditionellen oder herkömmlichen Galerkin-Methode wird im Folgenden vorgestellt. Ein 2D-Problem wird durch die lineare Differenzialgleichung (DGL)

$$\mathcal{L}u = 0 \tag{9.1}$$

im Gebiet $D(x, y)$ mit den Randbedingungen

$$S(u) = 0, \ \partial D$$

beschrieben. Die Galerkin-Methode nimmt an, dass u durch die Näherungslösung

$$u_a = u_0(x, y) + \sum_{j=1}^{N} a_j \ \phi_j(x, y) \tag{9.2}$$

genau dargestellt wird. Dabei gilt:

- ϕ_j ist eine bekannte analytische Funktion (Basisfunktion),
- u_0 wird eingeführt, um die Randbedingungen zu erfüllen,
- a_j sind zu bestimmende Koeffizienten.

Mit dem Einsetzen von Gl. (9.2) in Gl. (9.1) folgt

$$\begin{aligned}\mathcal{L}u_a &= \mathcal{L}u_0 + \sum_{j=1}^{N} a_j \, \mathcal{L}\phi_j \\ &= R(a_0, a_1, ..., a_N, x, y) \\ &= 0.\end{aligned} \tag{9.3}$$

Mit der Galerkin-Methode werden die unbekannten Koeffizienten a_j durch die Entwicklung des inneren Produkts

$$\langle \phi_k, R \rangle = 0, \quad k = 1, ..., N \tag{9.4}$$

im Gebiet $D \in [0, 1]$, mit dem Residuum R (lateinisch residuum = das Zurückbleibende oder in der Mathematik die Abweichung) und der aus Gl. (9.2) bekannten analytischen Funktion ϕ_k (Wichtungsfunktion) bestimmt. Da im vorliegenden Beispiel eine lineare Differenzialgleichung zugrunde liegt, kann die Gl. (9.4) direkt als Matrizengleichung für den Koeffizienten a_j als

$$\sum_{j=1}^{N} a_j \, \langle \phi_k, \mathcal{L}\phi_j \rangle = -\langle \phi_k, \mathcal{L}u_0 \rangle \tag{9.5}$$

geschrieben werden. Das Lösen und Einsetzen von a_j in die Gl. (9.2) führt zur Näherungslösung von u_a. Die Wirkung der Galerkin-Methode wird in den nachfolgend bearbeiteten Beispielen transparent.

Kapitel 10

Galerkin-Methode – Lösung von $du/dx = u$

Die Galerkin-Methode wird nachfolgend zur Reduktion einer gewöhnlichen Differenzialgleichung auf ein System algebraischer Gleichungen angewendet. Gelöst werden soll die gewöhnliche Differenzialgleichung 1'ter Ordnung

$$\frac{du}{dx} - u = 0 \tag{10.1}$$

im Gebiet Ω mit $0 \leq x \leq 1$ und der Randbedingung $y(0) = 1$, deren Lösung

$$u(x) = e^x$$

ist.

10.1 Wahl der Basis- und Wichtungsfunktion

Im Fortgang wird die Funktion u mittels Reihenentwicklung

$$\begin{aligned} u_j &= \sum_{j=0}^{N} a_j\, x^j \\ &= a_0 + \sum_{j=1}^{N} a_j\, x^j, \end{aligned} \tag{10.2}$$

beschrieben, wobei x^j die Basisfunktion darstellt. Der Koeffizient $a_0 = 1$ wird so gewählt, dass er die Randbedingung erfüllt. Die bewusste Strukturierung der Versuchslösung zur Erfüllung der Randbedingungen ist eine gängige Praxis bei der Anwendung der traditionellen Galerkin-Methode. Vergleiche hierzu Gl. (9.2). Mit dem Einsetzen von Gl. (10.2) in Gl. (10.1) folgt

$$\begin{aligned}
\frac{d}{dx}\left(a_0 + \sum_{j=1}^{N} a_j\, x^j\right) - \left(a_0 + \sum_{j=1}^{N} a_j\, x^j\right) &= 0 \\
&= R.
\end{aligned}$$

Nach dem Ableiten verbleibt

$$\begin{aligned}
\sum_{j=1}^{N} a_j\, j x^{j-1} - 1 - \sum_{j=1}^{N} a_j\, x^j &= 0 \\
-1 + \sum_{j=1}^{N} a_j\, \left(j x^{j-1} - x^j\right) &= 0 \\
&= R.
\end{aligned}$$

10.2 Formulierung der schwachen Form mit Basis- und Wichtungsfunktion

Eingeführt wird die Wichtungsfunktion $w = x^{k-1}$. Im Fortgang erfolgt die Entwicklung des inneren Produktes mit der Wichtungsfunktion

$$\begin{aligned}
\langle R, w\rangle &= 0 \\
\int_0^1 R\, x^{k-1} dx &= 0, \quad k = 1, ..., N \\
\int_0^1 \left[-1 + \sum_{j=1}^{N} a_j\, \left(j x^{j-1} - x^j\right)\right] x^{k-1}\, dx &= 0 \\
\int_0^1 \left[-x^{k-1} + \sum_{j=1}^{N} a_j\, \left(j x^{j-1} - x^j\right) x^{k-1}\right] dx &= 0 \\
\int_0^1 \sum_{j=1}^{N} a_j\, \left(j x^{j-1} - x^j\right) x^{k-1}\, dx &= \int_0^1 x^{k-1} dx.
\end{aligned}$$

Nach erfolgter Integration und Einsetzen der Integrationsgrenzen folgt

$$\begin{aligned} \frac{j}{j+k-1}\, x^{j+k-1}\Big|_0^1 - \frac{1}{j+k}\, x^{j+k}\Big|_0^1 &= \frac{1}{k}\, x^k\Big|_0^1 \\ \frac{j}{j+k-1} - \frac{1}{j+k} &= \frac{1}{k} \end{aligned}$$

die schwache Formulierung von Gl. (10.1).

10.3 Überführung des Gleichungssystems in eine Matrizengleichung

Die Gleichungen werden in ein System linearer Gleichungen

$$\mathbf{M}\,\mathbf{A} = \mathbf{D}$$

mit den Elementen von $\mathbf{M}$ und $\mathbf{D}$

$$\begin{aligned} m_{kj} &= \left\langle jx^{j-1} - x^j, x^{k-1} \right\rangle = \frac{j}{j+k-1} - \frac{1}{j+k} \\ d_k &= \left\langle 1, x^{k-1} \right\rangle = \frac{1}{k} \end{aligned}$$

überführt. $\mathbf{A}$ ist der Vektor der unbekannten Koeffizienten a_j. Die einzelnen Elemente der Matrix $\mathbf{M}$ werden nun mit $N = 3$ berechnet. Beispielhaft erfolgt die Berechnung der Elemente $m(3, j)$ für $k = 3$:

$$\begin{aligned} m_{31} &= \frac{1}{1+3-1} - \frac{1}{1+3} = \frac{1}{12} \\ m_{32} &= \frac{2}{2+3-1} - \frac{1}{2+3} = \frac{3}{10} \\ m_{33} &= \frac{3}{3+3-1} - \frac{1}{3+3} = \frac{13}{30}. \end{aligned}$$

10.4 Lösung des linearen Gleichungssystems

Das so erhaltene lineare Gleichungssystem

$$\underbrace{\begin{pmatrix} \frac{1}{2} & \frac{2}{3} & \frac{3}{4} \\ \frac{1}{6} & \frac{5}{12} & \frac{11}{20} \\ \frac{1}{12} & \frac{3}{10} & \frac{13}{30} \end{pmatrix}}_{\mathbf{M}} \cdot \underbrace{\begin{pmatrix} a_1 \\ a_2 \\ a_3 \end{pmatrix}}_{\mathbf{A}} = \underbrace{\begin{pmatrix} 1 \\ \frac{1}{2} \\ \frac{1}{3} \end{pmatrix}}_{\mathbf{D}}$$

wird mit

$$\mathbf{A} = \mathbf{M}^{-1}\,\mathbf{D}$$

gelöst. Die Galerkin-Methode überführt die gewöhnliche DGL in ein algebraisches Gleichungssystem. Die Lösung der Koeffizienten ist

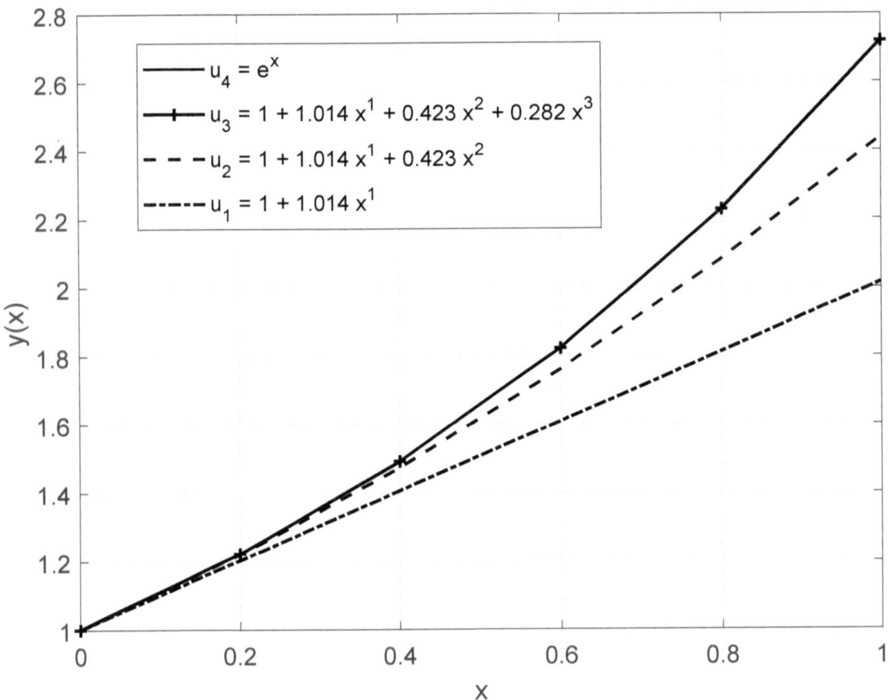

Abbildung 10.1: Gegenüberstellung der exakten analytischen mit den numerischen Näherungslösungen

$$\mathbf{A} = \begin{pmatrix} a_1 \\ a_2 \\ a_3 \end{pmatrix} = \begin{pmatrix} 1,014 \\ 0,423 \\ 0,282 \end{pmatrix}.$$

Aus der anschließenden Substitution von Gl. (10.2) folgt die Näherungslösung

$$u_3 = 1 + 1,014\, x^1 + 0,423\, x^2 + 0,282\, x^3.$$

Die exakte Lösung ist $u_4 = e^x$. In Abb. 10.1 wurde die Gegenüberstellung zwischen der exakten und der Näherungslösung vorgenommen. Es ist zu erkennen, dass die Funktion u_3 und u_4 deckungsgleich erscheinen.

Kapitel 11

Galerkin-Methode – Lösung von $-d^2u/dx^2 = 4x^2 + 1$

Es sei die inhomogene Differenzialgleichung 2'ter Ordnung

$$-\frac{d^2u(x)}{dx^2} = 4\,x^2 + 1 \tag{11.1}$$

mit den Randbedingung $u(0) = u(1) = 0$ gegeben. Hierbei handelt es sich um ein Randwertproblem mit der Lösung

$$u(x) = -\frac{1}{3}\,x^4 - \frac{1}{2}\,x^2 + \frac{5}{6}\,x$$

im Gebiet $\Omega = [0, 1]$. Die Differenzialgleichung wird im Fortgang mit der traditionellen Galerkin-Methode gelöst.

11.1 Wahl der Basis- und Wichtungsfunktion

Mit Hilfe der Ansatz- oder Basisfunktion u_n

$$u_n = x - x^{n+1}$$

wird die Funktion $u(x)$ mit dem Polynom u

$$u = \sum_{n=1}^{N} a_n\,u_n = \sum_{n=1}^{N} a_n\,\left(x - x^{n+1}\right)$$

entwickelt. Gemäß der Galerkin-Methode wird die Wichtungsfunktion w gleich der Basisfunktion

$$w_m = x - x^{m+1} = u_n$$

gewählt.

11.2 Formulierung der schwachen Form mit Basis- und Wichtungsfunktion

Mit der Wichtungsfunktion gleich der Basisfunktion folgt

$$\begin{aligned}\langle w_m, \mathcal{L}u\rangle &= \langle w_m, g\rangle \\ \sum_{n=1}^{N} a_n \langle w_m, \mathcal{L}u_n\rangle &= \langle w_m, g\rangle \\ \sum_{n=1}^{N} a_n \left\langle x - x^{m+1}, -\frac{d^2}{dx^2}\left(x - x^{n+1}\right)\right\rangle &= \left\langle x - x^{m+1}, 4x^2+1\right\rangle\end{aligned}$$

und damit die schwache Form der Differenzialgleichung

$$\sum_{n=1}^{N} \underbrace{a_n}_{(a_n)} \underbrace{\int_\Omega \left(x - x^{m+1}\right)\left(-\frac{d^2}{dx^2}\left(x - x^{n+1}\right)\right) dx}_{Term1\ (l_{mn})} = \underbrace{\int_\Omega \left(x - x^{m+1} + 4x^3 - 4x^{m+3}\right) dx}_{Term2\ (g_m)} .$$

11.3 Überführung des Gleichungssystems in eine Matrizengleichung

Die Gleichung wird in ein System

$$(a_n)\,(l_{mn}) = (g_m)$$

überführt. Hierzu werden die Terme 1 und 2 wie folgt entwickelt:

- Term 1 (l_{mn}): Integration erfolgt durch zweifache Anwendung der partiellen Integration. Die erste Anwendung der partiellen Integration liefert

$$\begin{aligned}\int_0^1 \left(x - x^{m+1}\right) \frac{-d^2}{dx^2} \left(x - x^{n+1}\right) dx &= \underbrace{\left[\left(x - x^{m+1}\right) \frac{-d}{dx} \left(x - x^{n+1}\right)\right]\Bigg|_0^1}_{=0} \\ &\quad - \int_0^1 - (m+1)\, x^m \, \frac{-d}{dx} \left(x - x^{n+1}\right) dx.\end{aligned}$$

Die zweite Anwendung der partiellen Integration führt zu

$$\begin{aligned}- \int_0^1 (m+1)\, x^m \, \frac{d}{dx} \left(x - x^{n+1}\right) dx &= \underbrace{- \left[(m+1)\; x^m \; \left(x - x^{n+1}\right)\right]\Big|_0^1}_{=0} \\ &\quad + \int_0^1 m \; (m+1)\, x^{m-1} \; \left(x - x^{n+1}\right) dx \\ &= \int_0^1 m \; (m+1)\, x^m - m \; (m+1)\, x^{m+n} dx \\ &= \left[\frac{m(m+1)}{m+1} x^{m+1} - \frac{m(m+1)}{m+n+1} x^{m+n+1}\right]\Bigg|_0^1 \\ &= \frac{m \; (m+n+1) - m \; (m+1)}{m+n+1} \\ &= \frac{m \; n}{m+n+1} \\ &= (l_{mn}).\end{aligned}$$

- Term 2 (g_m): Lösung erfolgt durch gliedweise Integration:

$$\begin{aligned}\int_0^1 \left(x - x^{m+1} + 4x^3 - 4x^{m+3}\right) dx &= \left(\frac{1}{2}\, x^2 - \frac{1}{m+2}\, x^{m+2} + x^4 - \frac{4}{m+4}\, x^{m+4}\right)\Bigg|_0^1 \\ &= \frac{1}{2} - \frac{1}{m+2} + 1 - \frac{4}{m+4}.\end{aligned}$$

Der gemeinsame Hauptnenner und die Zusammenfassung des Zählers ermöglicht

$$\begin{aligned}\frac{1}{2} - \frac{1}{m+2} + 1 - \frac{4}{m+4} &= \frac{m\,(3m+8)}{2\,(m+2)\,(m+4)} \\ &= (g_m).\end{aligned}$$

11.4 Lösung des linearen Gleichungssystems

Die Lösung des linearen Gleichungssystems

$$(l_{mn})^{-1}\,(g_m) \quad = \quad (a_n)$$

für $N = 1$ ist

$$(l_{mn})^{-1}\,(g_m) \quad = \quad \begin{pmatrix} \frac{11}{10} \end{pmatrix}.$$

Damit wird die Reihe der Funktion u

$$\begin{aligned} u &= \sum_{n=1}^{1} a_n \,(x - x^{n+1}) \\ &= \frac{11}{10}\,(x - x^2) \\ &= -\frac{11}{10}\,x^2 + \frac{11}{10}\,x. \end{aligned}$$

Die Lösung für $N = 2$ ist

$$(l_{mn})^{-1}\,(g_m) \quad = \quad \begin{pmatrix} \frac{1}{10} \\ \frac{2}{3} \end{pmatrix}.$$

Damit wird die Reihe der Funktion u

$$\begin{aligned} u &= \sum_{n=1}^{2} a_n \,(x - x^{n+1}) \\ &= \frac{1}{10}\,(x - x^2) + \frac{2}{3}\,(x - x^3) \\ &= -\frac{2}{3}\,x^3 - \frac{1}{10}\,x^2 + \frac{23}{30}\,x. \end{aligned}$$

Die Lösung für $N = 3$ lautet

$$(l_{mn})^{-1}\,(g_m) \quad = \quad \begin{pmatrix} \frac{1}{2} \\ 0 \\ \frac{1}{3} \end{pmatrix}.$$

Tabelle 11.1: Koeffizienten für $N = 4$

	(l_{mn})				(g_m)
	n				
m	**1**	**2**	**3**	**4**	
1	$\frac{1}{3}$	$\frac{1}{2}$	$\frac{3}{5}$	$\frac{2}{3}$	$\frac{11}{30}$
2	$\frac{1}{2}$	$\frac{4}{5}$	1	$\frac{8}{7}$	$\frac{7}{12}$
3	$\frac{3}{5}$	1	$\frac{9}{7}$	$\frac{3}{2}$	$\frac{51}{70}$
4	$\frac{2}{3}$	$\frac{8}{7}$	$\frac{3}{2}$	$\frac{16}{9}$	$\frac{5}{6}$

Die Polynomfunktion u wird zu

$$
\begin{aligned}
u &= \sum_{n=1}^{3} a_n \left(x - x^{n+1}\right) \\
&= \frac{1}{2}\left(x - x^2\right) + 0\left(x - x^3\right) + \frac{1}{3}\left(x - x^4\right) \\
&= -\frac{1}{3}\, x^4 - \frac{1}{2}\, x^2 + \frac{5}{6}\, x.
\end{aligned}
$$

Eine zweimalige Differenziation führt auf Gl. (11.1). Für $N = 4$ wurden die Koeffizienten für (l_{mn}) und (g_m) in Tab. 11.1 zusammengefasst. Der Abb. 11.1 sind die grafischen Darstellungen der einzelnen Entwicklungsschritte zu entnehmen.

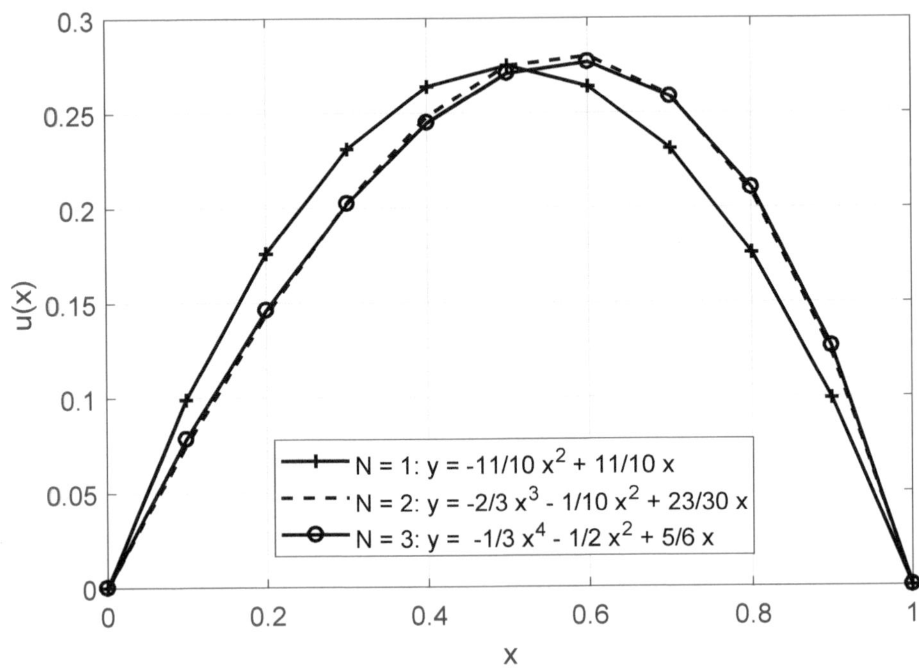

Abbildung 11.1: Funktion $u(x)$ mit der Anzahl Reihenglieder N als Scharparameter

Kapitel 12

Galerkin-Methode – Lösung von $d^2u/dx^2 = -1$ (I)

Gegeben ist die gewöhnliche inhomogene Differenzialgleichung 2'ter Ordnung

$$\frac{d^2u(x)}{dx^2} + 1 \quad = \quad 0, \quad x \in \Omega \tag{12.1}$$

im Gebiet $\Omega = [0, 1]$ mit den Dirichlet-Randbedingungen $u(0) = u(1) = 0$, deren Lösung

$$u(x) \quad = \quad -\frac{1}{2}\,x^2 + \frac{1}{2}\,x = \frac{1}{2}\,(x - x^2)$$

ist und deren Funktionsverlauf in Abb. 12.1 ersichtlich ist. Die gewöhnliche Differenzialgleichung Gl. (12.1) wird im Fortgang mit der traditionellen Galerkin-Methode gelöst. Zur Lösung der Differenzialgleichung wird dieser die Bedingung auf dem Intervall $\Omega = [a, b] = [0, 1]$ mit $u(x) = 0, \;\; x\; \partial\Omega$ auferlegt und zur Lösung eine nichtlineare Wichtungsfunktion gewählt. Es folgt erneut

$$\begin{aligned}
\langle w, R\rangle &= \int_\Omega w\; R\; dx \\
&= \int_\Omega w\; \left(\frac{d^2u(x)}{dx^2} + 1\right) dx \\
&= 0,
\end{aligned}$$

mit dem Residuum R und Wichtungs- oder Testfunktion w.

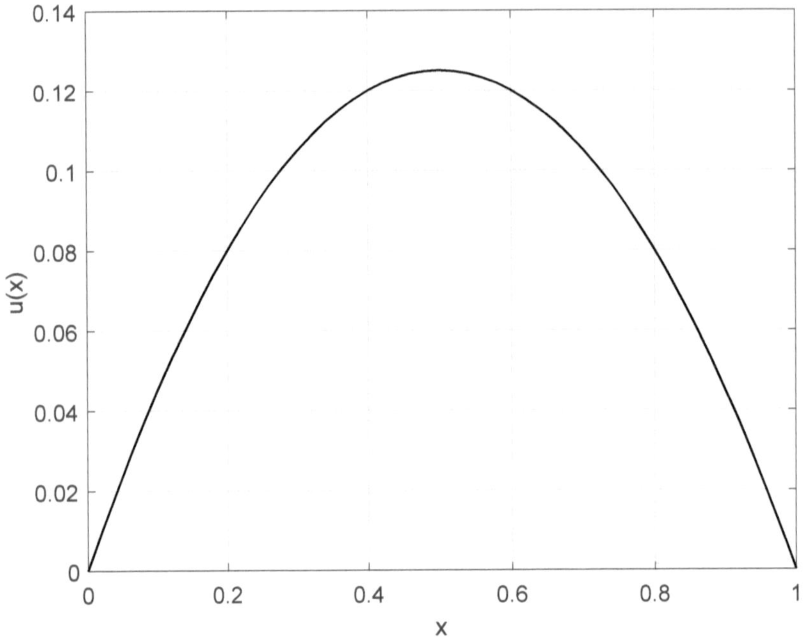

Abbildung 12.1: Lösung u(x) von Gl. (12.1)

12.1 Wahl der Basis- und Wichtungsfunktion

Im Fortgang wird

$$
\begin{aligned}
u(x) &= \sum_{n=1}^{N} a_n \left(x - x^{n+1}\right) \\
w(x) &= x - x^{m+1}
\end{aligned}
\tag{12.2}
$$

nach Galerkin die zu lösende Funktion $u(x)$ als Polynom mit der gleichen Funktionsklasse wie die Wichtungsfunktion angenommen.

12.2 Schwache Formulierung der Differenzialgleichung

Daraus folgt die schwache Formulierung der Gl. (16.1) mit

$$\sum_{n=1}^{N} a_n \int_{\Omega} \left(x - x^{m+1}\right) \frac{d^2}{dx^2} \left(x - x^{n+1}\right) dx = - \int_{\Omega} \left(x - x^{m+1}\right) dx. \quad (12.3)$$

12.3 Überführung des Gleichungssystems in eine Matrizengleichung

Der linke Term der Gl. (12.3) wird mit Hilfe der partiellen Integration und der rechte Term durch Integration in die Form

$$\sum_{n=1}^{N} a_n \underbrace{\left(\frac{n^2+n}{n} x^{n+m+1} - \frac{n+mn+n^2}{m+n+1} x^{n+1} \right) \Bigg|_0^1}_{(lmn)} = \underbrace{- \left(\frac{1}{2} x^2 - \frac{1}{m+2} x^{m+2} \right) \Bigg|_0^1}_{(g_m)}$$

überführt. Das Gebiet wird mit $\Omega = [0,1]$ gem. Abb. 16.5 eingegrenzt.

12.4 Lösung des linearen Gleichungssystems

Das so entstandene lineare Gleichungssystem

$$(a_n)\,(l_{mn}) = (g_m)$$

wird nach (a_n) gelöst. Es ist

$$\begin{pmatrix} a_1 \\ a_2 \\ a_3 \end{pmatrix} = \underbrace{\begin{pmatrix} 80/3 & 256 & 8448/5 \\ 112 & 5504/5 & 7424 \\ 1968/5 & 3968 & 191232/7 \end{pmatrix}^{-1}}_{(\mathbf{l}_{mn}^{-1})} \cdot \underbrace{\begin{pmatrix} 40/3 \\ 56 \\ 984/5 \end{pmatrix}}_{(\mathbf{g}_m)}$$

$$= \begin{pmatrix} 1/2 \\ 0 \\ 0 \end{pmatrix}.$$

Damit folgt die Lösung der Differenzialgleichung von Gl. (12.1) in der Darstellung von Gl. (12.2)

$$\begin{aligned} u(x) &= a_1\left(x - x^{1+1}\right) + a_2\left(x - x^{2+1}\right) + a_3\left(x - x^{3+1}\right) \\ &= \frac{1}{2}\left(x - x^2\right) \\ &= -\frac{1}{2}x^2 + \frac{1}{2}x. \end{aligned}$$

Kapitel 13

Galerkin-Methode – Lösung von $d^2u/dx^2 = -1$ (II)

Die gewöhnliche Differenzialgleichung 2'ter Ordnung

$$\frac{d^2u(x)}{dx^2} + 1 \quad = \quad 0 - R \tag{13.1}$$

deren Lösung im Gebiet $\Omega = [0, 4]$ mit den homogenen Dirichlet-Randbedingungen $u(0) = u(4) = 0$

$$u(x) \quad = \quad -\frac{1}{2}\,x^2 \,+\, 2\,x \tag{13.2}$$

und in Abb. 13.1 abgebildet ist, soll im Fortgang mit der traditionellen Galerkin-Methode durch Entwicklung des inneren Produkts

$$\begin{aligned} \langle w, R \rangle \quad &= \quad 0 \\ \int_\Omega w(x) \left(\frac{d^2u(x)}{dx^2} \,+\, 1 \right) dx \quad &= \quad 0 \end{aligned}$$

gelöst werden.

13.1 Wahl der Basis- und Wichtungsfunktion

Gemäß der Galerkin-Methode ist $w_m = u_n$ zu setzen. Geeignete Wichtungs- und Basisfunktionen müssen gesucht und geprüft werden. Die gesuchte Funktion muss stets die

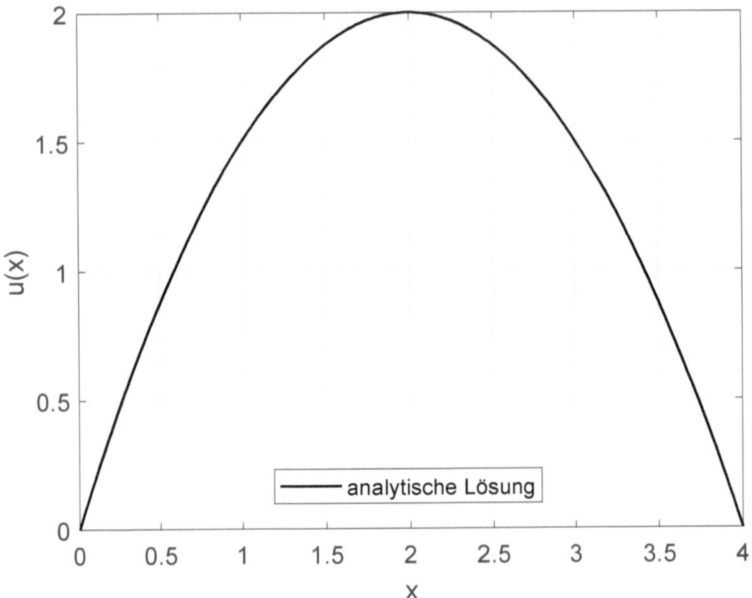

Abbildung 13.1: Lösung u(x) der Gl. (13.1)

geforderten Randbedingungen $w(x) = u(x) = 0$ bei $x \; \partial \; \Omega$ erfüllen. Gesucht, gefunden und geprüft wurde

$$\begin{aligned} u(x) &= \sum_{n=1}^{N} a_n \left(x^n - \frac{1}{4} \, x^{n+1} \right) \\ w(x) &= x^m - \frac{1}{4} \, x^{m+1}. \end{aligned}$$

13.2 Formulierung der schwachen Form mit Basis- und Wichtungsfunktion

Die gefundene Basis- und Wichtungsfunktion wird in die oben stehende Gleichung zur Berechnung des inneren Produkts eingesetzt und umgeformt. Daraus folgt

$$\int_\Omega \left(x^m - \frac{1}{4}\, x^{m+1}\right) \left[\frac{d^2}{dx^2} \sum_{n=1}^{N} a_n \left(x^n - \frac{1}{4}\, x^{n+1}\right) \; + \; 1\right] \;=\; 0$$

$$\underbrace{a_n \sum_{n=1}^{N} \int_\Omega \left(x^m - \frac{1}{4}\, x^{m+1}\right) \frac{d^2}{dx^2} \left(x^n - \frac{1}{4}\, x^{n+1}\right) dx}_{(l_{mn})} \;=\; \underbrace{-\int_\Omega \left(x^m - \frac{1}{4}\, x^{m+1}\right) dx}_{(g_m)}$$

die schwache Form der Differenzialgleichung.

13.3 Überführung des Gleichungssystems in eine Matrizengleichung

Die Überführung der schwachen Form der Gleichung in die Matrizengleichung erfolgt mittels partieller Integration. Eine anschließende Bildung der Stammfunktion und Einsetzen der Ränder $x(0) = x(4) = 0$ ergeben die beiden Matrizen

- Matrix (l_{mn}) :

$$\left(-\frac{n\, x^{m+n-1}\, (-n^3\, x^2 + 8\, n^3\, x - 16\, n^3 + n\, x^2 - 8\, n\, x + 16\, n)}{16\, (m^3 + 3\, m^2\, n + 3\, m\, n^2 - m + n^3 - n)} - \frac{m^2\, n\, x^{m+n-1}\, (16\, n - 8\, n\, x + n\, x^2 + x^2 - 16)}{16\, (m^3 + 3\, m^2\, n + 3\, m\, n^2 - m + n^3 - n)} + \frac{m\, n\, x^{m+n-1}\, (-2\, n^2\, x^2 + 16\, n^2\, x - 32\, n^2 - n\, x^2 + 16\, n + x^2 + 16)}{16\, (m^3 + 3\, m^2\, n + 3\, m\, n^2 - m + n^3 - n)}\right)\Bigg|_0^4 = -\frac{2\; 4^{m+n-1}\, m\, n}{m^3 + 3\, m^2\, n + 3\, m\, n^2 - m + n^3 - n}.$$

Für $m = [1\ 2\ 3]$ und $n = [1\ 2\ 3]$ folgt die Matrix (l_{mn})

$$(l_{mn}) \quad = \quad \begin{pmatrix} \frac{-4}{3} & \frac{-8}{3} & \frac{-32}{5} \\ \frac{-8}{3} & \frac{-128}{15} & \frac{-128}{5} \\ \frac{-32}{5} & \frac{-128}{5} & \frac{-3072}{35} \end{pmatrix}.$$

Dabei ist $det(l_{mn}) \;=\; -\,65536/2625 \neq 0$.

- Matrix (g_m) :

$$
\begin{aligned}
-\int_\Omega \left(x^m - \frac{1}{4}\, x^{m+1} \right) dx &= -\left(\int_\Omega x^m \, dx - \int_\Omega \frac{1}{4}\, x^{m+1}\, dx \right) \\
&= -\left(\frac{1}{m+1}\, x^{m+1} \Big|_0^4 - \frac{1}{4(m+2)}\, x^{m+2} \Big|_0^4 \right) \\
&= \frac{-1}{m+1}\, 4^{m+1} + \frac{1}{4(m+2)}\, 4^{m+2}.
\end{aligned}
$$

Für $m = [1, 2, 3]$ folgt

$$
(g_m) = \begin{pmatrix} \frac{-8}{3} \\ \frac{-16}{3} \\ \frac{-64}{5} \end{pmatrix}.
$$

- Matrix (a_n) :

Die Matrix der zu lösenden Variabel a ist für $n = [1, 2, 3]$

$$
(a_n) = \begin{pmatrix} a_1 \\ a_2 \\ a_3 \end{pmatrix}.
$$

13.4 Lösung des linearen Gleichungssystems

Das so entstandene lineare Gleichungssystem

$$
(a_n)\,(l_{mn}) = (g_m)
$$

wird nach (a_n) mit

$$
\begin{aligned}
\begin{pmatrix} a_1 \\ a_2 \\ a_3 \end{pmatrix} &= \underbrace{\begin{pmatrix} \frac{-4}{3} & \frac{-8}{3} & \frac{-32}{5} \\ \frac{-8}{3} & \frac{-128}{15} & \frac{-128}{5} \\ \frac{-32}{5} & \frac{-128}{5} & \frac{-3072}{35} \end{pmatrix}^{-1}}_{(\mathbf{l}_{mn})} \cdot \underbrace{\begin{pmatrix} \frac{-8}{3} \\ \frac{-16}{3} \\ \frac{-64}{5} \end{pmatrix}}_{(\mathbf{g}_m)} \\
&= \begin{pmatrix} 2 \\ 0 \\ 0 \end{pmatrix}
\end{aligned}
$$

gelöst. Damit folgt die Lösung der Differenzialgleichung von Gl. (13.1) in der Darstellung von Gl. (13.2)

$$
\begin{aligned}
u(x) &= a_1 \left(x - \frac{1}{4}\, x^{1+1}\right) + a_2 \left(x - \frac{1}{4}\, x^{2+1}\right) + a_3 \left(x - \frac{1}{4}\, x^{3+1}\right) \\
&= 2 \left(x - \frac{1}{4}\, x^2\right) \\
&= -\frac{1}{2}\, x^2 + 2\, x.
\end{aligned}
$$

Kapitel 14

Galerkin-Methode – Durchflutungsgesetz

Das Ampere'sche Durchflutungsgesetz aus Abb. 7.1 in seiner Differenzialform wird mit der Galerkin-Methode in eine Matrizengleichung überführt und nach der magnetischen Feldstärke H gelöst. Die Lösung erfolgt für den Innen- und Außenbereich des Leiters. In Abb. 14.1 ist die Integralform des Durchflutungsgesetzes dargestellt. Das Durchflutungsgesetz wird mittels dem vierten Maxwell'schen Theorem beschrieben, was den Zusammenhang zwischen einem Kreis- und Flächenintegral wiedergibt. Ebenfalls in der Abb. 14.1 sind die analytischen Herleitungen der magnetischen Feldstärken für den Innenraum, für die Oberfläche und den Außenraum des Leiters dargestellt. Stellvertretend für Innen- und Außenbereich ist die magnetische Feldlinie $H_{\Phi a}$ im Außenbereich mit Radius r eingezeichnet. Die Legende ist der Abbildung zu entnehmen. In Abb. 14.2 ist die grafische Lösung beider Gleichungen der magnetischen Feldstärke für den Innen- und Außenraum des Leiters ersichtlich. Im Innenraum des Leiters nimmt die magnetische Feldstärke proportional zum Radius r zu. Die maximale magnetische Feldstärke stellt sich an der Leiteroberfläche R ein. Die magnetische Feldstärke nimmt ab der Leiteroberfläche mit einer Hyperbelfunktion ab, welche mit sehr großem Radius r gegen Null strebt.

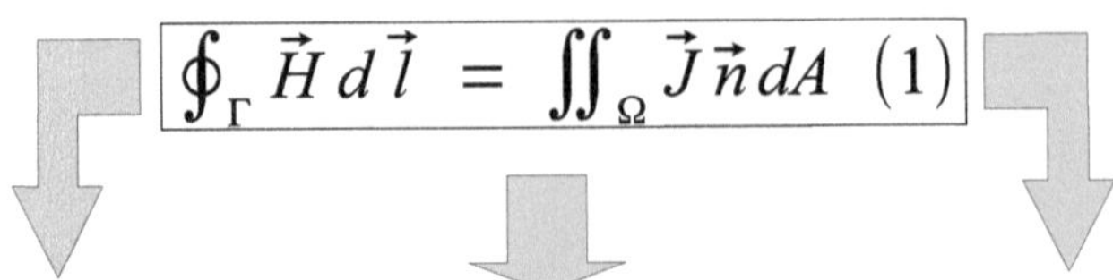

H – Feldberechnung innerhalb des Leiters	*H – Feldberechnung an der Leiteroberfläche*	*H – Feldberechnung außerhalb des Leiters*
Definitionsbereich: $r = [0, R]$	*Definitionsbereich*: $r = [R]$	*Definitionsbereich*: $r = [R, \infty]$
Bedingung: $A = A(r)$	*Bedingung*: $r = R;\ A = A(R) = konst.$	*Bedingung*: $A = A(R) = konst.$
Berechnung: $H\,l = J\,A$; $H\,2\pi r = J\pi r^2$; $H_i = \frac{J}{2} r$ (2)	*Berechnung*: $H\,l = J\,A$; $H\,2\pi R = J\pi R^2$; $H_o = \frac{J}{2} R$ (3)	*Berechnung*: $H\,l = J\,A$; $H\,2\pi r = J\pi R^2$; $H_a = \frac{J R^2}{2r}$ (4)

Legende:

H [A/m], magnetische Feldstärke; J [A/m²], Stromdichte;

r [m], Radius der Magnetfeldlinie; R [m], Leiterradius;

l [m], Länge Magnetfeldlinie; A [m²], Fläche;

Abbildung 14.1: Herleitung der magnetischen Feldstärke H

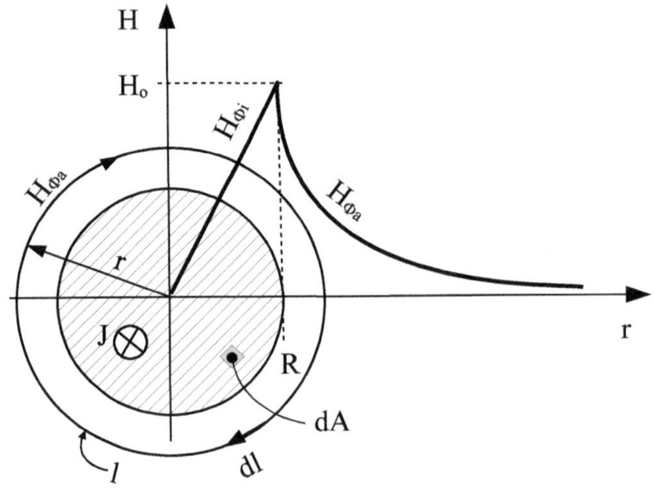

Abbildung 14.2: Verlauf der magnetischen Feldstärke im und außerhalb des Leiterstabs

14.1 Galerkin-Methode – Durchflutungsgesetz Innenbereich des Leiters

Aus Gründen der Anschaulichkeit wird die Integralform des Durchflutungsgesetzes eingeführt. Für den Innenbereich des Leiters führt nach Abb. 14.1 eine Radiuszunahme beim Kreisintegral von Gl. (1) zu einer Vergrößerung der magnetischen Feldstärke samt Feldlinienlänge, womit das durch die Feldlinie begrenzte Flächenintegral der rechten Seite der Gleichung ebenfalls zu- und ein Maximum an der Oberfläche gem. Gl. (3), Abb. 14.1 einnimmt. Vergleiche hierzu auch Abb. 14.2. Der Rechenweg wird mit der Differenzialform des Durchflutungsgesetzes fortgesetzt. Hierbei ist die Rotation der magnetischen Feldstärke im Zylinderkoordinatensystem mit

$$\begin{aligned}
rot\ \vec{H}_{\Phi i} &= \vec{J} \\
rot_z\ \vec{H}_{\Phi i} &= \left(\frac{1}{r}\frac{\partial r H_{\Phi i}}{\partial r} - \underbrace{\frac{1}{r}\frac{\partial H_r}{\partial \Phi}}_{=0} \right) \\
\frac{1}{r}\frac{\partial r H_{\Phi i}}{\partial r} &= \frac{1}{r}\frac{\partial}{\partial r}\left(r\frac{J}{2}r \right) = J
\end{aligned} \tag{14.1}$$

gegeben. Die Gleichung soll nach $H_{\Phi i}$ gelöst werden. Das Feld besitzt nur eine Komponente in Umfangsrichtung Φ, daher verschwindet der weitere Term der Gleichung. Die Lösung des magnetischen Feldes erfolgt für das Leiterinnere. Das Vorgehen zur Lösung entspricht dem Vorgehen nach Kap. 8.

14.1.1 Schwache Formulierung der Differenzialgleichung

Durch Umstellen von Gl. (14.1) folgt

$$\frac{\partial r H_{\Phi i}(r)}{\partial r} = r\ J.$$

Bei einer als konstant angenommenen Stromdichte J und sich vergrößernden Radius r (rechte Seite der Gleichung) ist die Ableitung der linken Seite der Gleichung als nicht konstant anzunehmen. Die Gleichung ist nach der magnetischen Feldstärke im Innenraum des Leiters $H_{\Phi i}$ zu lösen. Unter Verwendung der geeigneten Basisfunktion

$$H_{\Phi i}(r) = \sum_{n=1}^{N} a_n\ r^{n-1} \tag{14.2}$$

folgt

$$\sum_{n=1}^{N} a_n \frac{d}{dr}\left(r \cdot r^{n-1}\right) \quad = \quad r\ J.$$

Unter Einbezug der Wichtungsfunktion w_m folgt die Darstellung mit Hilfe des inneren Produkts

$$\sum_{n=1}^{N} a_n \left\langle w_m, \frac{d}{dr}\ r \cdot r^{n-1} \right\rangle \quad = \quad \langle w_m, r\ J\rangle$$

und aus dem Galerkin-Ansatz $w_m = r^{m-1}$ folgt die schwache Formulierung des Durchflutungsgesetzes

$$\sum_{n=1}^{N} a_n \left\langle r^{m-1}, \frac{d}{dr}\ r \cdot r^{n-1} \right\rangle \quad = \quad \left\langle r^{m-1}, r\ J\right\rangle$$

in der Summenschreibweise mit Anzahl N noch zu bestimmenden Summanden.

14.1.2 Überführung des Gleichungssystems in eine Matrizengleichung

Die schwache Form des Durchflutungsgesetzes wird mittels Integrale über dem Raum Ω

$$\sum_{n=1}^{N} a_n \underbrace{\int_{\Omega} r^{m-1} \cdot \frac{d}{dr}\left(r \cdot r^{n-1}\right) dr}_{Term1} \quad = \quad \underbrace{\int_{\Omega} r^{m-1} \cdot r \cdot J\ dr}_{Term2}$$

formuliert. Dabei ist $\Omega = r \in [0, R]$, mit Leiterradius R. Die Entwicklung des ersten Terms erfolgt mittels partieller Integration zu

$$\begin{aligned}
\int_0^R r^{m-1} \cdot \frac{d}{dr}\left(r \cdot r^{n-1}\right) dr &= \left[r^{m+n-1}\right]_0^R - \int_0^R (m-1)\ r^{m-2}\ r^n\ dr \\
&= R^{m+n-1} - \frac{m-1}{m+n-1} R^{m+n-1} \\
&= \frac{n}{m+n-1}\ R^{m+n-1}.
\end{aligned}$$

Die Entwicklung des zweiten Terms erfolgt durch Integration zu

$$\int_0^R r^{m-1} \cdot r \cdot J \, dr \quad = \quad \frac{J}{m+1} \, R^{m+1}.$$

Die schwache Formulierung wird damit erneut als Summe

$$\sum_{n=1}^{N} a_n \underbrace{\frac{n}{m+n-1} \, R^{m+n-1}}_{(l_{mn})} \quad = \quad \underbrace{\frac{J}{m+1} \, R^{m+1}}_{(g_m)}$$

dargestellt.

14.1.3 Lösung des linearen Gleichungssystems

Die Summenschreibweise der schwachen Form wird in die Matrixschreibweise für $N = 3$

$$\begin{aligned}
(a_n) \cdot (l_{mn}) &= (g_m) \\
(a_n) \cdot \begin{pmatrix} R & R^2 & R^3 \\ \frac{R^2}{2} & \frac{2R^3}{3} & \frac{3R^4}{4} \\ \frac{R^3}{3} & \frac{R^4}{2} & \frac{3R^5}{5} \end{pmatrix} &= (g_m) \\
(a_n) &= (l_{mn})^{-1} \cdot (g_m) \\
&= \begin{pmatrix} \frac{9}{R} & \frac{-36}{R^2} & \frac{30}{R^3} \\ \frac{-18}{R^2} & \frac{96}{R^3} & \frac{-90}{R^4} \\ \frac{10}{R^3} & \frac{-60}{R^4} & \frac{60}{R^5} \end{pmatrix} \cdot \begin{pmatrix} \frac{JR^2}{2} \\ \frac{JR^3}{3} \\ \frac{JR^4}{4} \end{pmatrix} \\
\begin{pmatrix} a_1 \\ a_2 \\ a_3 \end{pmatrix} &= \begin{pmatrix} 0 \\ \frac{J}{2} \\ 0 \end{pmatrix}
\end{aligned}$$

überführt. Durch Einsetzen in die Basisfunktion Gl. (14.2) folgt

$$\begin{aligned}
H_{\Phi i}(r) &= 0 \cdot r^0 + \frac{J}{2} \cdot r^1 + 0 \cdot r^2 \\
&= \frac{J}{2} \cdot r \\
&= \frac{0,509 \cdot 10^6 A}{2 \; m^2} \cdot 2,5 \cdot 10^{-3} m \\
&= 636,25 \; A/m
\end{aligned}$$

das Ergebnis der Feldstärke, was dem analytischen Ergebnis aus Abb. 14.1 an der Leiteroberfläche entspricht.

14.2 Galerkin-Methode – Durchflutungsgesetz Außenbereich des Leiters

Im Außenraum gilt die Rotationsfreiheit des magnetischen Feldes mit

$$rot\ \vec{H}_{\Phi a} \quad = \quad \frac{1}{r}\frac{\partial r J R^2}{\partial 2r} \;=\; 0.$$

Das magnetische Feld kann demzufolge nicht mehr mit seiner Rotation berechnet werden. Gemäß des Kreisintegrals von Gl. (1) in Abb. 14.1 führt eine Radiusvergrößerung der magnetischen Feldlinie zu einer Vergrößerung der zu integrierenden Fläche, was mittels des vierten Maxwell'schen Theorems beschrieben wird. Die Flächenintegration erfolgt über den stromdichteführenden Bereich hinaus. Beim Flächenintegral liefert aber nur die Integration über den stromdichteführenden Bereich (Leiter) einen Beitrag zum Flächenintegral. Somit bleibt die rechte Seite der Gl. (1) in Abb. 14.1 konstant. Die Wirkung des zunehmenden Radius r beim Kreisintegral führt zu einer Verringerung der magnetischen Feldstärke gem. Gl. (4). Die magnetische Feldstärke multipliziert mit ihrer Länge ist konstant und entspricht dem Flächenintegral über der Stromdichte. Vergleiche hierzu auch Abb. 14.1. Mit den Abbildungen 14.2 und 14.1 Gl. (4) gewinnt man durch Ableitung des sich abschwächenden Magnetfeldes bei zunehmendem Radius r die Differenzialgleichung

$$\frac{dH_\Phi(r)}{dr} \quad = \quad \frac{-J\ R^2}{2}\,\frac{1}{r^2},$$

deren Ableitung ebenfalls vom Radius r abhängt und damit nicht konstant ist. Die Gleichung wird nach der magnetischen Feldstärke für den Außenbereich des Leiters $H_{\Phi a}$ gelöst.

14.2.1 Schwache Formulierung der Differenzialgleichung

Mittels Überlegungen zur Gleichung der magnetischen Feldstärke im Außenbereich (vgl. Abb. 14.1) konnte durch MacLaurin-Reihenentwicklung die Basis- und zugleich Wichtungsfunktion

$$H_{\Phi i}(r) = \sum_{n=1}^{N} a_n \, r^{-n}$$

ermittelt werden. Damit folgt

$$\sum_{n=1}^{N} a_n \frac{d}{dr} \, r^{-n} = \frac{-J \, R^2}{2} \, \frac{1}{r^2}.$$

Der Einbezug der Wichtungsfunktion w_m, welche der Basisfunktion entspricht, liefert die schwache Formulierung des Durchflutungsgesetzes für den Außenbereich des Leiters

$$\sum_{n=1}^{N} a_n \left\langle w_m, \frac{d}{dr} \, r^{-n} \right\rangle = \left\langle w_m, \frac{-J \, R^2}{2} \, \frac{1}{r^2} \right\rangle$$
$$\sum_{n=1}^{N} a_n \left\langle r^{-m}, \frac{d}{dr} \, r^{-n} \right\rangle = \left\langle r^{-m}, \frac{-J \, R^2}{2} \, \frac{1}{r^2} \right\rangle.$$

14.2.2 Überführung des Gleichungssystems in eine Matrizengleichung

Die schwache Form des Durchflutungsgesetzes wird durch Integration über den Bereich Ω

$$\sum_{n=1}^{N} a_n \underbrace{\int_{\Omega} r^{-m} \, \frac{d}{dr} r^{-n} dr}_{Term1} = \underbrace{\int_{\Omega} r^{-m} \, \frac{-J \, R^2}{2} \, \frac{1}{r^2}}_{Term2}$$

formuliert. Hierbei ist $\Omega = r \in [R, \infty]$. Im Fortgang erfolgt die Entwicklung der Terme 1 und 2:

- Term 1: Die partielle Integration liefert

$$
\begin{aligned}
\int_R^\infty r^{-m} \frac{d}{dr} r^{-n} dr &= \left[r^{-m}\, r^{-n}\right]_R^\infty - \int_R^\infty -m\, r^{-m-1}\, r^{-n}\, dr \\
&= r^{-m-n}\Big|_R^\infty - \int_R^\infty -m\, r^{-m-n-1}\, dr \\
&= r^{-m-n}\Big|_R^\infty - \frac{-m}{-m-n}\, r^{-m-n}\Big|_R^\infty \\
&= 0 - R^{-m-n} - \left(0 - \frac{-m}{-m-n}\, R^{-m-n}\right) \\
&= \left(\frac{-m}{-m-n} - 1\right) R^{-m-n} \\
&= \frac{-n}{-m-n}\, R^{-m-n}.
\end{aligned}
$$

- Term 2: Die Integration liefert

$$
\begin{aligned}
\frac{-J\, R^2}{2} \int_R^\infty r^{-m} r^{-2} &= \frac{-J\, R^2}{2} \int_R^\infty r^{-m-2} dr \\
&= \frac{-J\, R^2}{2}\, \frac{1}{-m-1}\, r^{-m-1}\Big|_R^\infty \\
&= \frac{-J\, R^2}{2}\, \frac{1}{-m-1} \left(0 - R^{-m-1}\right) \\
&= \frac{J\, R^2}{2}\, \frac{1}{-m-1}\, R^{-m-1}.
\end{aligned}
$$

Damit folgt erneut die schwache Formulierung mit

$$
\sum_{n=1}^{N} a_n \underbrace{\frac{-n}{-m-n}\, R^{-m-n}}_{(l_{mn})} = \underbrace{\frac{JR^2}{2} \frac{1}{-m-1}\, R^{-m-1}}_{(g_m)}.
$$

14.2.3 Lösung des linearen Gleichungssystems

Die Ergebnisse der Summenschreibweise der schwachen Form werden in die Matrixschreibweise für $N = 3$ überführt und deren Matrixelemente in Tab. 14.1 zusammengefasst. Damit folgt die Lösung des magnetische Feldes $H_{\Phi a}$ im Außenbereich des Leiters mit

$$
\begin{aligned}
H_{\Phi a}(r) &= a_1 \cdot r^{-1} + a_2 \cdot r^{-2} + a_3 \cdot r^{-3} \\
&= \frac{JR^2}{2} \cdot r^{-1} + 0 \cdot r^{-2} + 0 \cdot r^{-3}.
\end{aligned}
$$

Tabelle 14.1: Ergebnisse der Matrizenelemente

	$(\mathbf{l}_{mn})$			
	n			
m	**1**	**2**	**3**	$(\mathbf{g}_m)$
1	$\frac{1}{2}R^{-2}$	$\frac{2}{3}R^{-3}$	$\frac{3}{4}R^{-4}$	$\frac{J}{4}R^0$
2	$\frac{1}{3}R^{-3}$	$\frac{2}{4}R^{-4}$	$\frac{3}{5}R^{-5}$	$\frac{J}{6}R^{-1}$
3	$\frac{1}{4}R^{-4}$	$\frac{2}{5}R^{-5}$	$\frac{3}{6}R^{-6}$	$\frac{J}{8}R^{-2}$
$(\mathbf{a}_n)$	$\frac{J}{2}R^2$	0	0	

Die damit berechnete magnetische Feldstärke an der Stelle $r = 10\ mm$ mit den Angaben von Tab. 14.3, Nr. 7 wird in Tab. 14.2, Nr. 7 gegenübergestellt.

14.3 Gegenüberstellung von FEM- mit Galerkin-Ergebnis

Die Ergebnisgegenüberstellung findet anhand eines gewählten Leiters statt. Für den Ergebnisvergleich zwischen numerischer Berechnung nach Galerkin und der FEM-Software COMSOL Multiphysics wurde in Tab. 14.3 die Nr. 2 als Referenz herangezogen. In Tab. 14.2 sind beide Ergebnisse gegenübergestellt. Eine Abweichung zwischen den beiden Ergebnissen stellt sich im Rahmen der numerischen Genauigkeit und der berücksichtigten Nachkommastellen ein. Nachfolgend sind die FEM-Ergebnisse mit COMSOL Multiphysics ersichtlich. In Abb. 14.3 folgt das dazugehörige magnetische Feld im und außerhalb des Leiters. Das Maximum der magnetischen Feldstärke befindet sich immer auf der Leiteroberfläche. Die magnetische Feldstärke des Leiters mit dem Durchmesser von 5 mm ist an der Leiteroberfläche mit 625 A/m abzulesen.

Tabelle 14.2: Ergebnisvergleich der magnetischen Feldstärke H_o an der Leiteroberfläche

Nr.	COMSOL Multiphysics	Galerkin traditionell
2	636,4 A/m	636,25 A/m
7	160,4 A/m	160 A/m

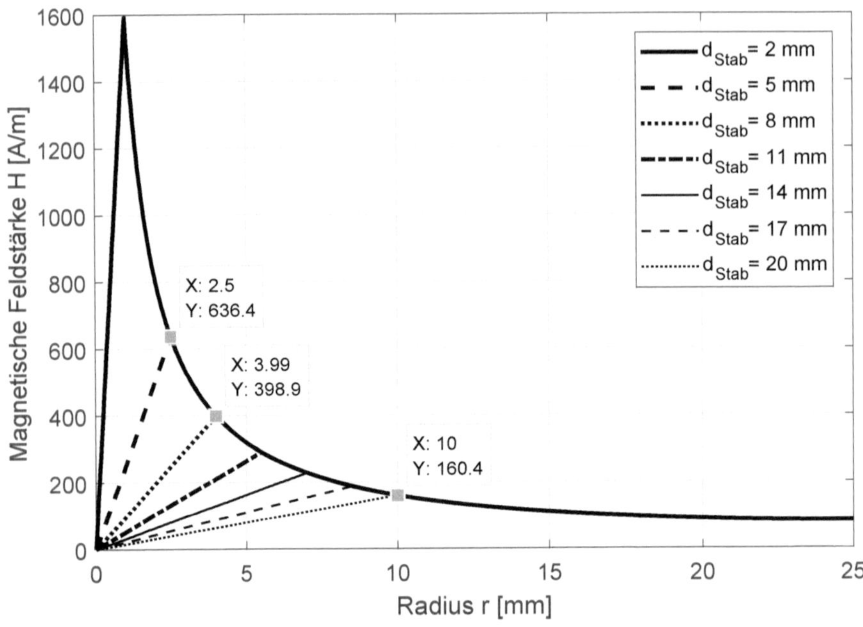

Abbildung 14.3: FEM-Simulationsergebnis der magnetischen Feldstärke im und außerhalb des Leiterstabs mit Leiterstabdurchmesser als Scharparameter

Tabelle 14.3: Simulationsdaten

Nr.	**Leiter-durchmesser d** $[mm]$	**Leiter-fläche A** $[(mm)^2]$	**Strom I** $[A]$	**Strom-dichte J** $[A/(mm)^2]$	**Feld-stärke H_o** [A/m]
1	2	3,14	10	3,183	1592,0
2	5	19,63	10	0,509	636,4
3	8	50,27	10	0,199	398,0
4	11	95,03	10	0,105	289,6
5	14	153,93	10	0,065	227,8
6	17	226,98	10	0,044	188,0
7	20	314,16	10	0,032	160,4

Kapitel 15

Galerkin-FEM

„*The Galerkin finite-element method has been the most popular method of weighted residuals, used with piecewise polynomials of low degree, since the early 1970s.*“
[31], S. 86.

15.1 Galerkin-FEM – Was wird gelöst?

Die Galerkin-FEM dient zur Lösung von Differenzialgleichungen $\geq$ 2'ter Ordnung. In der Galerkin-FEM findet eine abschnittsweise definierte lineare Wichtungs- oder Testfunktion Anwendung. In der Literatur wird diese oft als Form- oder Interpolations- oder Dreiecksfunktion nach Abb. 15.1 b) bezeichnet, welche zudem die einfachste Form darstellt. Die Testlösung in einem eindimensionalen Gebiet $x_1 \leq x \leq x_N$ ist beispielsweise mit der globalen, für das gesamte Gebiet geltenden Gleichung

$$u_h = \sum_{i=1}^{N} u_i \, \phi_i(x) \tag{15.1}$$

gegeben, wobei $\phi_i(x)$ die Dreiecksfunktion und u_i die zu lösenden nodalen Werte (Koeffizienten) darstellt. In Abb. 15.1 a) ist ersichtlich, dass u_h die Funktion u linear zwischen den unbekannten Knotenwerten interpoliert und das für jedes Element. Entnommen werden kann in Abb. 15.1 b) der lineare Abfall vom Wert Eins an einem jeweiligen Knoten auf den Wert Null bei den beiden benachbarten Knoten und darüber hinaus im verbleibenden Gebiet. Nur zwei Formfunktionen und zwei unbekannte Knotenwerte liefern einen von Null verschiedenen Beitrag zur Gl. (15.1). Beispielsweise liefern am

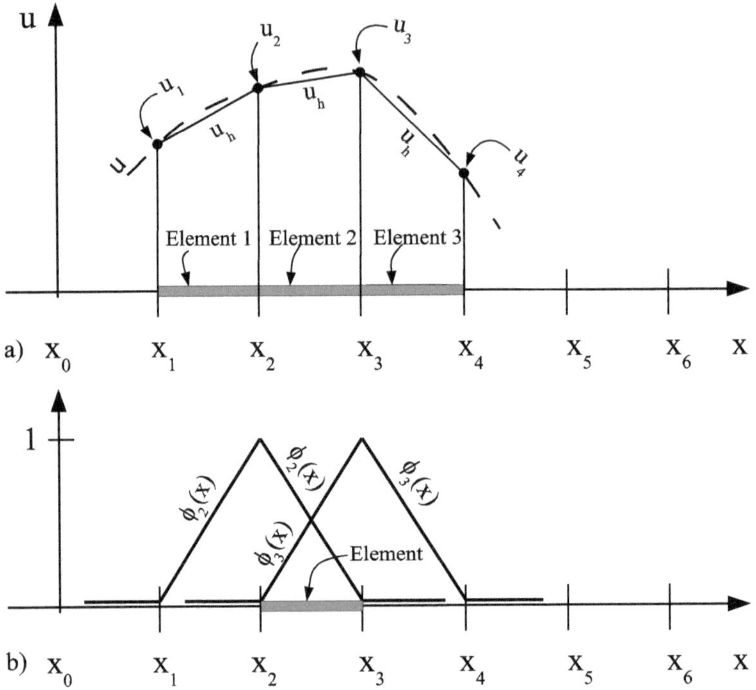

Abbildung 15.1: Interpolation finiter Elemente mittels Dreiecksfunktion

Element 2 nur die Formfunktionen ϕ_2 und ϕ_3 einen Beitrag zu u_h der Gl. (15.1). Zudem kann der Abb. 15.1 3) entnommen werden, dass u_h entlang der Elemente kontinuierlich und die Ableitung du_h/dx an den Elementrändern diskontinuierlich verläuft. Weiterhin ist erkennbar, dass nur die Knotenwerte mit u übereinstimmen. Mit der Einführung von u_h ist demzufolge ein Interpolationsfehler verbunden.

15.2 Galerkin-FEM – Vorgehen zur Lösung

Der Leser wird in die Lösung einer Differenzialgleichung mittels der Galerkin-Methode anhand eines 1D-Beispiels eingeführt. Die Methode nach Galerkin ist in die Klasse der Methoden der gewichteten Residuen einzuordnen [31], S. 24. Die erforderlichen Bedingungen der Galerkin-Methode sind nach [31], S. 30:

- Die Wichtungsfunktion w ist von derselben Klasse wie die Basisfunktion ϕ.

- Die Wichtungs- und Basisfunktionen sind bei der Galerkin-FEM linear unabhängig.
- Die Basisfunktion sollte den Anfangs-, wie auch den Randbedingungen exakt genügen.

Die allgemeine Vorgehensweise zur Anwendung der Galerkin-Methode zur Lösung einer partiellen Differenzialgleichung wird in die folgenden Schritte unterteilt:

1. Überführung der starken Form der zu lösenden partiellen Differenzialgleichung in die schwache Form (schwache Formulierung),
2. Diskretisierung des zu lösenden Gebietes Ω in eine endliche Anzahl n von Teilgebieten Ω_n mit N Knoten bei der Galerkin-FEM,
3. Wahl der Basis- und Wichtungsfunktionen,
4. Formulierung der schwachen Form der erhaltenen Differenzialgleichung mittels gewählter Basis- und Wichtungsfunktion,
5. Überführung der Gleichung in eine Matrizengleichung,
6. Lösung des erhaltenen linearen Gleichungssystems.

Kapitel 16

Galerkin-FEM – Lösung von $d^2u/dx^2 = -1$ (I)

Gegeben ist die gewöhnliche inhomogene Differenzialgleichung 2'ter Ordnung

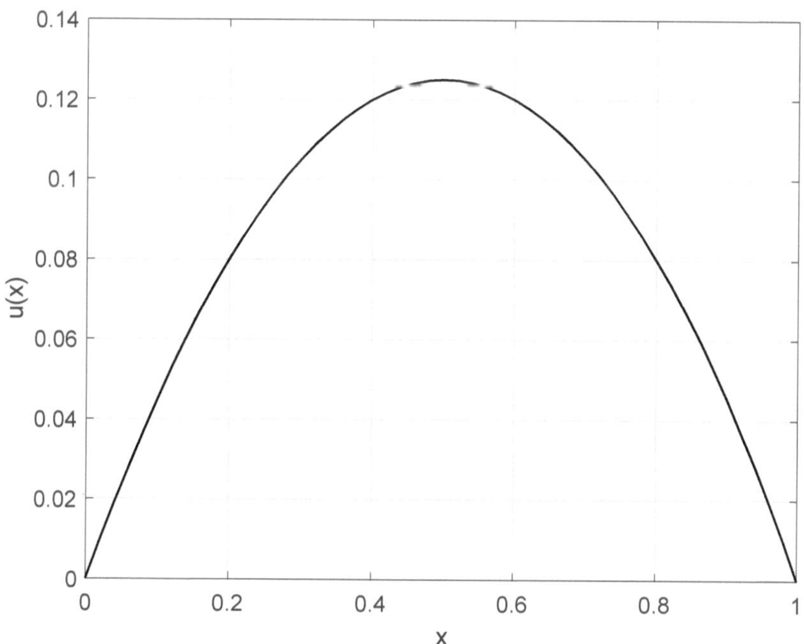

Abbildung 16.1: Lösung u(x) von Gl. (16.1)

$$\frac{d^2u(x)}{dx^2} + 1 = 0, \quad x \in \Omega \tag{16.1}$$

im Gebiet $\Omega = [0,1]$ mit den Dirichlet-Randbedingungen $u(0) = u(1) = 0$, deren Lösung die Funktion $u(x)$

$$u(x) = -\frac{1}{2}x^2 + \frac{1}{2}x = \frac{1}{2}(x - x^2)$$

ist und deren Funktionsverlauf Abb. 16.1 entnommen werden kann. Die Differenzialgleichung soll mittels der Galerkin-FEM gelöst werden.

16.1 Schwache Formulierung der Differenzialgleichung

Die Gl. (16.1) soll mit Hilfe linearer Wichtungsfunktionen in eine Matrixgleichung überführt und gelöst werden. Gesucht ist die Funktion $u(x)$ der Gl. (16.1) auf dem Intervall $\Omega = [a,b] = [0,1]$ mit $u(x) = 0, \quad x \, \partial \, \Omega$. Die starke Form der Gl. (16.1) wird folgend in die schwache Form zur Lösung mit der Galerkin-Methode überführt

$$\begin{aligned}\int_\Omega R\, w\, dx &= \langle R, w\rangle \\ &= 0.\end{aligned}$$

Es sind w = Wichtungs- oder Testfunktion und R = Residuum. Mit

$$\begin{aligned}R &= \frac{d^2u(x)}{dx^2} + 1 \\ w &= w(x)\end{aligned}$$

folgt

$$\int_\Omega \left(\frac{d^2u(x)}{dx^2} + 1\right) w(x)\, dx = 0$$

$$\int_\Omega \frac{d^2u(x)}{dx^2}\, w(x)\, dx + \int_\Omega w(x)\, dx = 0.$$

Mit partieller Integration

$$w(x)\,\frac{du(x)}{dx} - \int_\Omega \frac{du(x)}{dx}\,\frac{dw(x)}{dx}\,dx + \int_\Omega w(x)\,dx \quad = \quad 0$$

und Einbezug der Dirichlet-Randbedingungen an den äußeren Knoten (Ränder)

$$u(x) \;=\; w(x) \;=\; 0; \quad x\,\partial\Omega$$

wird der erste Term der Gleichung gem. Kap. 1.2.5

$$w(x)\,\frac{du(x)}{dx}\bigg|_a^b \quad = \quad 0.$$

Dies ist der Fall, da die Wichtungsfunktionen nur für die inneren Knoten Anwendung finden und an den äußeren Knoten den Wert Null annehmen. Daraus folgt die schwache Form der Differenzialgleichung (16.1)

$$\int_\Omega \frac{du(x)}{dx}\,\frac{dw(x)}{dx}\,dx \;-\; \int_\Omega w(x)\,dx \quad = \quad 0. \tag{16.2}$$

16.2 Diskretisierung des zu lösenden Gebiets Ω

Das Intervall $[a, b]$ wird in n Teilintervalle Ω_n mit N Knoten unterteilt. Für die grafische Darstellung gem. Abb. 16.2 sind dies $n = 5$ Teilintervalle (Elemente, Teilgebiete) mit $N = 6$ Knoten. Die Intervallgrenzen werden mit $x_0 = a$ und $x_6 = b$ gesetzt und als äußere Knoten bezeichnet.

16.3 Wahl der Basis- und Wichtungsfunktion

Gewählt werden lineare Funktionen vom Typ Geradengleichungen, welche gem. Abb. 16.3 den einzelnen Knoten zugeordnet werden. Aus Gründen der Anschauung wird diese Funktion in der Literatur als Dreiecksfunktion bezeichnet. Die Dreiecksfunktion wird für einen Knoten definiert, an welchem sie den Wert Eins annimmt. Die Dreiecksfunktion besitzt an dieser Stelle eine Unstetigkeit, was eine abschnitts- bzw. elementweise Funktionsdefinition erfordert. Den Funktionswerten aller benachbarten Knoten wird

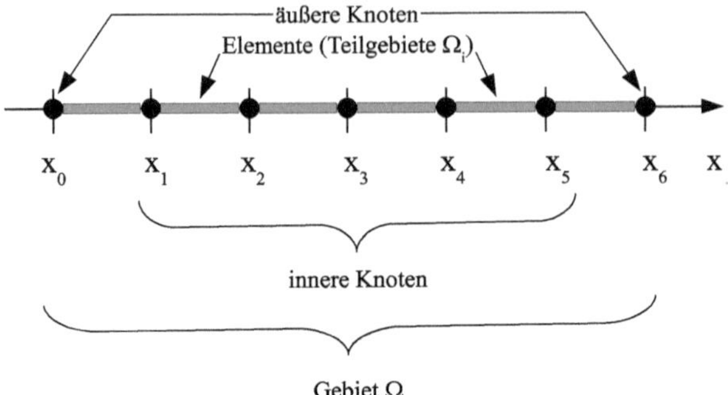

Abbildung 16.2: 1D-Diskretisierung des Gebiets Ω in n Teilgebiete Ω_i

der Wert Null zugeordnet. Der Vorteil dieses Typs der Geradengleichungen besteht in deren vereinfachten Ableitungen, welche eine Konstante ergeben. Jedem inneren Knoten x_i, $i = 1, ..., N-1$ werden zwei Geradengleichungen (Dreiecksfunktion) $\phi_i(x)$ mit der abschnittsweisen Definition

$$\phi_i(x) = \begin{cases} m \cdot x \ + \ b, & x_{i-1} < x \leq x_i \\ -m \cdot x \ + \ b, & x_i < x \leq x_{i+1} \\ 0, & sonst. \end{cases}$$

zugeordnet. Die Geradensteigung m und der Achsenabschnitt b werden aus den Randbedingungen $x \ \partial x_{i-1} \ = \ 0$, $x \ \partial x_i \ = \ 1$ sowie $x \ \partial x_i \ = \ 1$ und $x \ \partial x_{i+1} \ = \ 0$ bestimmt, was

$$\phi_i(x) = \begin{cases} \frac{1}{x_i - x_{i-1}} \ x - \frac{x_{i-1}}{x_i - x_{i-1}} & = \frac{x - x_{i-1}}{h}, \quad x_{i-1} < x \leq x_i \\ \frac{-1}{x_{i+1} - x_i} \ x + \frac{x_{i+1}}{x_{i+1} - x_i} & = \frac{x_{i+1} - x}{h}, \quad x_i < x \leq x_{i+1} \\ 0, & \quad sonstige \end{cases}$$

entspricht. An den Rändern des Gebiets Ω sind keine Basisfunktionen definiert. Dabei ist

$$h \quad = \quad \frac{\Omega}{n}$$

der äquidistante Abstand zwischen zwei Knoten (Elementlänge). In Abb. 16.3 sind die Dreiecksfunktionen im Gebiet Ω andeutungsweise eingezeichnet. Mit Blick auf Gl. (16.2) werden Ableitungen der Funktion erforderlich. Somit schließen sich die abschnittsweisen Ableitungen der Dreiecksfunktionen mit

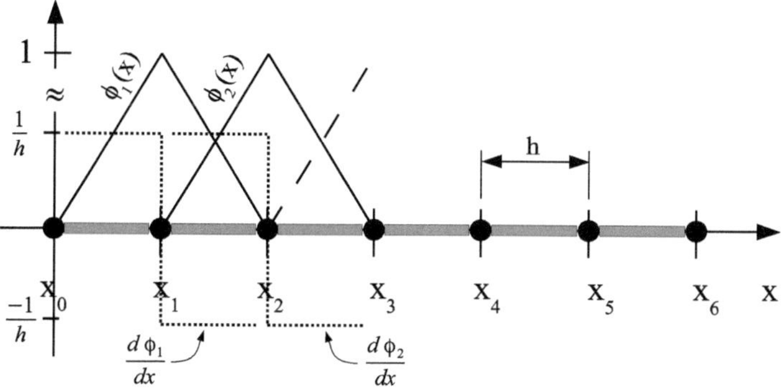

Abbildung 16.3: Nodale Zuordnung der Dreiecksfunktionen $\phi(i)$ mit deren Ableitungen im Gebiet Ω

$$\frac{d\phi_i(x)}{dx} = \begin{cases} \frac{1}{h}, & x_{i-1} < x \leq x_i \\ \frac{-1}{h}, & x_i < x \leq x_{i+1} \\ 0, & sonst. \end{cases}$$

an. Dreiecksfunktionen und deren Ableitungen nehmen mit dieser Definition außerhalb ihrer nodalen Zuordnungen den Wort Null an.

16.4 Formulierung der schwachen Form mit Dreiecksfunktionen $\phi(x)$

Die Galerkin-Methode beinhaltet, dass die Basisfunktion gleich der Wichtungsfunktion ist. Im Fortgang wird die Dreiecksfunktion $\phi(x)$ als Basis- und Wichtungsfunktion verwendet. Die zu lösende Funktion $u(x)$ wird durch die genäherte Ansatzfunktion $u_h(x)$ für ein 1D-Element mit den zwei Knoten x_i und x_{i+1}

$$\begin{aligned} u_h(x) &= \sum_{i=1}^{2} u_i \, \phi_i(x) \\ &= u_1 \, \phi_1(x) + u_2 \, \phi_2(x) \\ w(x) &= \phi(x) \end{aligned}$$

ersetzt. Dabei ist u_i die gesuchte Variable, nach der zu lösen ist und $\phi_i(x)$ die Basis- und $\phi(x)$ die Wichtungsfunktion. Eingesetzt in Gl. (16.2) folgt

$$\sum_{i=1}^{n} \left[\int_\Omega \frac{d(u_i\ \phi_i(x))}{dx} \frac{d\phi(x)}{dx}\ dx \right] - \int_\Omega \phi(x)\ dx = 0 \tag{16.3}$$

mit anschließendem Ausmultiplizieren

$$\int_\Omega \left[u_1 \frac{d\phi_1(x)}{dx} \frac{d\phi(x)}{dx} + u_2 \frac{d\phi_2(x)}{dx} \frac{d\phi(x)}{dx} \right] dx = \int_\Omega \phi(x)\ dx.$$

Die Methode nach Galerkin sieht vor, dass die Basisfunktion gleich der Wichtungsfunktion ist, und diese ein Produkt bilden. Insofern müssen im Fortgang die beiden Ableitungen der identischen und abschnittsweise definierten Basis- und Wichtungsfunktionen miteinander multipliziert werden. Dies betrifft jeweils die Multiplikation der Ableitungen der steigenden und fallenden Geraden der Dreiecksfunktionen. Hieraus entstehen zwei Gleichungen. Zur Bestimmung von u_1 wird der verbleibenden Funktion $\phi(x)$ die Funktion $\phi_1(x)$ und zur Bestimmung von u_2 die Funktion $\phi_2(x)$ zugeordnet. Damit folgt für u_1 am Knoten x_i

$$u_1 \int_\Omega \frac{d\phi_1}{dx}\frac{d\phi_1}{dx} dx + u_2 \int_\Omega \frac{d\phi_2}{dx}\frac{d\phi_1}{dx} dx = \int_\Omega \phi_1(x)\ dx$$

und für u_2 am Knoten x_{i+1}

$$u_1 \int_\Omega \frac{d\phi_1}{dx}\frac{d\phi_2}{dx} dx + u_2 \int_\Omega \frac{d\phi_2}{dx}\frac{d\phi_2}{dx} dx = \int_\Omega \phi_2(x)\ dx,$$

oder in Matrizenschreibweise zusammengefasst

$$\int_\Omega \begin{pmatrix} \frac{d\phi_1(x)}{dx}\frac{d\phi_1(x)}{dx} & \frac{d\phi_2(x)}{dx}\frac{d\phi_1(x)}{dx} \\ \frac{d\phi_1(x)}{dx}\frac{d\phi_2(x)}{dx} & \frac{d\phi_2(x)}{dx}\frac{d\phi_2(x)}{dx} \end{pmatrix} dx \begin{pmatrix} u_1 \\ u_2 \end{pmatrix} = \int_\Omega \phi(x)\ dx \begin{pmatrix} 1 \\ 1 \end{pmatrix}. \tag{16.4}$$

Bei dem rechten Term der Integration der Funktion über Ω ist eine Unterscheidung mittels Indizes $1, 2$ nicht erforderlich, da eine derartige Unterscheidung das Integral nicht beeinflussen wird.

16.5 Überführung des Gleichungssystems in eine Matrizengleichung

Jedes Element wird mit zwei Knoten begrenzt. Im Fortgang werden mit Hilfe der Gl. (16.4) die beiden Knotenmatrizen hergeleitet, zu einer Elementmatrix zusammengeführt und diese für alle Elemente in eine globale Matrix, die Koeffizientenmatrix überführt. Dem Gedanken von Galerkin folgend ist über die Ableitung der Basis- und Wichtungsfunktion zu integrieren. Beide sind gem. Abb. 16.3 abschnittsweise definiert und erfordern eine abschnittsweise Integration der Ableitung der steigenden und fallenden Flanken beider Dreiecksfunktionen:

- **Knotenmatrix des inneren Knotens x_i mit Wichtungsfunktion $\phi = \phi_1$:** Der innere Knoten x_i entspricht dem inneren Knoten x_1 der Abb. 16.3. Damit folgt das Integrationsintervall $[x_0, x_2]$. Mit Hilfe von Gl. (16.4) folgt

$$u_1 \int_{x_0}^{x_1} \frac{d\phi_1}{dx}\frac{d\phi_1}{dx} dx + u_2 \int_{x_0}^{x_1} \frac{d\phi_2}{dx}\frac{d\phi_1}{dx} dx + u_1 \int_{x_1}^{x_2} \frac{d\phi_1}{dx}\frac{d\phi_1}{dx} dx + u_2 \int_{x_1}^{x_2} \frac{d\phi_2}{dx}\frac{d\phi_1}{dx} dx = \int_\Omega \phi_1 dx$$

jeweils für die Ableitungen der aufsteigenden und fallenden Flanken der Dreiecksfunktionen ϕ_1 und ϕ_2. Das Integrationsintervall entspricht der Elementlänge h, dem Teilintervall Ω_i. Die Ableitung der Basis- und Wichtungsfunktionen erfolgt mit Betrachtung von Abb. 16.3, womit

$$u_1 \int_{x_0}^{x_1} \frac{1}{h}\frac{1}{h} dx + u_2 \int_{x_0}^{x_1} 0 \frac{1}{h} dx + u_1 \int_{x_1}^{x_2} \frac{-1}{h}\frac{-1}{h} dx + u_2 \int_{x_1}^{x_2} \frac{1}{h}\frac{-1}{h} dx = \int_\Omega \phi_1 dx$$

erreicht wird. Im zweiten Term ist die Ableitung für ϕ_2 im Intervall $[x_0, x_1]$ nicht definiert und nimmt daher den Wert Null an. Eine weitere Zusammenfassung führt zu

$$u_1 \int_{x_0}^{x_1} \frac{1}{h^2}\, dx + 0 + u_1 \int_{x_1}^{x_2} \frac{1}{h^2}\, dx + u_2 \int_{x_1}^{x_2} \frac{-1}{h^2}\, dx = \int_\Omega \phi_1\, dx.$$

Die Integration erfolgt gliedweise über die Teilintervalle Ω_i (Elementlänge h), bzw. bei der Funktion ϕ_1 über das Intervall Ω mit

$$\begin{aligned}
\int_{\Omega_i} \frac{1}{h^2}\, dx &= \int_0^h \frac{1}{h^2}\, dx = \frac{1}{h^2}\int_0^h dx = \frac{1}{h^2}\, x\Big|_0^h = \frac{1}{h} \\
\int_{\Omega_i} \frac{-1}{h^2}\, dx &= \int_0^h \frac{-1}{h^2}\, dx = \frac{-1}{h^2}\int_0^h dx = \frac{-1}{h^2}\, x\Big|_0^h = \frac{-1}{h} \\
\int_\Omega \phi_1\, dx &= h.
\end{aligned}$$

Vereinfachend wird die untere Integrationsgrenze des Intervalls Ω_i mit Null und die obere Integrationsgrenze mit h angenommen. Durch Einsetzen der Integrationsergebnisse folgt die Knotenmatrix

$$
\begin{aligned}
u_1 \frac{1}{h} + 0 + u_1 \frac{1}{h} - u_2 \frac{1}{h} &= h \\
\frac{1}{h} \begin{pmatrix} 2 & -1 \end{pmatrix} \begin{pmatrix} u_1 \\ u_2 \end{pmatrix} &= h
\end{aligned}
\tag{16.5}
$$

für den Knoten x_1.

- **Knotenmatrix des inneren Knotens x_{i+1} mit Wichtungsfunktion $\phi = \phi_2$:** Der innere Knoten x_{i+1} entspricht dem inneren Knoten x_2 der Abb. 16.3. Daraus folgt das Integrationsintervall $[x_1, x_3]$. Mit Hilfe von Gl. (16.4) folgt

$$
\begin{aligned}
u_1 \int_{x_1}^{x_2} \frac{d\phi_1}{dx}\frac{d\phi_2}{dx} dx + u_2 \int_{x_1}^{x_2} \frac{d\phi_2}{dx}\frac{d\phi_2}{dx} dx + u_1 \int_{x_2}^{x_3} \frac{d\phi_1}{dx}\frac{d\phi_2}{dx} dx + u_2 \int_{x_2}^{x_3} \frac{d\phi_2}{dx}\frac{d\phi_2}{dx} dx \\
= \int_{\Omega} \phi_2 dx
\end{aligned}
$$

das identische Vorgehen wie beim Knoten x_1. Die Ableitung der Basis- und Wichtungsfunktionen folgt aus der Betrachtung von Abb. 16.3, womit

$$
u_1 \int_{x_1}^{x_2} \frac{-1}{h}\frac{1}{h} dx + u_2 \int_{x_1}^{x_2} \frac{1}{h}\frac{1}{h} dx + u_1 \int_{x_2}^{x_3} 0 \frac{-1}{h} dx + u_2 \int_{x_2}^{x_3} \frac{-1}{h}\frac{-1}{h} dx = \int_{\Omega} \phi_2 dx
$$

erreicht wird. Im dritten Term ist die Ableitung für ϕ_1 im Intervall $[x_2, x_3]$ nicht definiert und nimmt daher den Wert Null an. Eine weitere Zusammenfassung führt zu

$$
u_1 \int_{x_1}^{x_2} \frac{-1}{h^2}\, dx + u_2 \int_{x_1}^{x_2} \frac{1}{h^2}\, dx + 0 + u_2 \int_{x_2}^{x_3} \frac{1}{h^2}\, dx = \int_{\Omega} \phi_2\, dx.
$$

Die Integration erfolgt gliedweise über die Teilintervalle wie beim Knoten x_1. Durch Einsetzen der Integrationsergebnisse folgt die Knotenmatrizengleichung

$$u_1 \frac{-1}{h} + u_2 \frac{1}{h} + 0 + u_2 \frac{1}{h} = h$$
$$\frac{1}{h} \begin{pmatrix} -1 & 2 \end{pmatrix} \begin{pmatrix} u_1 \\ u_2 \end{pmatrix} = h \qquad (16.6)$$

für den Knoten x_2.

- **Elementmatrix:** Stellvertretend wird für das Element, begrenzt durch die inneren Knoten x_1 und x_2 unter Einbezug der Knotenmatrizengleichungen (16.5) und (16.6) die Elementmatrix und damit die Elementmatrizengleichung

$$\frac{1}{h} \begin{pmatrix} 2 & -1 \\ -1 & 2 \end{pmatrix} \cdot \begin{pmatrix} u_1 \\ u_2 \end{pmatrix} = h \begin{pmatrix} 1 \\ 1 \end{pmatrix}$$

erstellt.

- **Koeffizientenmatrix:** Die einzelnen Elementgleichungen der inneren Knoten x_1 bis x_4 werden in der globalen Matrix (Koeffizientenmatrix) $\mathbf{S}$ durch Erweiterung

$$\underbrace{\frac{1}{h} \begin{pmatrix} 2 & -1 & 0 & 0 \\ -1 & 2 & -1 & 0 \\ 0 & -1 & 2 & -1 \\ 0 & 0 & -1 & 2 \end{pmatrix}}_{\mathbf{S}} \cdot \underbrace{\begin{pmatrix} u_1 \\ u_2 \\ u_3 \\ u_4 \end{pmatrix}}_{\mathbf{u}_h} = h \underbrace{\begin{pmatrix} 1 \\ 1 \\ 1 \\ 1 \end{pmatrix}}_{\mathbf{f}}$$

in der Koeffizientenmatrizengleichung zusammengefasst.

Bleiben noch die Dirichlet-Randbedingungen der äußeren Knoten zu berücksichtigen. In der angenommenen Beispielgleichung wurde die starke Form der Gl. (16.1) durch zweimaliges Differenzieren von Gl. (16.1) erreicht. Leicht ersichtlich ist, dass damit auch Informationen verloren gingen, welche im Fortgang als Randbedingungen wieder hinzugefügt werden müssen, um den Verlauf der Gl. (16.1) in Abb. 16.1 anzunähern.

16.6 Lösung des linearen Gleichungssystems

Das so erhaltene lineare Gleichungssystem

$$\frac{1}{h}\,\mathbf{S}\,\mathbf{u}_h \quad = \quad h\,\mathbf{f}$$

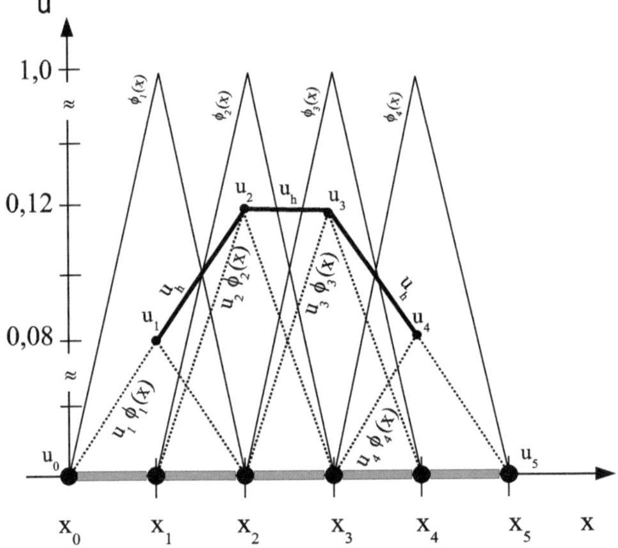

Abbildung 16.4: Ergebnisdarstellung mittels Galerkin-Methode

wird nach

$$\begin{aligned}
\mathbf{S}^{-1}\;(\mathbf{S}\;\mathbf{u}_h) &= h^2\;\mathbf{S}^{-1}\;\mathbf{f}\\
\underbrace{(\mathbf{S}^{-1}\;\mathbf{S})}_{\mathbf{E}}\;\mathbf{u}_h &= h^2\;\mathbf{S}^{-1}\;\mathbf{f}\\
\mathbf{u}_h &= h^2\;\mathbf{S}^{-1}\;\mathbf{f}\\
&= h^2\begin{pmatrix}2\\3\\3\\2\end{pmatrix}
\end{aligned}$$

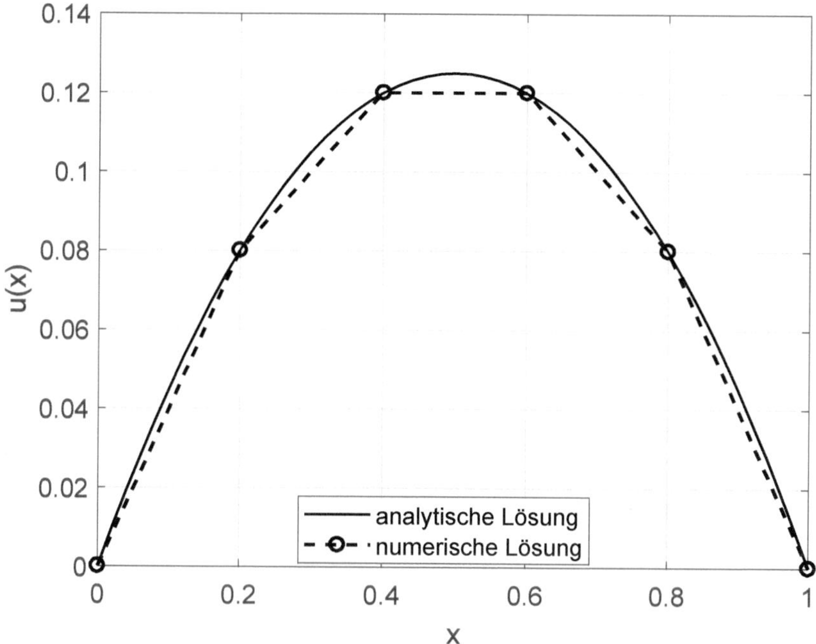

Abbildung 16.5: Gegenüberstellung von analytischem und numerischem Ergebnis

gelöst. Das Gleichungssystem ist unter Einbezug der Dirichlet-Randbedingungen zu erweitern

$$\underbrace{\begin{pmatrix} 1 & 0 & 0 & 0 & 0 & 0 \\ -1 & \mathbf{2} & \mathbf{-1} & \mathbf{0} & \mathbf{0} & 0 \\ 0 & \mathbf{-1} & \mathbf{2} & \mathbf{-1} & \mathbf{0} & 0 \\ 0 & \mathbf{0} & \mathbf{-1} & \mathbf{2} & \mathbf{-1} & 0 \\ 0 & \mathbf{0} & \mathbf{0} & \mathbf{-1} & \mathbf{2} & -1 \\ 0 & 0 & 0 & 0 & 0 & 1 \end{pmatrix}}_{\mathbf{S}} \cdot \underbrace{\begin{pmatrix} u_0 \\ \mathbf{u}_1 \\ \mathbf{u}_2 \\ \mathbf{u}_3 \\ \mathbf{u}_4 \\ u_5 \end{pmatrix}}_{\mathbf{u}_h} = h^2 \underbrace{\begin{pmatrix} 0 \\ 1 \\ 1 \\ 1 \\ 1 \\ 0 \end{pmatrix}}_{\mathbf{f}} . \qquad (16.7)$$

Mit diesem Vorgehen können im Spaltenvektor **f** beliebige Randbedingungen vorgegeben werden, wie zum Beispiel der Funktionswert Null an den beiden äußeren Knoten. Damit folgen die Werte der inneren Knoten an den Stellen x_i

$$
\begin{aligned}
u_h &= \sum_{i=1}^{4} u_i(x)\ \phi_i(x) \\
&= h^2\,(2\ \phi_1 + 3\ \phi_2 + 3\ \phi_3 + 2\ \phi_4)\,.
\end{aligned}
$$

Die Basisfunktionen nehmen an den Stellen x_i den Wert Eins an. Elementlänge, Randbedingungen und Ergebnisse der numerischen Näherung an den Verlauf von Gl. (16.1) sind in Tab. 16.1 zusammengefasst und in Abb. 16.5 grafisch dargestellt. Der Abb. 16.4 ist die grafische Ergebnisinterpretation der Galerkin-Methode zu entnehmen. Die Dirichlet-Randbedingungen $u(x_0) = u(x_5) = 0$ sind im Funktionsverlauf nicht eingezeichnet.

Tabelle 16.1: Numerische Ergebnisse d. Gl. $u(x) = \frac{1}{2}\,(x - x^2)$

Elementlänge h:						0,2
Dirichlet Bedingung linker Rand						0
Dirichlet Bedingung rechter Rand						0
Knotennummer i	0	1	2	3	4	5
Position x_i	0	0,2	0,4	0,6	0,8	1,0
$u(x_i)$	0	0,08	0,12	0,12	0,08	0

Kapitel 17

Galerkin-FEM – Lösung von $d^2u/dx^2 = -1$ (II)

Gegeben ist die gewöhnliche Differenzialgleichung 2'ter Ordnung

$$\frac{d^2u(x)}{dx^2} + 1 = 0, \quad x \in \Omega \tag{17.1}$$

im Gebiet $\Omega = [0,4]$ mit den Randbedingungen $u(0) = u(4) = 0$, deren Lösung die quadratische Gleichung (nach unten geöffnete Parabel) mit Scheitelpunkt $S_P(2 \mid 2)$

$$u(x) = -\frac{1}{2}\,x^2 + 2\,x \tag{17.2}$$

mit Nullstellen $a = 0$ und $b = 4$ ist. In Abb. 17.1 ist der exakte Verlauf der Gleichung ersichtlich. Die Differenzialgleichung wird mittels Galerkin-FEM gelöst. Das Vorgehen zur Lösung erfolgt nach den in Kap. 15.2 definierten Schritten und ist identisch mit dem Vorgehen in Kap. 16. Durch zweimaliges Differenzieren der Gl. (17.2) folgt die partielle Differenzialgleichung 2'ter Ordnung (Poisson'sche Differenzialgleichung) in der starken Formulierung

$$\frac{d^2u(x)}{dx^2} + 1 = 0, \quad x \in \Omega \tag{17.3}$$

$$u(x) = 0, \quad x\ \partial\Omega. \tag{17.4}$$

Es ist leicht zu erkennen, dass Gl. (17.3) damit wieder dem Typ der Gl. (16.1) entspricht, und nur durch die Randbedingungen exakt bestimmbar ist. Gesucht ist im Fortgang die Funktion u(x) auf dem Intervall $\Omega = [a,b] = [0,4]$.

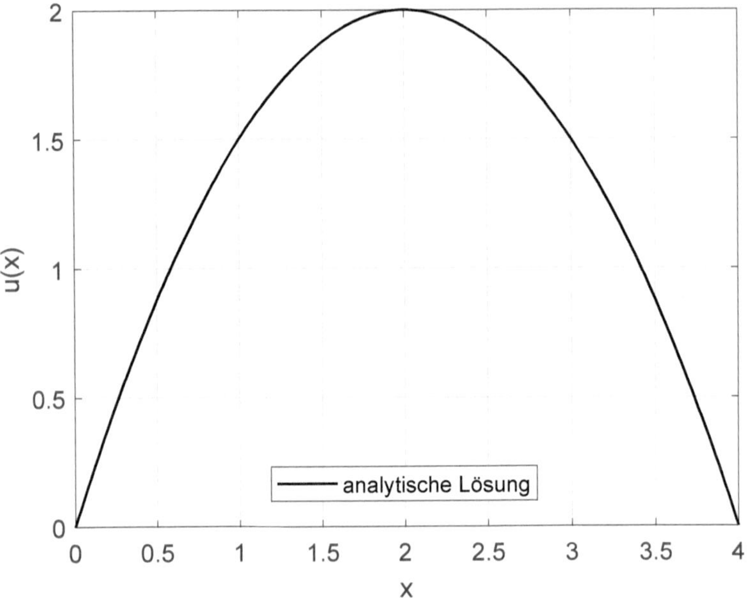

Abbildung 17.1: Lösung u(x) der Gl. (17.1)

17.1 Schwache Formulierung der Differenzialgleichung

Die starke Form der Gl. (17.3) wird folgend in die schwache Form zur Lösung mit der Galerkin-Methode überführt

$$\begin{aligned} \int_\Omega w \; R \; dx &= \langle w, R \rangle \\ &= 0. \end{aligned}$$

Es sind w = Wichtungs- oder Testfunktion und R = Residuum. Aus

$$\begin{aligned} R &= \frac{d^2u(x)}{dx^2} + 1 \\ w &= w(x) \end{aligned}$$

folgt

$$\int_\Omega \left(\frac{d^2u(x)}{dx^2} + 1 \right) \; w(x) \; dx \quad = \quad 0$$

$$\int_\Omega \frac{d^2u(x)}{dx^2}\, w(x)\, dx + \int_\Omega w(x)\, dx \quad = \quad 0.$$

Die Anwendung der partiellen Integration unter Einbezug der homogenen Randbedingungen sowie Multiplikation mit (-1) führt zu

$$\int_\Omega \frac{du(x)}{dx}\,\frac{dw(x)}{dx}\, dx - \int_\Omega w(x)\, dx \quad = \quad 0,$$

der schwachen Form von Gl. (17.3).

17.2 Diskretisierung des zu lösenden Gebiets Ω

Die Diskretisierung erfolgt nach Abb. 16.2. Das Gebiet Ω oder Intervall $[a, b]$ wird erneut in fünf Teilintervalle Ω_n mit sechs Knoten diskretisiert, wobei x_0 und x_5 die äußeren Knoten bilden.

17.3 Wahl der Basis- und Wichtungsfunktion

Die Wahl der Basis- und Wichtungsfunktion ist gleich der in Kap. 16.3 gewählten Dreiecksfunktionen. Die Funktionen und deren Ableitungen sind abschnittsweise definiert. Siehe hierzu auch Abb. 16.3.

17.4 Formulierung der schwachen Form mit Dreiecksfunktionen $\phi(x)$

Unter Anwendung des Vorgehens nach Kap. 16.4 folgt die schwache Form der Differenzialgleichung in Matrizenschreibweise nach Gl. (16.4).

17.5 Überführung des Gleichungssystems in eine Matrizengleichung

Hier genügt die Anwendung des Kapitels 16.5. Es werden die beiden Knotenmatrizen erstellt, in einer Elementmatrix zusammengeführt und anschließend die Koeffizientenmatrix erstellt.

17.6 Lösung des linearen Gleichungssystems

Aus dem in Kap. 16.6 beschriebenen Vorgehen folgt erneut die Gl. (16.7). Die erforderlichen Werte und Ergebnisse sind in Tab. 17.1 zusammengefasst. Die äußeren Knoten erhalten gem. den Randbedingungen den Wert Null. Es verbleiben die inneren Knoten mit

$$\begin{aligned} u_h &= \sum_{i=1}^{4} u_i(x)\ \phi_i(x) \\ &= h^2\left(2\ \phi_1 + 3\ \phi_2 + 3\ \phi_3 + 2\ \phi_4\right). \end{aligned}$$

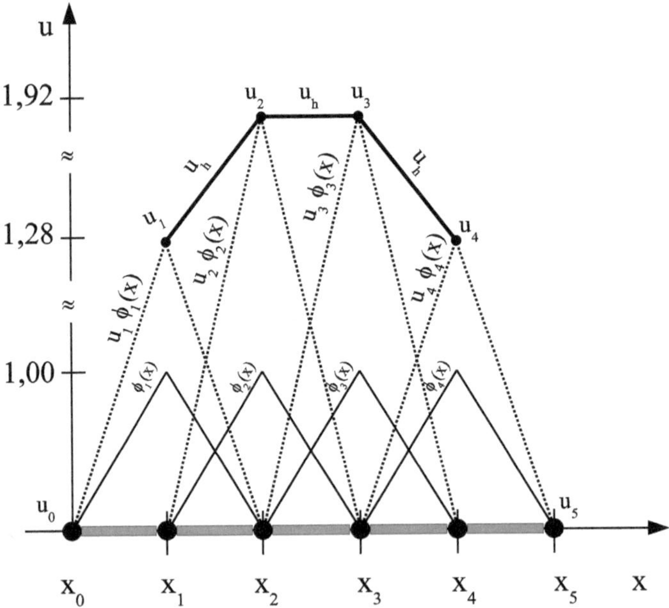

Abbildung 17.2: Ergebnisdarstellung mittels Galerkin-Methode

In Abb. 17.2 ist das Ergebnis grafisch mittels Dreiecksfunktionen (Basis- und Wichtungsfunktionen) dargestellt. In Abb. 17.3 ist die Gegenüberstellung zwischen analytisch und numerisch errechnetem Ergebnis ersichtlich.

Tabelle 17.1: Numerische Ergebnisse d. Gl. $u(x) = -\frac{1}{2}x^2 + 2x$

Elementlänge h:						0,8
Dirichlet Bedingung linker Rand						0
Dirichlet Bedingung rechter Rand						0
Knotennummer i	0	1	2	3	4	5
Position x_i	0	0,8	1,6	2,4	3,2	4,0
$u(x_i)$	0	1,28	1,92	1,92	1,28	0

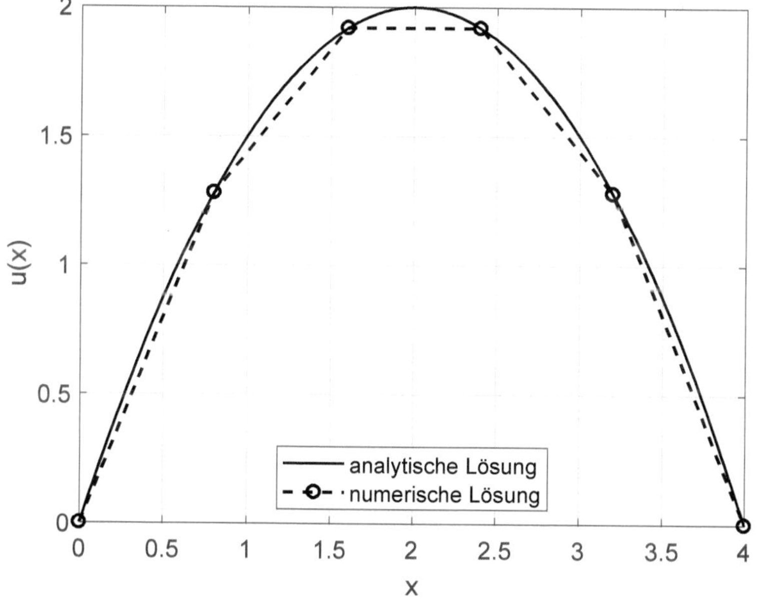

Abbildung 17.3: Gegenüberstellung von analytischem und numerischem Ergebnis

Kapitel 18

Galerkin-FEM – Elektrostatische Feldberechnung

Das elektrostatische Feld eines Plattenkondensators nach Abb. 18.2 a) soll mittels der Poisson'schen Differenzialgleichung

$$\nabla^2 \varphi \quad = \quad \frac{-\rho}{\varepsilon}$$

berechnet werden. Am Kondensator wird eine Spannung von $U_c = 100$ V angelegt. Das Vorgehen erfolgt gemäß der Auflistung aus Kap. 10. Im Anschluss wird das elektrostatische Feld durch Gradientenbildung des Potenzials errechnet.

18.1 Schwache Formulierung der Differenzialgleichung

Zur Berechnung des elektrostatischen Feldes wird die Differenzialgleichung in Abb. 7.3 c), dargestellt in ihrer starken Form, nach dem Potenzial gelöst. Durch Umstellen folgt

$$\begin{aligned} \nabla \underbrace{(\varepsilon \nabla \varphi)}_{=D} + \rho &= 0 \\ &= R. \end{aligned}$$

Durch Wichtung mit der Funktion w des Residuums und Integration über das zu betrachtende Gebiet Ω (Plattenabstand) folgt

$$\begin{aligned}
\int_\Omega w\ R\, dx &= 0\\
\int_\Omega w\left[\nabla\left(\varepsilon\nabla\varphi\right)\ +\ \rho\right]dx &= 0\\
\int_\Omega w\left(\frac{\partial\varphi^2}{\partial x^2}\ +\ \frac{\rho}{\varepsilon}\right)dx &= 0\\
\int_\Omega w\left(\frac{\partial\varphi^2}{\partial x^2}\right)dx\ +\ \int_\Omega w\left(\frac{\rho}{\varepsilon}\right)dx &= 0.
\end{aligned}$$

Durch partielle Integration des ersten Terms der linken Gleichungshälfte folgt die schwache Formulierung der Differenzialgleichung

$$\begin{aligned}
w\,\frac{d\varphi}{dx}\ -\ \int_\Omega\left(\frac{d\varphi}{dx}\,\frac{dw}{dx}\right)dx\ +\ \int_\Omega w\left(\frac{\rho}{\varepsilon}\right)dx &= 0\\
w\ \nabla\varphi\ -\ \int_\Omega\left(\nabla\varphi\ \nabla w\right)dx\ +\ \int_\Omega w\left(\frac{\rho}{\varepsilon}\right)dx &= 0.
\end{aligned} \tag{18.1}$$

18.2 Diskretisierung des zu lösenden Gebiets Ω

Die Diskretisierung des Gebietes Ω erfolgt gem. Abb. 16.2. Die Elementlänge ist $h = 2\ mm$.

18.3 Wahl der Basis- und Wichtungsfunktion

Als Basis- und Wichtungsfunktionen werden gem. Kap. 16.3 Dreiecksfunktionen $\phi(x)$ gewählt.

18.4 Formulierung der schwachen Form mit Dreiecksfunktionen $\phi(x)$

Die Vorgehensweise erfolgt in Anlehnung an Kap. 16.4. Das Gebiet Ω wurde zwischenzeitlich in $n = 5$ Teilgebiete (Elemente) Ω_n eingeteilt und der Wichtungs- und Basisfunktion die Dreiecksfunktion zugewiesen. Beim ersten Term der Gl. (18.1) sind gem. Kap. 1.2.5 für das bestimmte Integral als Randbedingung jeweils der linke und rechte Rand einzusetzen. An den Berandungen nehmen die Dreiecksfunktionen und damit verbunden auch der Term den Wert Null an. Die Berechnung reduziert sich auf die inneren Knoten. Durch Summenbildung über alle Teilgebiete folgt

$$\sum_{i=1}^{n} \left[\int_{\Omega} (\nabla\varphi \; \nabla\phi(x)) \, dx \; - \; \frac{\rho}{\varepsilon} \int_{\Omega} \phi(x) \, dx \right] \quad = \quad 0.$$

Unter Einbezug der Ansatzfunktion

$$\begin{aligned} \varphi_h(x) \quad &= \quad \sum_{i=1}^{2} \varphi_i \; \phi_i(x) \\ &= \quad \varphi_1 \; \phi_1(x) \; + \; \varphi_2 \; \phi_2(x), \end{aligned}$$

durch Umstellen und Einsetzen folgt

$$\int_{\Omega} \left[\varphi_1 \; \frac{d\phi_1(x)}{dx} \; \frac{d\phi(x)}{dx} \; + \; \varphi_2 \; \frac{d\phi_2(x)}{dx} \; \frac{d\phi(x)}{dx} \right] dx \quad = \quad \underbrace{\frac{\rho}{\varepsilon} \int_{\Omega} \phi(x) \; dx}_{Quellterm} .$$

Zur Bestimmung von φ_1 wird der Funktion $\phi(x)$ die Funktion $\phi_1(x)$ und zur Bestimmung von φ_2 die Funktion $\phi_2(x)$ zugeordnet. Für φ_1 am Knoten x_1 folgt

$$\int_{\Omega} \left[\varphi_1 \; \frac{d\phi_1(x)}{dx} \; \frac{d\phi_1(x)}{dx} \; + \; \varphi_2 \; \frac{d\phi_2(x)}{dx} \; \frac{d\phi_1(x)}{dx} \right] dx \quad = \quad \frac{\rho}{\varepsilon} \int_{\Omega} \phi_1(x) \; dx$$

und für φ_2 am Knoten x_2 folgt

$$\int_{\Omega} \left[\varphi_1 \; \frac{d\phi_1(x)}{dx} \; \frac{d\phi_2(x)}{dx} \; + \; \varphi_2 \; \frac{d\phi_2(x)}{dx} \; \frac{d\phi_2(x)}{dx} \right] dx \quad = \quad \frac{\rho}{\varepsilon} \int_{\Omega} \phi_2(x) \; dx.$$

In Matrizenschreibweise zusammengefasst lautet die Gleichung wie folgt:

$$\int_{\Omega} \begin{pmatrix} \frac{d\phi_1(x)}{dx} \frac{d\phi_1(x)}{dx} & \frac{d\phi_2(x)}{dx} \frac{d\phi_1(x)}{dx} \\ \frac{d\phi_1(x)}{dx} \frac{d\phi_2(x)}{dx} & \frac{d\phi_2(x)}{dx} \frac{d\phi_2(x)}{dx} \end{pmatrix} dx \begin{pmatrix} \varphi_1 \\ \varphi_2 \end{pmatrix} \quad = \quad \frac{\rho}{\varepsilon} \int_{\Omega} \phi(x) \; dx \begin{pmatrix} 1 \\ 1 \end{pmatrix}.$$

Beim rechten Term der Gleichung ist eine Unterscheidung der Funktion ϕ mittels Indizes nicht erforderlich, da diese keinen Einfluss auf das Integrationsergebnis hat.

18.5 Überführung des Gleichungssystems in eine Matrizengleichung

Die Vorgehensweise erfolgt in Anlehnung an Kap. 16.5. Mit der schwachen Form der Differenzialgleichung folgten die Knotengleichungen eines Elements, welche in die Elementmatrix, die Koeffizientenmatrix und anschließend in das lineare Gleichungssystem überführt wird:

- **Knotenmatrix des ersten inneren Knotens x_i mit $\phi(x) = \phi_1(x)$.** Hiermit folgt das Intervall $[x_0,\, x_2]$:

$$\varphi_1 \int_\Omega \left(\frac{d\phi_1(x)}{dx} \, \frac{d\phi_1(x)}{dx} \right) dx + \varphi_2 \int_\Omega \left(\frac{d\phi_2(x)}{dx} \, \frac{d\phi_1(x)}{dx} \right) dx \;=\; \frac{\rho}{\varepsilon} \int_\Omega \phi(x)\, dx$$

und durch Anpassung des Integrationsintervalls

$$\varphi_1 \int_{x_0}^{x_1} \frac{d\phi_1}{dx} \frac{d\phi_1}{dx} dx + \varphi_2 \int_{x_0}^{x_1} \frac{d\phi_2}{dx} \frac{d\phi_1}{dx} dx + \varphi_1 \int_{x_1}^{x_2} \frac{d\phi_1}{dx} \frac{d\phi_1}{dx} dx + \varphi_2 \int_{x_1}^{x_2} \frac{d\phi_2}{dx} \frac{d\phi_1}{dx} dx = \frac{\rho}{\varepsilon} \int_\Omega \phi \, dx.$$

Unter Einbezug der Gegebenheiten von Kap. 16.3 folgt gemäß den Vorgehen nach Kap. 16.5

$$\varphi_1 \int_{x_0}^{x_1} \frac{1}{h} \frac{1}{h} dx + \varphi_2 \int_{x_0}^{x_1} 0 \, \frac{1}{h} dx + \varphi_1 \int_{x_1}^{x_2} \frac{-1}{h} \frac{-1}{h} dx + \varphi_2 \int_{x_1}^{x_2} \frac{1}{h} \frac{-1}{h} dx \;=\; \frac{\rho}{\varepsilon} \int_\Omega \phi \, dx.$$

Im zweiten Term ist die Ableitung für ϕ_2 im Intervall $[x_0, x_1]$ nicht definiert und nimmt daher den Wert Null an. Eine weitere Zusammenfassung führt zu

$$\varphi_1 \int_{x_0}^{x_1} \frac{1}{h^2} \, dx \;+\; 0 + \varphi_1 \int_{x_1}^{x_2} \frac{1}{h^2} \, dx \;+\; \varphi_2 \int_{x_1}^{x_2} \frac{-1}{h^2} \, dx \;=\; \frac{\rho}{\varepsilon} \int_\Omega \phi \, dx.$$

Nach gliedweiser Integration und Umstellung folgt die Knotenmatrix für den Knoten x_1

$$\varphi_1 \frac{1}{h} + 0 + \varphi_1 \frac{1}{h} - \varphi_2 \frac{1}{h} = \frac{\rho}{\varepsilon} h$$
$$\frac{1}{h} \begin{pmatrix} 2 & -1 \end{pmatrix} \begin{pmatrix} \varphi_1 \\ \varphi_2 \end{pmatrix} = \frac{\rho}{\varepsilon} h.$$

- **Knotenmatrix des zweiten inneren Knotens x_{i+1} mit $\phi(x) = \phi_2(x)$.** Hiermit folgt das Intervall $[x_1, x_3]$:

$$\varphi_1 \int_\Omega \left(\frac{d\phi_1(x)}{dx} \frac{d\phi_2(x)}{dx} \right) dx + \varphi_2 \int_\Omega \left(\frac{d\phi_2(x)}{dx} \frac{d\phi_2(x)}{dx} \right) dx = \frac{\rho}{\varepsilon} \int_\Omega \phi(x)\, dx$$

und durch Anpassung des Integrationsintervalls

$$\varphi_1 \int_{x_1}^{x_2} \frac{d\phi_1}{dx}\frac{d\phi_2}{dx} dx + \varphi_2 \int_{x_1}^{x_2} \frac{d\phi_2}{dx}\frac{d\phi_2}{dx} dx + \varphi_1 \int_{x_2}^{x_3} \frac{d\phi_1}{dx}\frac{d\phi_2}{dx} dx + \varphi_2 \int_{x_2}^{x_3} \frac{d\phi_2}{dx}\frac{d\phi_2}{dx} dx = \frac{\rho}{\varepsilon} \int_\Omega \phi\, dx.$$

Wie zuvor, folgt unter Einbezug der Gegebenheiten von Kap. 16.3 und nach dem Vorgehen in Kap. 16.5

$$\varphi_1 \int_{x_1}^{x_2} \frac{-1}{h}\frac{1}{h} dx + \varphi_2 \int_{x_1}^{x_2} \frac{1}{h}\frac{1}{h} dx + \varphi_1 \int_{x_2}^{x_3} 0 \; \frac{-1}{h} dx + \varphi_2 \int_{x_2}^{x_3} \frac{-1}{h}\frac{-1}{h} dx = \frac{\rho}{\varepsilon} \int_\Omega \phi\, dx.$$

Im dritten Term ist die erste Ableitung für ϕ_2 im Intervall $[x_0, x_1]$ nicht definiert und nimmt daher den Wert Null an. Eine weitere Zusammenfassung führt zu

$$\varphi_1 \int_{x_1}^{x_2} \frac{-1}{h^2}\, dx + \int_{x_1}^{x_2} \frac{1}{h^2}\, dx + 0 + \varphi_2 \int_{x_2}^{x_3} \frac{1}{h^2}\, dx = \frac{\rho}{\varepsilon} \int_\Omega \phi\, dx.$$

Nach gliedweiser Integration und Umstellung folgt die Knotenmatrix für den Knoten x_2

$$\varphi_1 \frac{-1}{h} + \varphi_2 \frac{1}{h} + 0 + \varphi_2 \frac{1}{h} = \frac{\rho}{\varepsilon} h$$
$$\frac{1}{h} \begin{pmatrix} -1 & 2 \end{pmatrix} \begin{pmatrix} \varphi_1 \\ \varphi_2 \end{pmatrix} = \frac{\rho}{\varepsilon} h.$$

- **Elementmatrix**: Die Knotengleichungen der beiden inneren Knoten x_i und x_{i+1} werden als Elementgleichung

$$\frac{1}{h}\begin{pmatrix} 2 & -1 \\ -1 & 2 \end{pmatrix} \cdot \begin{pmatrix} \varphi_1 \\ \varphi_2 \end{pmatrix} = \frac{\rho}{\varepsilon} h \begin{pmatrix} 1 \\ 1 \end{pmatrix}$$

zusammengefasst.

- **Koeffizientenmatrix**: Alle Knotengleichungen werden in der Koeffizientenmatrix zu einem linearen Gleichungssystem (Koeffizientenmatrizengleichung)

$$\begin{pmatrix} 2 & -1 & 0 & 0 \\ -1 & 2 & -1 & 0 \\ 0 & -1 & 2 & -1 \\ 0 & 0 & -1 & 2 \end{pmatrix} \cdot \begin{pmatrix} \varphi_1 \\ \varphi_2 \\ \varphi_3 \\ \varphi_4 \end{pmatrix} = \frac{\rho\, h^2}{\varepsilon} \begin{pmatrix} 1 \\ 1 \\ 1 \\ 1 \end{pmatrix}$$

zusammengeführt.

- Gemäß Aufgabenstellung liegt am Kondensator eine Spannung an, welche durch die Dirichlet-Randbedingungen berücksichtigt wird (elliptische Differenzialgleichung). Der Quellterm ρ ist deshalb gleich Null zu setzen, um eine Überbestimmtheit zu vermeiden. Unter Einbezug der Dirichlet-Randbedingungen ($\varphi(x_0) = 0V$, $\varphi(x_5) = 100V$) folgt das lineare Gleichungssystem mit

$$\begin{pmatrix} 1 & 0 & 0 & 0 & 0 & 0 \\ -1 & 2 & -1 & 0 & 0 & 0 \\ 0 & -1 & 2 & -1 & 0 & 0 \\ 0 & 0 & -1 & 2 & -1 & 0 \\ 0 & 0 & 0 & -1 & 2 & -1 \\ 0 & 0 & 0 & 0 & 0 & 1 \end{pmatrix} \cdot \begin{pmatrix} \varphi_0 \\ \varphi_1 \\ \varphi_2 \\ \varphi_3 \\ \varphi_4 \\ \varphi_5 \end{pmatrix} = \begin{pmatrix} 0 \\ 0 \\ 0 \\ 0 \\ 0 \\ 100 \end{pmatrix}.$$

18.6 Lösung des linearen Gleichungssystems

Die Lösung des linearen Gleichungssystems erfolgt gem. Kap. 16.6. Der Ergebnisvektor des Potenzials für alle Knoten ist

$$\begin{pmatrix} \varphi_0 \\ \varphi_1 \\ \varphi_2 \\ \varphi_3 \\ \varphi_4 \\ \varphi_5 \end{pmatrix} = \begin{pmatrix} 0 \\ 20 \\ 40 \\ 60 \\ 80 \\ 100 \end{pmatrix}$$

und für die inneren Knoten

$$\begin{aligned} \varphi_h &= \sum_{i=1}^{4} \varphi_i(x)\ \phi_i(x) \\ &= 20\ \phi_1 \ + \ 40\ \phi_2 \ + \ 60\ \phi_3 \ + \ 80\ \phi_4. \end{aligned}$$

In Tab. 18.1 sind die Ergebnisse zusammengefasst. In Abb. 18.1 ist die grafische Darstellung der Lösung einschließlich der vier Basisfunktionen und Dirichlet-Randbedingungen ersichtlich.

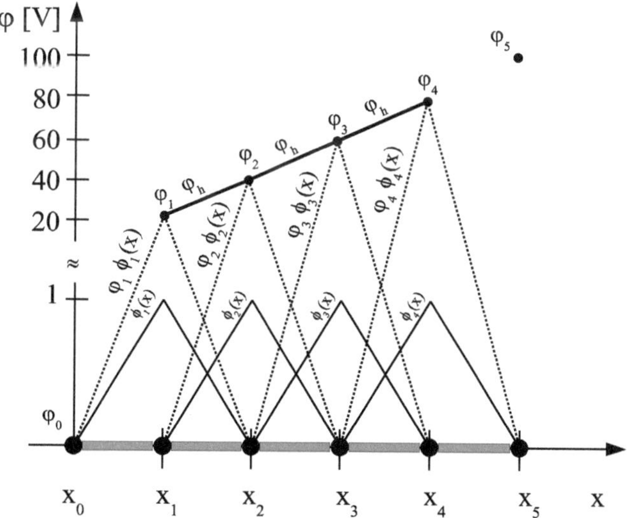

Abbildung 18.1: Ergebnisdarstellung des Potenzialverlaufs mittels Galerkin-Methode

In Abb. 18.2 a) ist der Plattenkondensator mit dem elektrostatischen Feld und den Potenzialen der inneren Knoten φ_1 bis φ_4 ersichtlich. Die Dirichlet-Randbedingungen

Tabelle 18.1: Numerische Ergebnisse des Potenzialverlaufs

Elementlänge h [mm]	2					
Dirichletrandbedingungen						
linker Rand $\varphi_0(x=0)$, [V]	0					
rechter Rand $\varphi_5(x=10mm)$, [V]	100					
Knotennummer i	0	1	2	3	4	5
Position x_i, [mm]	0	2	4	6	8	10
$\varphi_h(x_i)$ $[V]$	0	20	40	60	80	100

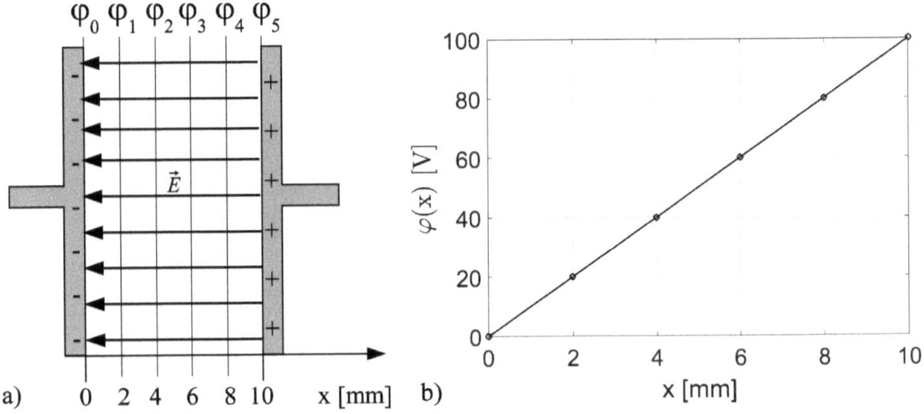

Abbildung 18.2: Plattenkondensator und Potenzialverlauf

wurden den äußeren Knoten $\varphi_0 = 0\ V$ und $\varphi_5 = 100\ V$ auferlegt. In Abb. 18.2 b) ist das Ergebnis des Potenzialverlaufs über dem Plattenabstand (x-Achse) dargestellt. Aus dem Potenzialverlauf der Abb. 18.2 b) wird das elektrostatische Feld mit

$$\vec{E} \quad = \quad -grad\varphi \;=\; -\frac{d\varphi}{dx}\,\vec{n} \;=\; -\frac{20\ V}{2\ mm} \;=\; -\,10\ kV/m$$

berechnet. Zur Probe erfolgt die Berechnung der Spannung U_c über dem Kondensator durch Integration entlang des Plattenabstandes mit

$$\int_{x0}^{x5} \vec{E}\, d\vec{l} \quad = \quad 10\ kV/m \cdot 10\ mm \;=\; 100\ V.$$

Kapitel 19

Galerkin-FEM – Ortsabhängige Temperaturberechnung

Der Wärmedurchgang durch Körper wird mittels der Wärmediffusionsgleichung beschrieben. Diese ist durch eine Zeit- und zwei Ortsableitungen gekennzeichnet. Zur anschaulichen Deutung der eindimensionalen Wärmediffusion dient Abb. 19.1. Ein Körper mit der Wärmeleitfähigkeit λ aus Kupfer wird an der Stirnfläche einseitig auf 100 °C erwärmt. Der Wärmestrom breitet sich dabei nur in x-Richtung aus. Beispielsweise steigt an einem gewählten Ort auf der x-Achse die Temperatur mit zunehmender Zeit t an. Gesucht wird im Fortgang bei einem Zeitpunkt t die örtliche Temperaturverteilung im Körper, die mittels der dunkel dargestellten Pfeile im Balken symbolisiert wird.

19.1 Schwache Formulierung der Differenzialgleichung

Die eindimensionale Wärmediffusionsgleichung nach Abb. 7.3, b2) wird in die Poisson'sche Differenzialgleichung der Form

$$\begin{aligned}\frac{d^2v(x)}{dx^2} &= \underbrace{\frac{\rho\, c}{\lambda}\frac{dv}{dt}}_{K} \qquad (19.1)\\ \frac{d^2v(x)}{dx^2} &= K,\ x \in \Omega\end{aligned}$$

mit den Randbedingungen $v(x_0)$ und $v(x_5)$ überführt. Die Lösung der Differenzial-

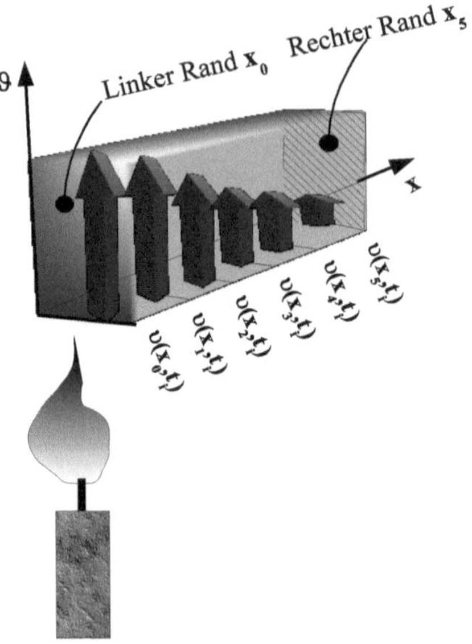

Abbildung 19.1: Beispiel eines eindimensionalen Wärmediffusionsvorgangs

gleichung erfolgt für ein angenommenes dv/dt in der Nähe eines angenommenen Zeitschritts t, gefolgt von der Bildung des inneren Produkts durch Integration des gewichteten Residuums über das Gebiet Ω

$$\begin{aligned} \int_\Omega R\,w\,dx &= 0 \\ \int_\Omega \left(\frac{d^2 v(x)}{dx^2} - K\right) w\,dx &= 0 \\ \int_\Omega \frac{d^2 v(x)}{dx^2}\,w\,d\Omega - K\int_\Omega w\,dx &= 0. \end{aligned}$$

Nach erfolgter partieller Integration des ersten Terms folgt die schwache Form der Diffusionsgleichung

$$\begin{aligned} w\,\frac{dv(x)}{dx} - \int_\Omega \frac{dv(x)}{dx}\,\frac{dw}{dx}\,dx - K\int_\Omega w\,dx &= 0 \\ w\,\nabla v(x) - \int_\Omega \nabla v(x)\,\nabla w\,dx - K\int_\Omega w\,dx &= 0. \end{aligned} \tag{19.2}$$

19.2 Diskretisierung des zu lösenden Gebiets Ω

Die Diskretisierung des Gebietes Ω erfolgt gem. Abb. 16.2. Die Elementlänge beträgt $h = 10\ mm$.

19.3 Wahl der Basis- und Wichtungsfunktion

Als Basis- und Wichtungsfunktionen werden gem. Kap. 16.3 Dreiecksfunktionen definiert.

19.4 Formulierung der schwachen Form mit Dreiecksfunktionen $\phi(x)$

Die Vorgehensweise erfolgt in Anlehnung an Kap. 16.4. Das Gebiet Ω wurde zwischenzeitlich in $n = 5$ Teilgebiete (Elemente) Ω_n eingeteilt. Die Wichtungsfunktion und die Basisfunktion wurden mit der Dreiecksfunktion $\phi(x)$ gleichgesetzt. Aufgrund der Randbedingungen wird der erste Term von Gl. (19.2) gleich Null gesetzt, da die Dreiecksfunktionen am Rande gleich Null sind. Damit reduziert sich die Berechnung auf die inneren Knoten. Unter Einbezug der Ansatzfunktion

$$v_h(x) \quad = \quad \sum_i^2 v_i\ \phi_i(x) \ = \ v_1\ \phi_1(x) \ + \ v_2\ \phi_2(x)$$

und Einsetzen in Gl. (19.2) mit anschließendem Umformen folgt

$$\int_\Omega \left[v_1 \frac{d\phi_1}{dx}\frac{d\phi}{dx} \ + \ v_2 \frac{d\phi_2}{dx}\frac{d\phi}{dx} \right] dx \quad = \quad \underbrace{K \int_\Omega \phi(x)\ dx}_{Quellterm}.$$

Zur Bestimmung der Temperaturen v_1 und v_2 an den Knoten x_1 und x_2 kann erneut die Matrizenschreibweise

$$\int_\Omega \begin{pmatrix} \frac{d\phi_1(x)}{dx}\frac{d\phi_1(x)}{dx} & \frac{d\phi_2(x)}{dx}\frac{d\phi_1(x)}{dx} \\ \frac{d\phi_1(x)}{dx}\frac{d\phi_2(x)}{dx} & \frac{d\phi_2(x)}{dx}\frac{d\phi_2(x)}{dx} \end{pmatrix} dx \begin{pmatrix} v_1 \\ v_2 \end{pmatrix} \quad = \quad K \int_\Omega \phi(x)\ dx \begin{pmatrix} 1 \\ 1 \end{pmatrix}$$

angewendet werden.

Tabelle 19.1: Werkstoffangaben/Koeffizienten/Randbedingungen

Angaben für Werkstoff Kupfer	
Dichte ρ, $[kg/m^3]$	8933
Spez. Wärmekapazität c, $[J/(kgK)]$	383
Wärmeleitfähigkeit λ, $[W/(mK)]$	384
$\rho\ c/\lambda$, $[s/m^2]$	8937
dv/dt, $[K/s]$; (48,41-51,61) °C/0,5 s, bei t= 4 s	-6,4
K, $[K/m^2]$	-57 196,8
h, $[m]$	0,01
$K\ h^2$, $[K]$	-5,72
Dirichlet-Randbedingungen	
$v(x_0)$, $[°C]$	100
$v(x_5)$, $[°C]$	20

19.5 Überführung des Gleichungssystems in eine Matrizengleichung

Die Vorgehensweise erfolgt in Anlehnung an Kap. 16.5.

- **Knotenmatrix des ersten inneren Knotens** x_i **mit** $\phi(x) = \phi_1(x)$. Hiermit folgt das Intervall $[x_0, x_2]$:

$$\frac{1}{h}\begin{pmatrix}2 & -1\end{pmatrix} \cdot \begin{pmatrix}v_1 \\ v_2\end{pmatrix} \quad = \quad K\ h.$$

- **Knotenmatrix des zweiten inneren Knotens** x_{i+1} **mit** $\phi(x) = \phi_2(x)$. Hiermit folgt das Intervall $[x_1, x_3]$:

$$\frac{1}{h}\begin{pmatrix}-1 & 2\end{pmatrix} \cdot \begin{pmatrix}v_1 \\ v_2\end{pmatrix} \quad = \quad K\ h.$$

- **Elementmatrix**: Die beiden inneren Knoten x_i und x_{i+1} werden als Elementgleichung zusammengefasst:

$$\frac{1}{h}\begin{pmatrix} 2 & -1 \\ -1 & 2 \end{pmatrix} \cdot \begin{pmatrix} v_1 \\ v_2 \end{pmatrix} \quad = \quad K\,h\begin{pmatrix} 1 \\ 1 \end{pmatrix}.$$

- **Koeffizientenmatrix**: Die beiden Knotengleichungen werden in der Koeffizientenmatrix zu einem linearen Gleichungssystem zusammengeführt:

$$\underbrace{\begin{pmatrix} 2 & -1 & 0 & 0 \\ -1 & 2 & -1 & 0 \\ 0 & -1 & 2 & -1 \\ 0 & 0 & -1 & 2 \end{pmatrix}}_{\mathbf{S}} \cdot \underbrace{\begin{pmatrix} v_1 \\ v_2 \\ v_3 \\ v_4 \end{pmatrix}}_{v_h} \quad = \quad \underbrace{K\,h^2\begin{pmatrix} 1 \\ 1 \\ 1 \\ 1 \end{pmatrix}}_{\mathbf{f}}.$$

- Unter Einbezug der Dirichlet-Randbedingungen nach Tab. 19.1 folgt erneut das Gleichungssystem für die inneren und äußeren Knoten:

$$\begin{pmatrix} 1 & 0 & 0 & 0 & 0 & 0 \\ -1 & 2 & -1 & 0 & 0 & 0 \\ 0 & -1 & 2 & -1 & 0 & 0 \\ 0 & 0 & -1 & 2 & -1 & 0 \\ 0 & 0 & 0 & -1 & 2 & -1 \\ 0 & 0 & 0 & 0 & 0 & 1 \end{pmatrix} \cdot \begin{pmatrix} \varphi_0 \\ \varphi_1 \\ \varphi_2 \\ \varphi_3 \\ \varphi_4 \\ \varphi_5 \end{pmatrix} \quad = \quad \begin{pmatrix} 100 \\ -5,72 \\ -5,72 \\ -5,72 \\ -5,72 \\ 20 \end{pmatrix}.$$

19.6 Lösung des linearen Gleichungssystems

Die Lösung des linearen Gleichungssystems erfolgt gem. Kap. 16.6 mit dem Aufstellen der Matrizengleichung, gefolgt vom Umformen nach der gesuchten Temperatur v_h

$$
\begin{aligned}
\mathbf{S}\, v &= \mathbf{f} \\
\mathbf{S}^{-1}\,(\mathbf{S}\, v_h) &= \mathbf{S}^{-1}\,\mathbf{f} \\
\underbrace{(\mathbf{S}^{-1}\,\mathbf{S})}_{\mathbf{E}}\, v_h &= \mathbf{S}^{-1}\,\mathbf{f} \\
v_h &= \mathbf{S}^{-1}\,\mathbf{f} = \begin{pmatrix} 100,0 \\ 72,6 \\ 50,8 \\ 34,8 \\ 24,6 \\ 20,0 \end{pmatrix}.
\end{aligned}
$$

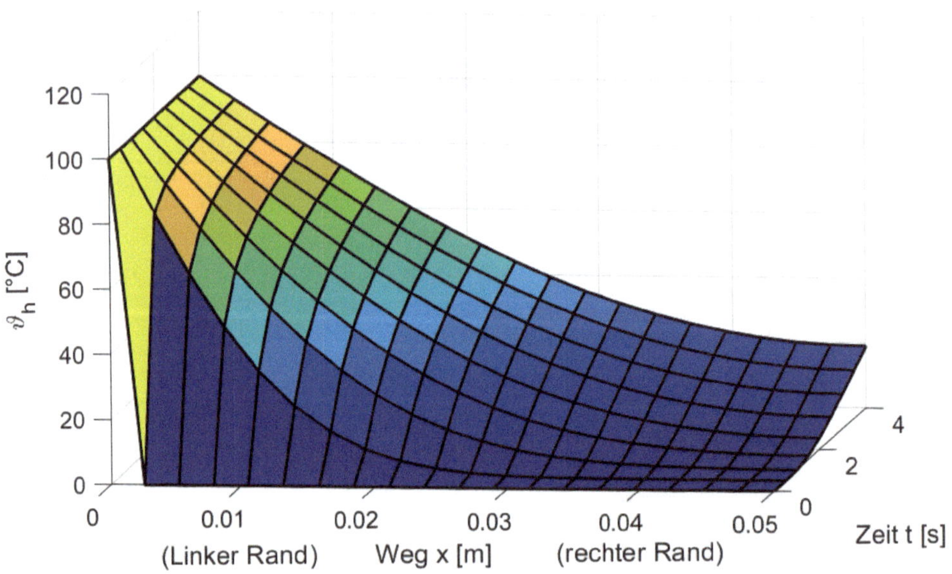

Abbildung 19.2: MATLAB-Ergebnis eines eindimensionalen Wärmediffusionsvorgangs

Für die inneren Knoten folgt

$$
\begin{aligned}
v_h &= \sum_{i=1}^{4} v_i(x)\;\phi_i(x) \\
&= 72,6\;\phi_1 \;+\; 50,8\;\phi_2 \;+\; 34,8\;\phi_3 \;+\; 24,6\;\phi_4.
\end{aligned}
$$

In Tab. 19.1 sind die erforderlichen Angaben zur Berechnung angegeben. Die Werkstoffdaten wurden den Tabellen aus [40], die Angaben zur Berechnung des Koeffizienten K aus Abb. 19.3 entnommen. In Abb. 19.2 ist das MATLAB-Ergebnis einer Temperaturverteilung über Ort und Zeit dargestellt, erstellt mit der PDE-Toolbox. Der dazugehörige MATLAB-Code kann dem Anhang A.1 entnommen werden. Der Übergang zur Darstellung der Temperatur über dem Ort wurde in Abb. 19.3 vollzogen. Diese Darstellung ermöglicht eine Gegenüberstellung mit den oben erzielten Ergebnissen. Die Abweichungen sind auf Rundungen und Ablesegenauigkeit (MATLAB-Data-Cursor steht nicht genau auf den Knoten) zurückzuführen. Zudem wurde dv/dt bei einem mittleren Weg ($19,8\ mm$) abgelesen. In Tab. 19.2 sind die Ergebnisse einander gegenübergestellt.

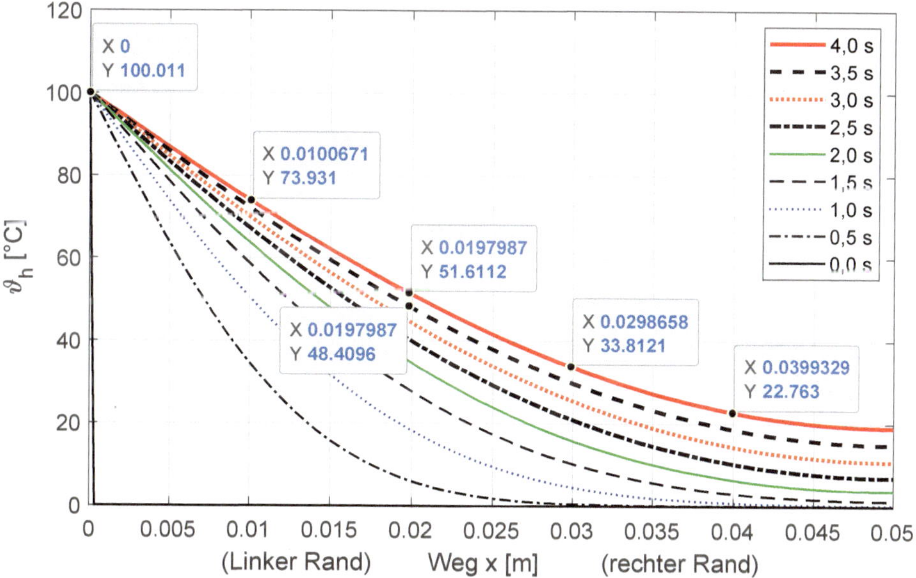

Abbildung 19.3: MATLAB-Ergebnis eines eindimensionalen Wärmediffusionsvorgangs mit der Zeit t als Scharparameter

In Abb. 19.4 sind schematisch die Basisfunktionen einschl. deren Ansatzfunktionen der inneren Knoten über dem Ort (Ω) dargestellt. Die Dirichlet-Randbedingungen werden durch die äußeren Knoten (v_0, v_5) verkörpert. Eine Gegenüberstellung der mit MATLAB- und mit Galerkin-Methode erzielten Ergebnisse ist der Abb. 19.5 zu entnehmen. Die dazu erforderlichen Wertepaare wurden aus Tab. 19.2 übernommen.

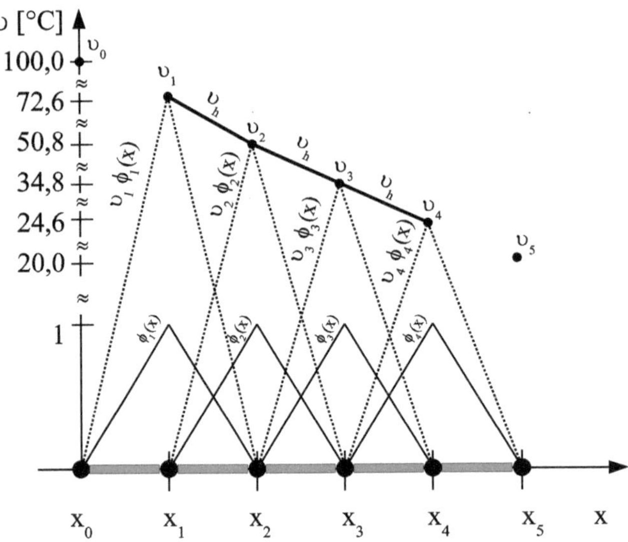

Abbildung 19.4: Grafische Ergebnisdarstellung der örtlichen Temperaturverteilung

19.7 Diffusionsvorgang vollendet

Der Diffusionsvorgang wird als vollendet betrachtet, wenn die zeitliche Temperaturänderung des rechten Terms der Gl. (19.1) für t $\rightarrow \infty$

$$\frac{\rho\, c}{\lambda}\frac{dv}{dt} \quad \rightarrow \; 0$$

gegen den Wert Null strebt und damit ein stationärer Zustand eintritt. Die Poisson'sche Differenzialgleichung wird damit in die Laplace'sche Differenzialgleichung überführt.

Tabelle 19.2: Gegenüberstellung der Ergebnisse des Temperatur- und Ortsverlaufs m. H. Abb. 19.3

Knotennummer i	0	1	2	3	4	5
Position x_i [mm]	0	10	20	30	40	50
v_h $[°C]$ bei t = 4 s; Galerkin	100	72,6	50,8	34,8	24,6	20
v $[°C]$ bei t = 4 s; MATLAB	100	73,9	51,6	33,8	22,8	20
v_h $[°C]$ bei t = ∞ s; Galerkin	100	84	68	52	36	20

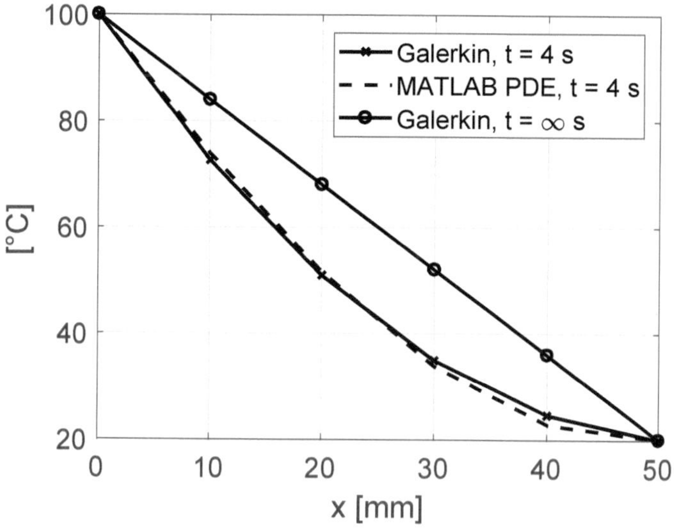

Abbildung 19.5: Ergebnisgegenüberstellung

Das lineare Gleichungssystem wird zu

$$\begin{pmatrix} 1 & 0 & 0 & 0 & 0 & 0 \\ -1 & 2 & -1 & 0 & 0 & 0 \\ 0 & -1 & 2 & -1 & 0 & 0 \\ 0 & 0 & -1 & 2 & -1 & 0 \\ 0 & 0 & 0 & -1 & 2 & -1 \\ 0 & 0 & 0 & 0 & 0 & 1 \end{pmatrix} \cdot \begin{pmatrix} \upsilon_0 \\ \upsilon_1 \\ \upsilon_2 \\ \upsilon_3 \\ \upsilon_4 \\ \upsilon_5 \end{pmatrix} = \begin{pmatrix} 100 \\ 0 \\ 0 \\ 0 \\ 0 \\ 20 \end{pmatrix} .$$

Die Lösung ergibt die örtliche Temperaturverteilung des Beharrungszustandes

$$\begin{pmatrix} \upsilon_0 \\ \upsilon_1 \\ \upsilon_2 \\ \upsilon_3 \\ \upsilon_4 \\ \upsilon_5 \end{pmatrix} = \begin{pmatrix} 100 \\ 84 \\ 68 \\ 52 \\ 36 \\ 20 \end{pmatrix} .$$

Der Beharrungszustand ist in Abb. 19.5 und in Tab. 19.2 dokumentiert.

Kapitel 20

Galerkin-FEM – Ortsabhängige Magnetfeldberechnung

In Abb. 20.1 a) ist der Schnitt eines Topfanker-Magnetkreises, bestehend aus Anker, Joch, Rückstellfeder, Federvorspannhülse, Wicklungsträger und Wicklung, ersichtlich. Während des Einschaltvorgangs durchdringen die geschlossenen B-Feldlinien die Polflächen von innen nach außen. Die weiterführende Betrachtung wird auf den Ausschnitt im Innenpol der Abb. 20.1 b) beschränkt. In aller Regel finden bei Elektromagneten ferromagnetische Werkstoffe mit nichtlinearer $B(H)$-Kennlinie Anwendung. Im Fortgang wird dagegen ein Werkstoff mit linearer $B(H)$-Kennlinie angenommen. Als Körper-Werkstoff wurde der lineare paramagnetische Werkstoff Kupfer gewählt, um eine konstante Permeabilität zu erhalten. Am linken Rand des Polausschnitts wird eine hohe Flussdichte eingeprägt. Die Intensität der Flussdichte nimmt in radialer Ausdehnung ab und erreicht am Innenradius des Innenpols (rechter Rand) ein Minimum. Die Flussdichte breitet sich damit normal zur Flussrichtung aus (transversale Ausbreitung). Dieser Diffusionsvorgang unterliegt zudem einer zeitlichen Änderung.

20.1 Schwache Formulierung der Differenzialgleichung

Die eindimensionale Felddiffusionsgleichung wurde Abb. 7.3 b) entnommen. Da im Fortgang nur eine Dimension des Vektors $\vec{B}$ betrachtet wird, ist der Vektor gleich dessen Betrag B. Die eindimensionale Felddiffusionsgleichung wird in die Form

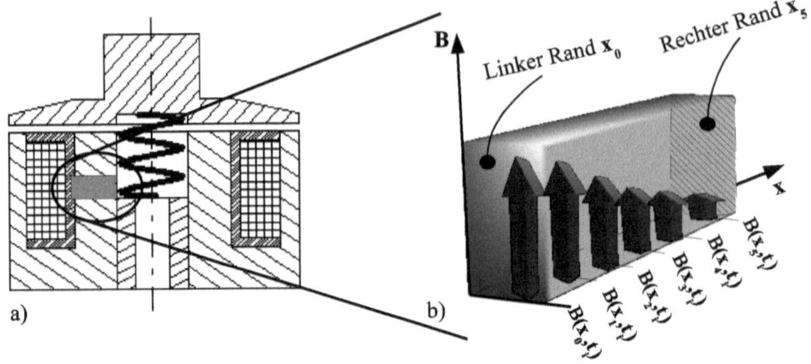

Abbildung 20.1: Beispiel einer eindimensionalen Magnetfelddiffusion

$$\begin{aligned} \frac{d^2B(x)}{dx^2} &= \underbrace{\mu_0\ \kappa\ \frac{dB}{dt}}_{K} \\ \frac{d^2B}{dx^2} &= K,\ x \in \Omega \end{aligned}$$

überführt und ihr werden die Randbedingungen $B(x_0)$, $B(x_5)$ zugeordnet. Die Lösung erfolgt für ein angenommenes B/dt. Es folgt die Integration über das mit w gewichtete Residuum

$$\begin{aligned} \int_\Omega R\ w\ dx &= 0 \\ \int_\Omega \left(\frac{d^2B(x)}{dx^2} - K\right) w\ dx &= 0 \\ \int_\Omega \frac{d^2B(x)}{dx^2}\ w\ dx - K\int_\Omega w\ dx &= 0. \end{aligned}$$

Nach erfolgter partieller Integration des ersten Terms folgt die schwache Form der Felddiffusionsgleichung

$$\begin{aligned} w\ \frac{dB(x)}{dx} - \int_\Omega \frac{dB(x)}{dx}\ \frac{w}{dx}\ dx - K\int_\Omega w\ dx &= 0 \\ w\ \nabla B(x) - \int_\Omega \nabla B(x)\ \nabla w\ dx - K\int_\Omega w\ dx &= 0. \end{aligned} \tag{20.1}$$

20.2 Diskretisierung des zu lösenden Gebiets Ω

Die Diskretisierung des Gebietes Ω erfolgt gem. Abb. 16.2. Die Elementlänge beträgt $h = 2\ mm$.

20.3 Wahl der Basis- und Wichtungsfunktion

Die Basisfunktionen werden gem. Kap. 16.3 definiert.

20.4 Formulierung der schwachen Form mit Dreiecksfunktionen $\phi(x)$

Die Vorgehensweise erfolgt in Anlehnung an Kap. 16.4. Das Gebiet Ω wurde zwischenzeitlich in $n = 5$ Teilgebiete (Elemente) Ω_n eingeteilt und die Wichtungsfunktion W zusammen mit der Basisfunktion durch die Dreiecksfunktion $\phi(x)$ ersetzt. Aufgrund der Randbedingungen wird der erste Term von Gl. (20.1) gleich Null gesetzt, da die Basisfunktionen am Rande gleich Null sind. Damit reduziert sich die Berechnung auf die inneren Knoten. Unter Einbezug der Ansatzfunktion

$$\begin{aligned} B_h(x) &= \sum_{i=1}^{2} B_i\ \phi_i(x) \\ &= B_1\ \phi_1(x)\ +\ B_2\ \phi_2(x) \end{aligned}$$

folgt durch Einsetzten und Umstellen

$$\int_\Omega \left[B_1\ \frac{d\phi_1}{dx}\ \frac{d\phi}{dx}\ +\ B_2\ \frac{d\phi_2}{dx}\ \frac{d\phi}{dx} \right]\ dx \quad = \quad \underbrace{K \int_\Omega \phi_i(x)\ dx}_{Quellterm}.$$

Zur Bestimmung der Flussdichte B_1 und B_2 an den Knoten x_1 und x_2 kann erneut die Matrizenschreibweise

$$\int_\Omega \begin{pmatrix} \frac{d\phi_1(x)}{dx}\frac{d\phi_1(x)}{dx} & \frac{d\phi_2(x)}{dx}\frac{d\phi_1(x)}{dx} \\ \frac{d\phi_1(x)}{dx}\frac{d\phi_2(x)}{dx} & \frac{d\phi_2(x)}{dx}\frac{d\phi_2(x)}{dx} \end{pmatrix} dx \begin{pmatrix} B_1 \\ B_2 \end{pmatrix} \quad = \quad K \int_\Omega \phi(x)\ dx \begin{pmatrix} 1 \\ 1 \end{pmatrix}$$

angewendet werden.

20.5 Überführung des Gleichungssystems in eine Matrizengleichung

Die Vorgehensweise erfolgt in Anlehnung an Kap. 16.5.

- **Knotenmatrix des ersten inneren Knotens x_i mit $\phi(x) = \phi_1(x)$.** Hiermit folgt das Intervall $[x_0, x_2]$:

$$\frac{1}{h}\begin{pmatrix} 2 & -1 \end{pmatrix} \cdot \begin{pmatrix} B_1 \\ B_2 \end{pmatrix} = K\,h.$$

- **Knotenmatrix des zweiten inneren Knotens x_{i+1} mit $\phi(x) = \phi_2(x)$.** Hiermit folgt das Intervall $[x_1, x_3]$:

$$\frac{1}{h}\begin{pmatrix} -1 & 2 \end{pmatrix} \cdot \begin{pmatrix} B_1 \\ B_2 \end{pmatrix} = K\,h.$$

- **Elementmatrix**: Die beiden inneren Knoten x_i und x_{i+1} werden als Elementgleichung zusammengefasst

$$\frac{1}{h}\begin{pmatrix} 2 & -1 \\ -1 & 2 \end{pmatrix} \cdot \begin{pmatrix} B_1 \\ B_2 \end{pmatrix} = K\,h.$$

- **Koeffizientenmatrix**: Die beiden Knotengleichungen werden in der Koeffizientenmatrix zu einem linearen Gleichungssystem zusammengeführt

$$\underbrace{\frac{1}{K\,h^2}\begin{pmatrix} 2 & -1 & 0 & 0 \\ -1 & 2 & -1 & 0 \\ 0 & -1 & 2 & -1 \\ 0 & 0 & -1 & 2 \end{pmatrix}}_{\mathbf{S}} \cdot \underbrace{\begin{pmatrix} B_1 \\ B_2 \\ B_3 \\ B_4 \end{pmatrix}}_{\mathbf{B}_h} = \underbrace{\begin{pmatrix} 1 \\ 1 \\ 1 \\ 1 \end{pmatrix}}_{\mathbf{f}}.$$

- Unter Einbezug der Dirichlet-Randbedingungen ($\vec{B}(x_0) = 1\ T,\ \vec{B}(x_5) = 0{,}2\ T$) folgt erneut das Gleichungssystem

$$\begin{pmatrix} 1 & 0 & 0 & 0 & 0 & 0 \\ 17,7 & -35,4 & 17,7 & 0 & 0 & 0 \\ 0 & 17,7 & -35,4 & 17,7 & 0 & 0 \\ 0 & 0 & 17,7 & -35,4 & 17,7 & 0 \\ 0 & 0 & 0 & 17,7 & -35,4 & 17,7 \\ 0 & 0 & 0 & 0 & 0 & 1 \end{pmatrix} \cdot \begin{pmatrix} B_0 \\ B_1 \\ B_2 \\ B_3 \\ B_4 \\ B_5 \end{pmatrix} = \begin{pmatrix} 1 \\ 1 \\ 1 \\ 1 \\ 1 \\ 0,2 \end{pmatrix}.$$

20.6 Lösung des linearen Gleichungssystems

Die Lösung des linearen Gleichungssystems erfolgt gem. Kap. 16.6 mit

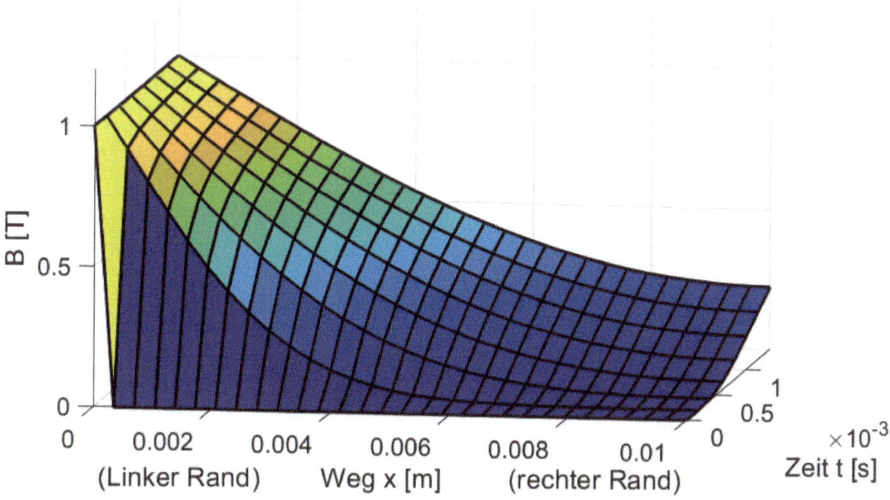

Abbildung 20.2: MATLAB-Ergebnis eines eindimensionalen Magnetfelddiffusionsvorgangs

Tabelle 20.1: Werkstoffangaben/Koeffizienten/Randbedingungen

Angaben für Werkstoff Kupfer	
Permeabilität μ_0, $[Vs/(Am)]$	$4\ \pi\ 10^{-7} \approx 1{,}2\ 10^{-6}$
Spez. elektr. Leitfähigkeit κ, $[A/(Vm)]$	$56{,}2\ 10^6$
dB/dt, $[T/s]$; (0,49-0,53) T/0,2 ms	-200
K, $[Vs/m^4]$	-14 124,6
h, $[m]$	0,002
$K\ h^2$, $[Vs/m^2]$	-0,0565
$1/(K\ h^2)$, $[m^2/(Vs)]$	-17,7
Dirichlet-Randbedingungen	
$B(x_0)$, $[T]$	1
$B(x_5)$, $[T]$	0,2

$$\begin{aligned}
\mathbf{S}\ \mathbf{B}_h &= \mathbf{f} \\
\mathbf{S}^{-1}\ (\mathbf{S}\ \mathbf{B}_h) &= \mathbf{S}^{-1}\ \mathbf{f} \\
\underbrace{(\mathbf{S}^{-1}\ \mathbf{S})}_{\mathbf{E}}\ \mathbf{B}_h &= \mathbf{S}^{-1}\ \mathbf{f}
\end{aligned}$$

$$\mathbf{B}_h = \mathbf{S}^{-1}\ \mathbf{f} = \begin{pmatrix} 1,00 \\ 0,73 \\ 0,51 \\ 0,35 \\ 0,25 \\ 0,20 \end{pmatrix}.$$

Für die inneren Knoten folgt

$$\begin{aligned}
B_h &= \sum_{i=1}^{4} B_i(x)\ \phi_i(x) \\
&= 0,73\ \phi_1\ +\ 0,51\ \phi_2\ +\ 0,35\ \phi_3\ +\ 0,25\ \phi_4.
\end{aligned}$$

In Tab. 20.1 sind die erforderlichen Angaben zur Berechnung angegeben. Die Werkstoffdaten wurden den Tabellen aus [40], die Angaben zur Berechnung des Koeffizienten K

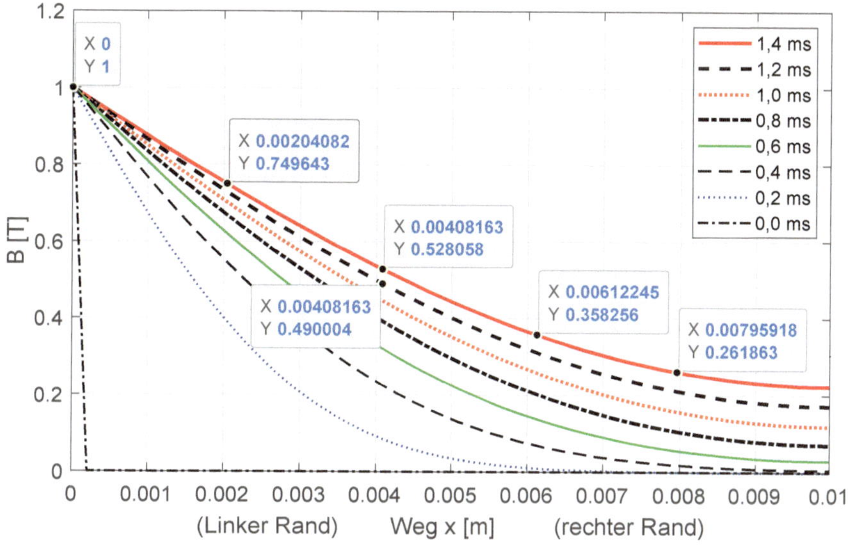

Abbildung 20.3: MATLAB-Ergebnis eines eindimensionalen Felddiffusionsvorgangs mit der Zeit t als Scharparameter

aus Abb. 20.3 entnommen. In Abb. 20.2 ist das MATLAB-Ergebnis einer Flussdichteverteilung über Ort und Zeit dargestellt, erstellt mit der PDE-Toolbox. Der dazugehörige MATLAB-Code ist dem Anhang A.2 zu entnehmen. Das Ergebnis wurde mit COMSOL Multiphysics bestätigt. Der Übergang in die Darstellung der Flussdichte über dem Ort mit der Zeit t als Scharparameter wurde in Abb. 20.3 vollzogen. Diese Darstellung ermöglicht eine Gegenüberstellung mit den oben erzielten Ergebnissen. Die Abweichungen sind auf Rundungen und Ableseungenauigkeit (MATLAB-Data-Cursor steht nicht genau auf den Knoten) zurückzuführen. Zudem wurde dB/dt bei einem mittleren Weg $(4,08\ mm)$ abgelesen. In Tab. 20.2 sind die Ergebnisse einander gegenübergestellt. In Abb. 20.4 sind schematisch die Basisfunktionen einschl. deren Ansatzfunktionen der inneren Knoten über dem Ort (Ω) dargestellt. Die Dirichlet-Randbedingungen werden durch die äußeren Knoten $(B_0,\ B_5)$ verkörpert. Eine Gegenüberstellung der MATLAB- und mit Galerkin-Methode erzielten Ergebnisse ist der Abb. 20.5 zu entnehmen. Die dazu erforderlichen Wertepaare wurden aus Tab. 20.2 übernommen. Im Anhang A.3 wurden die mit der MATLAB-PDE-Toolbox erzielten Ergebnisse den Ergebnissen von COMSOL-Multiphysics gegenübergestellt.

Tabelle 20.2: Gegenüberstellung der Ergebnisse des Flussdichte- und Ortsverlaufs m. H. Abb. 20.3

Knotennummer i	0	1	2	3	4	5
Position x_i [mm]	0	2	4	6	8	10
$B(x_i)$ $[T]$ bei t = 1,4 ms; Galerkin	1	0,73	0,51	0,35	0,25	0,2
$B(x_i)$ $[T]$ bei t = 1,4 ms; MATLAB	1	0,75	0,53	0,36	0,26	0,2

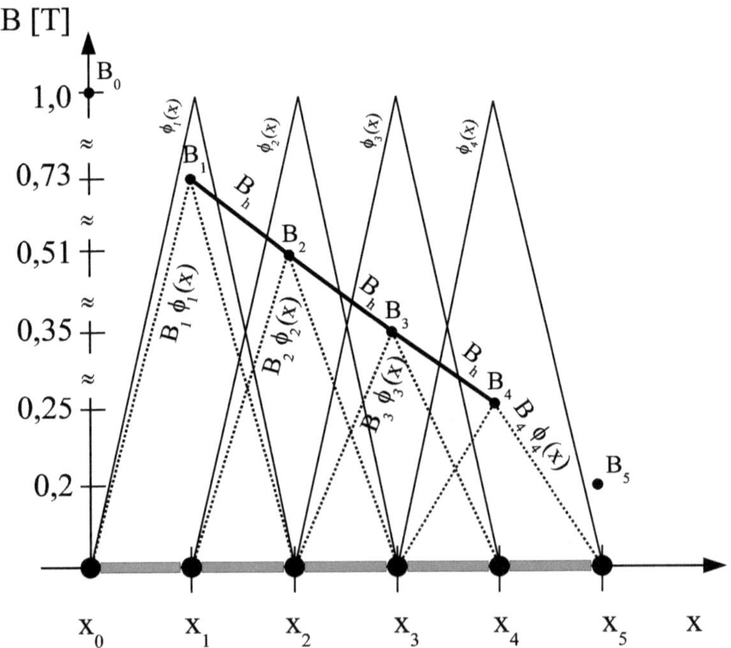

Abbildung 20.4: Grafische Ergebnisdarstellung der örtlichen Flussdichteverteilung

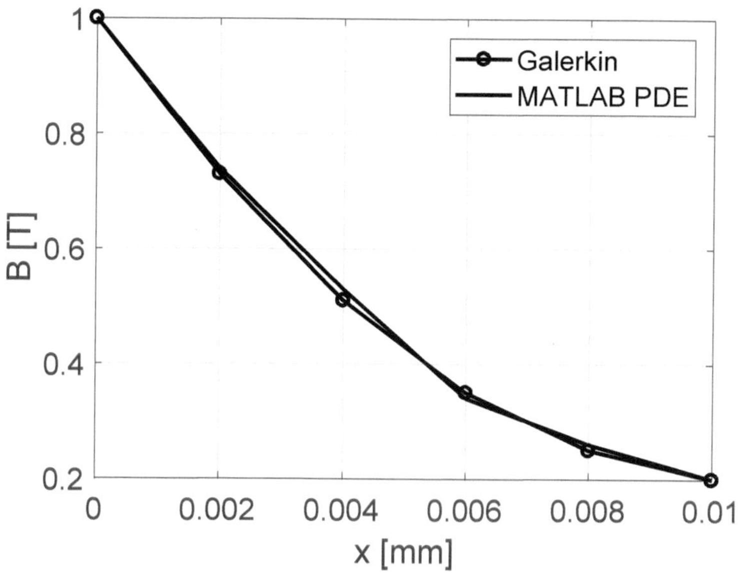

Abbildung 20.5: Ergebnisgegenüberstellung mit Wertepaaren aus Tab. 20.2

Kapitel 21

Einführung in die Finite-Differenzen-Methode

Diese Methode sieht das Ersetzen des Differenzialquotienten durch einen Differenzenquotienten vor. Daraus folgt:

$$Differenzialquotient \quad = \quad Differenzenquotient + Diskretisationsfehler.$$

Mit dieser Diskretisation wird eine Gleichung in eine algebraische Gleichung überführt (algebraisiert). In Abb. 7.3 b) ist die Felddiffusionsgleichung in Delta-Operator-Schreibweise ersichtlich. Die Differentialoperator-Schreibweise lautet

$$\frac{\partial^2 \vec{B}}{\partial x^2} \quad = \quad \mu_0 \, \kappa \, \frac{\partial \vec{B}}{\partial t}. \tag{21.1}$$

Die Lösung erfolgt mittels der Finite-Differenzen-Methode (FDM) mit impliziter und expliziter Methode. Als empfehlenswerte Literatur sei hier [52], Kap. 3: „Finite Difference Methods“ mit Aufgaben und Lösungen genannt.

21.1 Numerische Notation der linearen Felddiffusionsgleichung

Gl. (21.1) wird als eindimensionale Felddiffusionsgleichung mittels numerischer Methoden gelöst. Im weiteren Verlauf werden die Ableitungen mit Hilfe von Differenzenquotienten ausgedrückt. Hierzu wird Gl. (21.2) als Vorwärtsdifferenzenquotient und Gl. (21.3) als Zentraldifferenzenquotient geschrieben ([52], S. 126 f.)

$$\frac{\partial B}{\partial t} = \frac{B_{j+1} - B_j}{\Delta t} \tag{21.2}$$

$$\frac{\partial^2 B}{\partial x^2} = \frac{B_{i+1} - 2B_i + B_{i-1}}{(\Delta x)^2}. \tag{21.3}$$

Werden die Gleichungen (21.2) und (21.3) in Gl. (21.1) eingesetzt, so folgt

$$\frac{B_{i+1,j} - 2B_{i,j} + B_{i-1,j}}{(\Delta x)^2} = \mu\kappa \, \frac{B_{i,j+1} - B_{i,j}}{\Delta t}. \tag{21.4}$$

Die Lösung von Gl. (21.4) erfolgt mittels impliziter und expliziter Methode.

21.2 Zu den Personen Crank und Nicolson

John Crank (1916–2006) war ein englischer Mathematiker, dessen Arbeiten zur numerischen Lösung partieller Differenzialgleichungen wegweisend waren. Er studierte an der Universität of Manchester Mathematik. Phyllis Nicolson (1917–1968) war eine englische Mathematikerin. Ihre bekannteste Arbeit ist das Crank-Nicolson-Verfahren, welches sie gemeinsam mit John Crank entwickelte. Auch sie studierte an der University of Manchester Mathematik und Physik.

21.3 Lösung mit impliziter Methode nach Crank-Nicolson

In diesem Anwendungsfall muss die Zeit und die Strecke in kleinere Einheiten unterteilt (diskretisiert) werden. Dies macht den Einsatz der Finite-Differenzen-Methode vorteilhaft. Die Differenzenquotienten der Diffusionsgleichung (Differenzialgleichung 2'ter Ordnung) werden durch Differenzenquotienten ersetzt. Im weiteren Verlauf wird die implizite Methode nach Crank-Nicolson angewendet. Es folgt die Überführung der Gleichung in ein lineares (n, n)-Gleichungssystem mit anschließender Lösung, gefolgt von einem Anwendungsbeispiel.

21.3.1 Überführung der Diffusionsgleichung in eine Matrizengleichung

Hierzu wird der linke Term der Gl. (21.4) durch den Mittelwert des zentralen Differenzenquotienten der j'ten und $(j+1)$'ten Zeitreihe ersetzt:

$$\frac{1}{2}\left(\frac{B_{i+1,j}-2B_{i,j}+B_{i-1,j}}{(\Delta x)^2}+\frac{B_{i+1,j+1}-2B_{i,j+1}+B_{i-1,j+1}}{(\Delta x)^2}\right) \quad = \quad \mu\,\kappa\frac{B_{i,j+1}-B_{i,j}}{\Delta t}.$$

Durch Umstellen folgt

$$\left(B_{i+1,j}-2B_{i,j}+B_{i-1,j}+B_{i+1,j+1}-2B_{i,j+1}+B_{i-1,j+1}\right)\frac{\Delta t}{2(\Delta x)^2\,\mu\kappa} \quad = \quad B_{i,j+1}-B_{i,j}.$$

Mit der Substitution

$$k \quad = \quad \frac{1}{2\mu\,\kappa}\,\frac{\Delta t}{(\Delta x)^2} \tag{21.5}$$

wird die Lesbarkeit erleichtert

$$kB_{i+1,j}-2kB_{i,j}+kB_{i-1,j}+kB_{i+1,j+1}-2kB_{i,j+1}+kB_{i-1,j+1} \quad = \quad B_{i,j+1}-B_{i,j}.$$

Durch Umsortieren und Trennung der einzelnen Terme nach den j'ten und $(j+1)$'ten Zeitschritt folgt

$$kB_{i-1,j}-2kB_{i,j}+B_{i,j}+kB_{i+1,j}=-kB_{i-1,j+1}+B_{i,j+1}+2kB_{i,j+1}-kB_{i+1,j+1}.$$

Eine anschließende Zusammenfassung ermöglicht

$$kB_{i-1,j}+(1-2k)\,B_{i,j}+kB_{i+1,j}=-kB_{i-1,j+1}+(1+2k)\,B_{i,j+1}-kB_{i+1,j+1} \tag{21.6}$$

das Umstellen der Gleichung nach dem j'ten und $(j+1)$'ten Zeitschritt. Die linke Seite der Gl. (21.6) ist bekannt, da diese den gegenwärtigen j'ten Zeitschritt und bekannte geometrische Schritte enthält. Dem gegenüber steht die rechte Seite der Gl. (21.6) mit zwar bekannten geometrischen Schritten, aber dem unbekannten Zustand zur Zeit $j+1$ (vgl. Abb. 21.1). Mit der Substitution der linken Seite von Gl. (21.6)

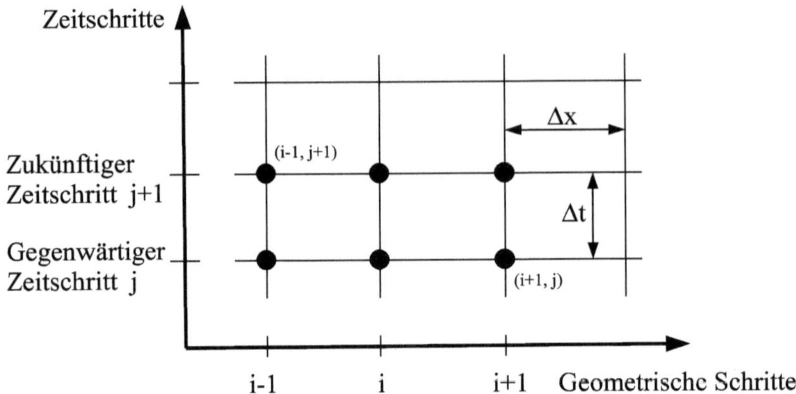

Abbildung 21.1: Schritteinteilung der impliziten Methode

$$\begin{aligned} \mathbf{b}_1 &= k\ B_{i-1,j} + (1-2k)\ B_{i,j} + k\ B_{i+1,j} \\ &= (k\ \ (1-2k)\ \ k) \begin{pmatrix} B_{i-1,j} \\ B_{i,j} \\ B_{i+1,j} \end{pmatrix} \end{aligned} \tag{21.7}$$

und Substitution der rechten Seite von Gl. (21.6) folgt jeweils in Matrixschreibweise

$$\mathbf{b}_1 = \underbrace{(-k\ \ (1+2k)\ \ -k)}_{\mathbf{A}} \underbrace{\begin{pmatrix} B_{i-1,j+1} \\ B_{i,j+1} \\ B_{i+1,j+1} \end{pmatrix}}_{\mathbf{x}}. \tag{21.8}$$

Die Gleichungen haben damit die Form

$$\mathbf{b} = \mathbf{A}\ \mathbf{x}, \tag{21.9}$$

wobei **A** und **x** Matrizen sind.

21.3.2 Lösung der Matrizengleichung

Eine Voraussetzung für die Lösbarkeit eines inhomogenen linearen (n, n)-Systems $\mathbf{b} = \mathbf{A}\ \mathbf{x}$ ist die quadratische Matrix, was bei Gl. (21.8) noch nicht der Fall ist. Um diese

Lösungsmethode dennoch anwenden zu können, werden die geometrischen Schritte von Gl. (21.7) mit

$$\mathbf{b}_2 = (k \ \ (1-2k) \ \ k) \begin{pmatrix} B_{i,j} \\ B_{i+1,j} \\ B_{i+2,j} \end{pmatrix} \tag{21.10}$$

$$\mathbf{b}_3 = (k \ \ (1-2k) \ \ k) \begin{pmatrix} B_{i+1,j} \\ B_{i+2,j} \\ B_{i+3,j} \end{pmatrix} \tag{21.11}$$

und die der Gl. (21.8) mit

$$\mathbf{b}_4 = (-k \ \ (1+2k) \ \ -k) \begin{pmatrix} B_{i,j+1} \\ B_{i+1,j+1} \\ B_{i+2,j+1} \end{pmatrix} \tag{21.12}$$

$$\mathbf{b}_5 = (-k \ \ (1+2k) \ \ -k) \begin{pmatrix} B_{i+1,j+1} \\ B_{i+2,j+1} \\ B_{i+3,j+1} \end{pmatrix} \tag{21.13}$$

erweitert. Gl. (21.10) und Gl. (21.11) werden in Gl. (21.7) eingefügt,

$$\begin{aligned} \mathbf{b}_1 &= \begin{pmatrix} k & (1-2k) & k & 0 & 0 \\ 0 & k & (1-2k) & k & 0 \\ 0 & 0 & k & (1-2k) & k \\ 0 & 0 & 0 & k & (1-2k) \\ 0 & 0 & 0 & 0 & k \end{pmatrix} \cdot \begin{pmatrix} B_{i-1,j} \\ B_{i,j} \\ B_{i+1,j} \\ B_{i+2,j} \\ B_{i+3,j} \end{pmatrix} \\ &= \underbrace{\begin{pmatrix} k\ B_{i-1,j} + (1-2k)\ B_{i,j} + k\ B_{i+1,j} \\ k\ B_{i,j} + (1-2k) B_{i+1,j} + k\ B_{i+2,j} \\ k\ B_{i+1,j} + (1-2k) B_{i+2,j} + k\ B_{i+3,j} \\ k\ B_{i+2,j} + (1-2k) B_{i+3,j} \\ k\ B_{i+3,j} \end{pmatrix}}_{\mathbf{b}} \end{aligned}$$

alle Elemente enthalten bekannte Größen. Gl. (21.12) und Gl. (21.13) werden in Gl. (21.8) eingefügt. Damit folgt

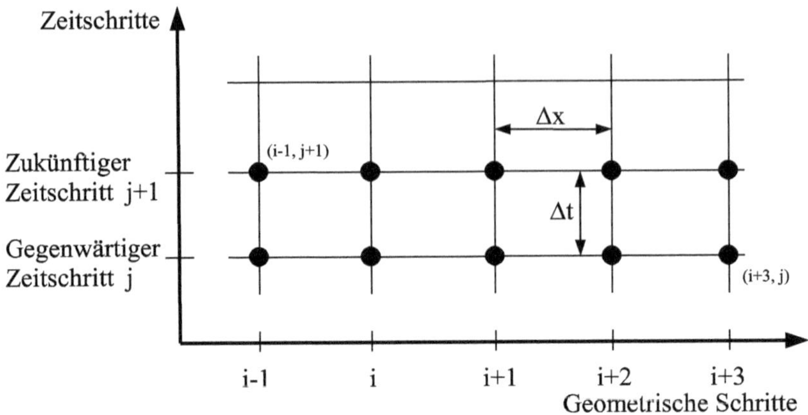

Abbildung 21.2: Erweiterte Schritteinteilung der impliziten Methode

$$\mathbf{b}_1 = \underbrace{\begin{pmatrix} -k & (1+2k) & -k & 0 & 0 \\ 0 & -k & (1+2k) & -k & 0 \\ 0 & 0 & -k & (1+2k) & -k \\ 0 & 0 & 0 & -k & (1+2k) \\ 0 & 0 & 0 & 0 & -k \end{pmatrix}}_{\mathbf{A}} \cdot \underbrace{\begin{pmatrix} B_{i-1,j+1} \\ B_{i,j+1} \\ B_{i+1,j+1} \\ B_{i+2,j+1} \\ B_{i+3,j+1} \end{pmatrix}}_{\mathbf{x}}.$$

Die Abb. 21.2 zeigt die Erweiterung der geometrischen Schritte. Die Matrix $\mathbf{A}$ ist nun quadratisch. Damit genügt die Gleichung den Anforderungen zur Lösung linearer Gleichungssysteme mit Hilfe der Cramer'schen Regel. Für den darauf folgenden Zeitschritt wird j zu $j+1$ und $j+1$ zu $j+2$. Der Lösungsvorgang bei Matrizengleichungen beginnt mit der Prüfung auf Nichtsingularität der Matrix A, was mit

$$det(A) \quad \neq \quad 0 = -k^5$$

gegeben ist. Im Fortgang erfolgt die Bildung der inversen Matrix $\mathbf{A}^{-1}$

Tabelle 21.1: Werkstoffangaben

Angaben für Werkstoff Kupfer:	
Permeabilität μ_0, $[V s/(Am)]$	$4\ \pi\ 10^{-7} = 1{,}2\ 10^{-6}$
Spez. elektr. Leitfähigkeit κ, $[A/(Vm)]$	$56{,}2\ 10^6$
$1/(2\ \mu\ \kappa)$, $[m^2/s]$	0,0071

$$\mathbf{A}^{-1} = \begin{pmatrix} -\frac{1}{k} & -\frac{2k+1}{k^2} & -\frac{3k^2+4k+1}{k^3} & -\frac{4k^3+10k^2+6k+1}{k^4} & -\frac{5k^4+20k^3+21k^2+8k+1}{k^5} \\ 0 & -\frac{1}{k} & -\frac{2k+1}{k^2} & -\frac{3k^2+4k+1}{k^3} & -\frac{4k^3+10k^2+6k+1}{k^4} \\ 0 & 0 & -\frac{1}{k} & -\frac{2k+1}{k^2} & -\frac{3k^2+4k+1}{k^3} \\ 0 & 0 & 0 & -\frac{1}{k} & -\frac{2k+1}{k^2} \\ 0 & 0 & 0 & 0 & -\frac{1}{k} \end{pmatrix}$$

mit bekannten Methoden. Damit verbleibt die Multiplikation mit der Matrix **b** zur Lösung des Flussdichte-Spaltenvektors **x** des $(j+1)$'ten Zeitschrittes gemäß

$$\begin{aligned} \mathbf{A}^{-1}\,\mathbf{b} &= \underbrace{\mathbf{A}^{-1}\,\mathbf{A}}_{\mathbf{E}}\,\mathbf{x} \\ \mathbf{A}^{-1}\,\mathbf{b} &= \mathbf{x} \end{aligned}$$

fort. **E** ist die Einheitsmatrix.

21.3.3 Anwendungsbeispiel

Als Anwendungsbeispiel dient das Nachrechnen eines Magnetfeld-Diffusionsvorgangs nach Abb. 21.3. Hierzu wurden fünf geometrische Schritte x_0 bis x_4 festgelegt. Die zu vergleichenden Schritte sind mit dem MATLAB Data Cursor in der Abbildung gekennzeichnet. Der 0'te Zeitschritt (t = 0 ms) ist dadurch gekennzeichnet, dass am linken Rand, bei $x = 0$ m die Randbedingung $B(x_0)$ gesetzt wurde. Die Gegenüberstellung erfolgt mit dem zweiten Zeitschritt t = 0,2 ms. Die zur Nachrechnung erforderlichen Daten sind den Tabellen 21.1 und 21.2 zu entnehmen. Unter Einbezug der Dirichlet-Randbedingungen wird die Matrixgleichung mit

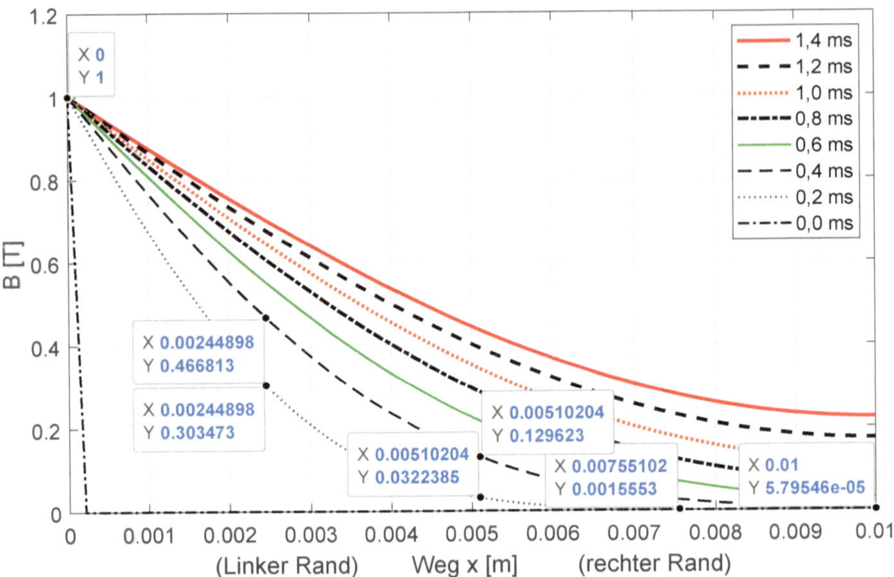

Abbildung 21.3: MATLAB-Ergebnis eines eindimensionalen Felddiffusionsvorgangs mit der Zeit t als Scharparameter für Faktor $k = 0{,}2272$ in Tab. 21.2

$$\begin{pmatrix} 1 & 0 & 0 & 0 & 0 \\ 0 & -0,2272 & 1,4544 & -0,2272 & 0 \\ 0 & 0 & -0,2272 & 1,4544 & -0,2272 \\ 0 & 0 & 0 & -0,2272 & 1,4544 \\ 0 & 0 & 0 & 0 & 1 \end{pmatrix} \cdot \begin{pmatrix} B_{i-1,j+1} \\ B_{i,j+1} \\ B_{i+1,j+1} \\ B_{i+2,j+1} \\ B_{i+3,j+1} \end{pmatrix} = \begin{pmatrix} 1 \\ 0 \\ 0 \\ 0 \\ 0,001 \end{pmatrix}$$

berechnet. Die Orts- und Zeitangaben der Flussdichte B wurden dem MATLAB-Simulationsergebnis Abb. 21.3 entnommen und in Tab. 21.2 eingefügt. Die Ergebniswertepaare aus Tab. 21.2 wurden in Abb. 21.4 grafisch gegenübergestellt. Die Annäherung des Crank-Nicolson-Ergebnisses an das MATLAB-Ergebnis wird durch die willkürliche Variation der Randbedingung $B(x_4)$ verändert, um den Einfluss auf das Ergebnis zu erkennen. Wird in der Crank-Nicolson-Methode die Randbedingung $B(x_4) = 57{,}9\ 10^{-6}$ T (Wert aus Abb. 21.3) durch die Randbedingung $B(x_4) = 1$ mT ersetzt, so wird eine deutliche Annäherung an das MATLAB-PDE-Ergebnis erzielt.

Tabelle 21.2: Gegenüberstellung der Ergebnisse des Flussdichte- und Ortsverlaufs m. H. Abb. 21.3

Dirichlet-Randbedingungen:				
Linker Rand $B(x_0)$, $[T]$			1	
Rechter Rand $B(x_4)$, $[T]$			0,001 und 57,9 10^{-6}	
Zeitliche, räumliche Diskretisierung, k-Faktor:				
Δt, [s]			0,0002	
Δx, [m]			0,0025	
$\Delta t/\Delta x^2$, $[m/s^2]$			32	
k, [1]			0,2272	
x-Position $[m]$	B(t=0 s) $[T]$	B(t=0,2 ms) MATLAB	B(t=0,2 ms) Crank-Nicolson	B(t=0,2 ms) Crank-Nicolson
0	1,0	1,0	1,0	1,0
0,0025	0	0,3035	0,25	0,0145
0,005	0	0,0322	0,04	0,0023
0,0075	0	0,0016	0,0064	0,37 10^{-3}
0,01	0	57,9 10^{-6}	0,001	57,9 10^{-6}

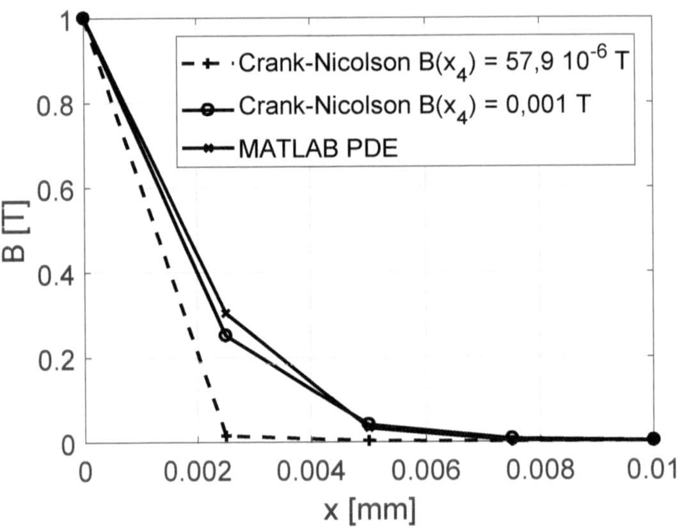

Abbildung 21.4: Vergleich zwischen MATLAB-PDE- und Crank-Nicolson-Ergebnis

21.4 Lösung mit expliziter Methode

Im Fortgang wird die explizite Methode zur Lösung der Felddiffusionsgleichung Gl. (21.1) vorgestellt.

21.4.1 Überführung der Diffusionsgleichung in eine Matrizengleichung

Hierzu wird die Gl. (21.4)

$$\frac{B_{i+1,j} - 2B_{i,j} + B_{i-1,j}}{(\Delta x)^2} = \mu\kappa \, \frac{B_{i,j+1} - B_{i,j}}{\Delta t}$$

herangezogen. Mit der Substitution des Faktors k gem. Gl. (21.5) folgt

$$k\ B_{i+1,j} - 2k\ B_{i,j} + k\ B_{i-1,j} = B_{i,j+1} - B_{i,j}.$$

Mit dem Umsortieren der einzelnen Terme nach dem Zeitschritt j und $j+1$ wird

$$k\ B_{i-1,j}\ +\ (1-2k)\ B_{i,j}\ +\ k\ B_{i+1,j}\quad =\quad B_{i,j+1}$$

erreicht. In Matrixschreibweise folgt

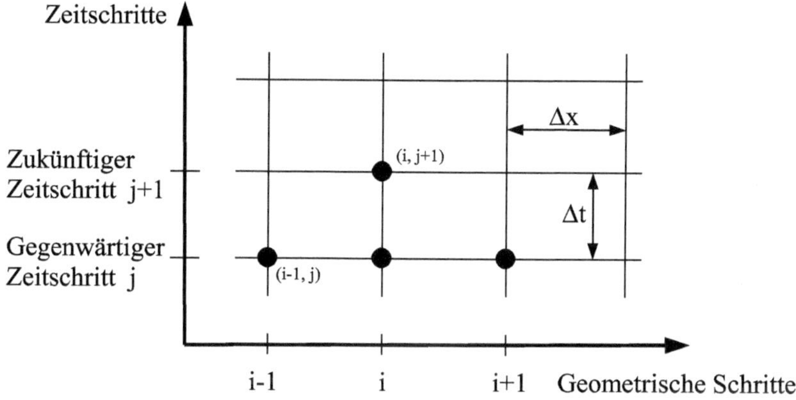

Abbildung 21.5: Schritteinteilung der expliziten Methode

$$\underbrace{(k\ \ (1-2k)\ \ k)}_{\mathbf{A}}\ \underbrace{\begin{pmatrix} B_{i-1,j} \\ B_{i,j} \\ B_{i+1,j} \end{pmatrix}}_{\mathbf{b}} \quad = \quad \underbrace{B_{i,j+1}}_{\mathbf{x}}\,. \tag{21.14}$$

Der linke Term von Gl. (21.14) ist bekannt, da dieser den gegenwärtigen Zeitschritt und bekannte geometrische Schritte beinhaltet. Abb. 21.5 ist die Schritteinteilung zu entnehmen.

21.4.2 Lösung der Matrizengleichung

Nach erfolgter Berechnung der Funktionswerte des gegenwärtigen Zeitschrittes j kann daraus der Funktionswert des zukünftigen Zeitschrittes $j+1$ explizit berechnet werden. Die lineare Gl. (21.14) wird auf ein (m,n)-System

$$\underbrace{\begin{pmatrix} k & (1-2k) & k & 0 & 0 \\ 0 & k & (1-2k) & k & 0 \\ 0 & 0 & k & (1-2k) & k \end{pmatrix}}_{\mathbf{A}} \cdot \underbrace{\begin{pmatrix} B_{i-1,j} \\ B_{i,j} \\ B_{i+1,j} \\ B_{i+2,j} \\ B_{i+3,j} \end{pmatrix}}_{\mathbf{b}} = \underbrace{\begin{pmatrix} B_{i,j+1} \\ B_{i+1,j+1} \\ B_{i+2,j+1} \end{pmatrix}}_{\mathbf{x}}$$

erweitert. Abb. 21.6 zeigt die Erweiterung der geometrischen Schritte. Die Anzahl der Knoten im $(j+1)$'ten Zeitschritt entspricht der Anzahl der Knoten im j'ten Zeitschritt vermindert um 2.

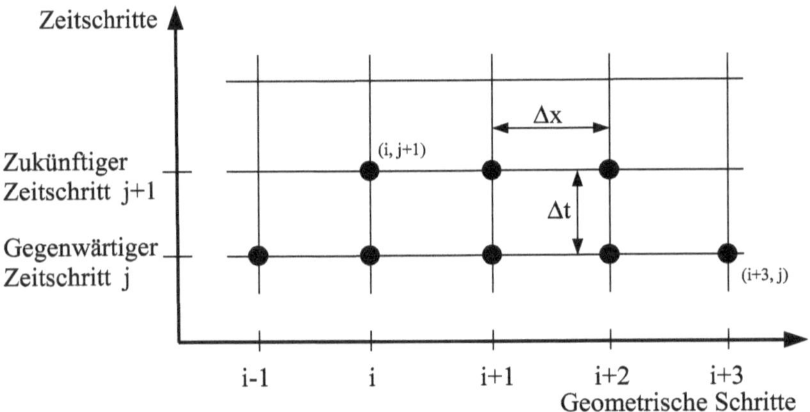

Abbildung 21.6: Erweiterte Schritteinteilung der expliziten Methode

21.4.3 Anwendungsbeispiel

In Abb. 21.7 ist das MATLAB-Ergebnis eines Felddiffusionsvorgangs ersichtlich. Nachgerechnet wird der Diffusionsvorgang von der Zeit 2 ms auf die Zeit 4 ms. Die zur Nachrechnung erforderlichen Daten sind in Tab. 21.3 zusammengefasst. Mit dem dort errechneten k-Faktor konnte die beste Annäherung an das MATLAB-Ergebnis erzielt werden. Die zu lösende Matrixgleichung ist

$$\begin{pmatrix} 1,42 & -1,84 & 1,42 & 0 & 0 \\ 0 & 1,42 & -1,84 & 1,42 & 0 \\ 0 & 0 & 1,42 & -1,84 & 1,42 \end{pmatrix} \cdot \begin{pmatrix} 1 \\ 0,668 \\ 0,391 \\ 0,198 \\ 0,087 \end{pmatrix} = \begin{pmatrix} 0,74 \\ 0,51 \\ 0,31 \end{pmatrix}.$$

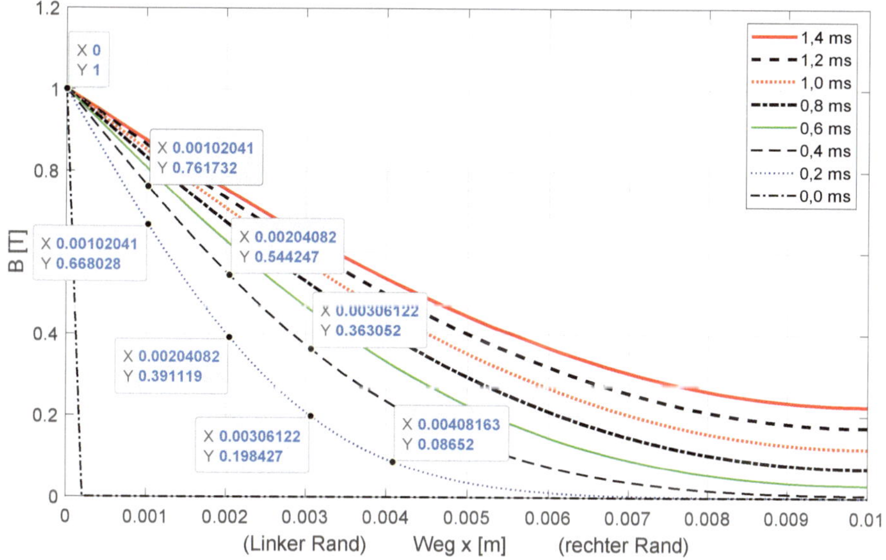

Abbildung 21.7: MATLAB-Ergebnis eines eindimensionalen Felddiffusionsvorgangs mit der Zeit t als Scharparameter für Faktor $k = 1{,}42$ in Tab. 21.3

Im Fortgang wird eine weitere Berechnung durchgeführt und dabei der Faktor k so gewählt, dass (1-2k) = 0 wird. Die Matrixgleichung wird zu

$$\begin{pmatrix} 0,5 & 0 & 0,5 & 0 & 0 \\ 0 & 0,5 & 0 & 0,5 & 0 \\ 0 & 0 & 0,5 & 0 & 0,5 \end{pmatrix} \cdot \begin{pmatrix} 1 \\ 0,499 \\ 0,157 \\ 0,0347 \\ 0,0069 \end{pmatrix} = \begin{pmatrix} 0,579 \\ 0,267 \\ 0,082 \end{pmatrix}.$$

Tabelle 21.3: Beispiel 1: Gegenüberstellung der Ergebnisse des Flussdichte- und Ortsverlaufs m. H. Abb. 21.7

Dirichlet-Randbedingungen:			
Linker Rand $B(x_0)$, $[T]$		1	
Zeitliche, räumliche Diskretisierung, k-Faktor:			
Δt, [s]		0,0002	
Δx, [m]		0,001	
$\Delta t/\Delta x^2$, $[m/s^2]$		200	
k, [1]		1,42	
x-Position $[m]$	B(t=0,2 ms) $[T]$ MATLAB	B(t=0,4 ms) $[T]$ MATLAB	B(t=0,4 ms) $[T]$ Explizit
0	1,0	-	-
0,001	0,67	0,76	0,74
0,002	0,39	0,54	0,51
0,003	0,20	0,36	0,31
0,004	0,09	-	-

Die dazu erforderlichen Daten zur Nachrechnung sind der Abb. 21.8 zu entnehmen und in Tab. 21.4 zusammengefasst. Das dritte Rechenbeispiel ist in Tab. 21.5 ersichtlich. Diese abschließende Rechnung erlaubt eine Einschätzung des k-Faktor-Einflusses (Wahl des k-Faktors) auf die Berechnungsergebnisse.

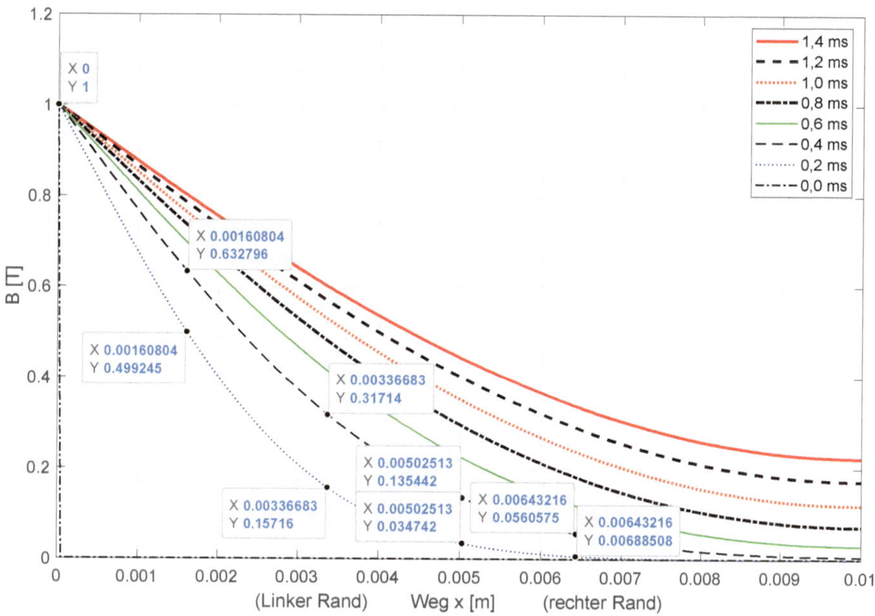

Abbildung 21.8: MATLAB-Ergebnis eines eindimensionalen Felddiffusionsvorgangs mit der Zeit t als Scharparameter für Faktor $k = 0{,}5$ in Tab. 21.4

Tabelle 21.4: Beispiel 2: Gegenüberstellung der Ergebnisse des Flussdichte- und Ortsverlaufs m. H. Abb. 21.8

Dirichlet-Randbedingungen:	
Linker Rand $B(x_0)$, $[T]$	1
Zeitliche, räumliche Diskretisierung, k-Faktor:	
Δt, [s]	0,0002
Δx, [m]	0,001685
$\Delta t/\Delta x^2$, $[m/s^2]$	70,44
k, [1]	0,5

x-Position $[m]$	B(t=0,2 ms) $[T]$ MATLAB	B(t=0,4 ms) $[T]$ MATLAB	B(t=0,4 ms) $[T]$ Explizit
0	1,0	-	-
0,00168	0,499	0,633	0,579
0,00337	0,157	0,317	0,267
0,005	0,035	0,135	0,082
0,0064	0,0069	-	-

Tabelle 21.5: Beispiel 3: Gegenüberstellung der Ergebnisse des Flussdichte- und Ortsverlaufs m. H. Abb. 21.3

Dirichlet-Randbedingungen:	
Linker Rand $B(x_0)$, $[T]$	1
Zeitliche, räumliche Diskretisierung, k-Faktor:	
Δt, [s]	0,0002
Δx, [m]	0,0025
$\Delta t/\Delta x^2$, $[m/s^2]$	32
k, [1]	0,2272

x-Position $[m]$	B(t=0,2 ms) $[T]$ MATLAB	B(t=0,4 ms) $[T]$ MATLAB	B(t=0,4 ms) $[T]$ Explizit
0	1,0	-	-
0,0025	0,3022	0,466	0,398
0,005	0,0032	0,1296	0,086
0,0075	0,0016	0,025	0,0079
0,01	57 10^{-6}	-	-

Kapitel 22

Anwendungen der FEM zur Produktentwicklung

Die Anwendung der FEM beschränkt sich für den Anwender i. d. R. auf die Bedienung geeigneter FEM-Programme. Allen gemeinsam ist die dreischrittige Vorgehensweise in der Programmanwendung, welche in die drei Phasen

- Preprocessing,
- Processing,
- Postprocessing

gegliedert werden kann. Als Beispiele zur Anwendung der FEM wird

1. das Nachrechnen (Analyse) eines bereits vorhandenen Proportionalmagnets,
2. das Vorausberechnen (Entwurf) eines planaren Asynchron-Scheibenläufermotors

vorgestellt.

22.1 Analyse eines Proportionalmagnets

Als Beispiel zur Nachrechnung eines vorhandenen Produkts dient der Proportionalmagnet mit geometrischer Kennlinienbeeinflussung nach Abb. 22.1 von der Fa. Robert Bosch GmbH, welcher an der Hubschieber-Reiheneinspritzpumpe zur Regelung der Kraftstoffförderung eingesetzt wird. Die Benennung der Magnetelemente erfolgt in Tab. 22.1.

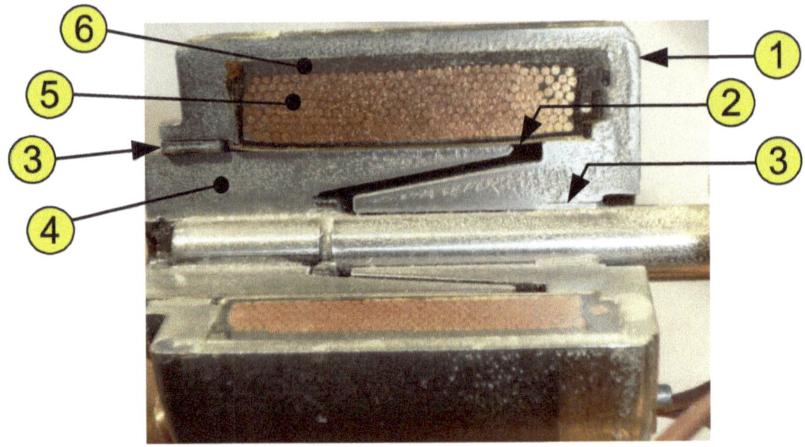

Abbildung 22.1: Teilschnitt eines Proportionalmagnets

Tabelle 22.1: Bezeichnungen des Proportionalmagnets

Nr.	Bezeichnung	Nr.	Bezeichnung
1	magnetischer Rückschluss (Stator)	4	Anker mit Wirkelement
2	nichtmagnetische Hülse	5	orthozyklische Wicklung
3	Gleitlagerbuchse	6	Umspritzung

22.1.1 Preprocessing

Die Phase des Preprocessing beinhaltet das Zeichnen der gewünschten Kontur mit anschließender Vernetzung. Das Zeichnen erfolgt entweder mittels des in der FEM-Software integrierten Grafikeditors oder durch Zeichnen mittels eines externen Grafikeditors und anschließender Importierung der Grafik in die FEM-Software. Desgleichen erfolgt die Vernetzung entweder direkt mit der FEM-Software oder durch Vernetzung der extern erstellten Grafik mit anschließendem Import in die FEM-Software. In Abb. 22.2 a) ist ein 2D-Längsschnitt des Proportionalmagnets nach Abb. 22.1 mit dem umgebenden Luftraum abgebildet. Die Vernetzung (Meshing) aller Bauelemente einschließlich des Luftraums ist in Abb. 22.2 b) erfolgt. Die Rotationsachse befindet sich jeweils im Bild links der Geometrie. Den einzelnen Bauelementen werden stoffliche Eigenschaften sowie Randbedingungen zugewiesen. Siehe hierzu auch Kap. 1.2.8.

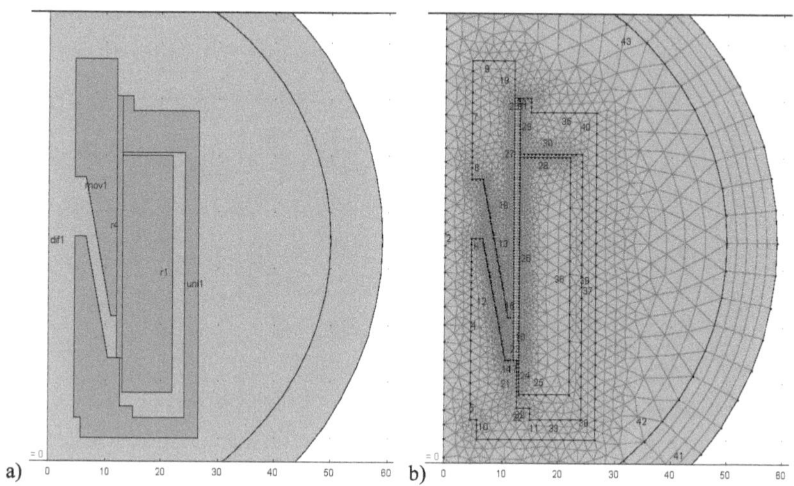

Abbildung 22.2: Preprocessing am Beispiel eines Proportionalmagnets

22.1.2 Processing

Die Phase des Processings umfasst die eigentliche Lösung der bei der FEM verwendeten Gleichungen. Unterschieden werden zwei grundlegende Lösungsmethoden:

- Direkte Methode: Die Lösung wird in einem (einzigen) riesigen Rechenschritt erarbeitet. Als Vertreter sei die Galerkin-Methode genannt. Die Solver arbeiten nach der vom polnischen Mathematiker, Astronom und Geodesist Tadeusz Banachiewicz 1938 veröffentlichten „LU decomposition-method". Dabei steht LU für „lower" und „upper" und „decomposition" für „Zerlegung". Die LU-Zerlegung bezieht sich auf die quadratische Matrix **A** in eine Matrix **L**, in welcher die Elemente links unten bis zur Diagonalen besetzt sind und der Matrix **U**, in welcher die Elemente rechts oberhalb der Diagonalen besetzt sind. Damit sei $\mathbf{A} = \mathbf{L} \cdot \mathbf{U}$. Als nützliche Literaturstelle sei hierzu auf [54], S. 405 ff. verwiesen.

- Iterative Methode: Die iterativen Methoden nähern sich der Lösung schrittweise an. Zu nennen sind hier „conjugate gradient method", „generalized minimum residual method" sowie „biconjugate gradient stabilized method". Diese Methoden erlauben während einer konvergierenden Berechnung die Beobachtung des kleiner werdenden Fehlers (Konvergenz) und der Anzahl der bereits berechneten Schritte.

Gut konditionierte Rechenprobleme weisen eine monotone Konvergenz auf. Zeigt sich jedoch nur ein verlangsamtes oder ein oszillierendes Konvergenzverhalten, deutet dies auf ein weniger gut konditioniertes Rechenproblem hin.

Der Software-Anwender kann bei kommerzieller Software i. d. R. keinen Einfluss auf den Lösungsalgorithmus nehmen. Selbst die erforderlichen Randbedingungen werden seitens der Software bereits vorgeschlagen oder angepasst.

22.1.3 Postprocessing

Die Phase des Postprocessings beinhaltet die eigentliche Analysephase, in welcher das Ergebnis der gelösten Variabel mittels farblicher Codierung dargestellt wird und interpretiert werden muss. In Abb. 22.3 sind die magnetische Flussdichte B farblich und die Isolinien des magnetischen Flusses Φ grau hinterlegt. Rote Farben verkörpern hohe, blaue Farben niedrige Flussdichten.

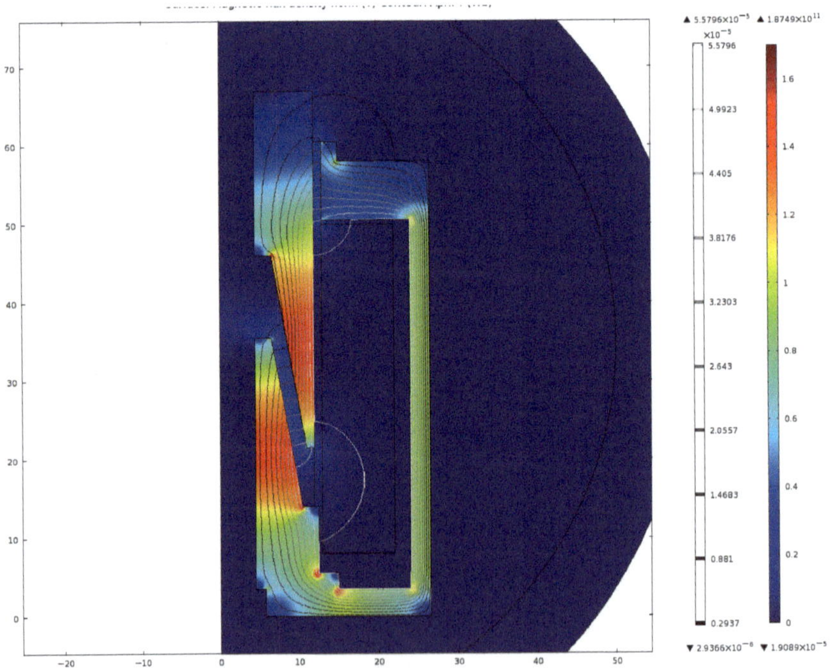

Abbildung 22.3: Postprocessing am Beispiel eines Proportionalmagnets

22.2 Synthese eines planaren Asynchron-Scheibenläufermotors

Im Rahmen eines öffentlich geförderten Projekts der AiF Projekt GmbH (ZIM-Kooperationsprojekt) wurde ein Dreiphasen-Asynchron-Scheibenläufermotor mit Hilfe der FEM entwickelt und im Anschluss gemäß den errechneten Daten gebaut. Das magnetische Wanderfeld der Statorwicklung induziert im Läufer einen Strom, welcher seinerseits ein Magnetfeld ausbildet und mit dem umlaufenden Wanderfeld interagiert. Im Fokus der Entwicklung stand das zu reduzierende Motorgewicht. Der Motor besticht durch seine flache Bauweise. Als FEM-Tool wurde JAMG der Fa. Powersys erfolgreich angewendet.

22.2.1 Preprocessing

Die Phase des Preprocessings ist in Abb. 22.4 dargestellt. In Abb. 22.4 a) werden die Motorelemente mittels des JMAG-Editors gezeichnet. Zu erkennen ist der Rotor und der Stator. In Abb. 22.4 b) ist die automatische Vernetzung von Rotor und Stator mittels 3D-Volumenelementen erfolgt.

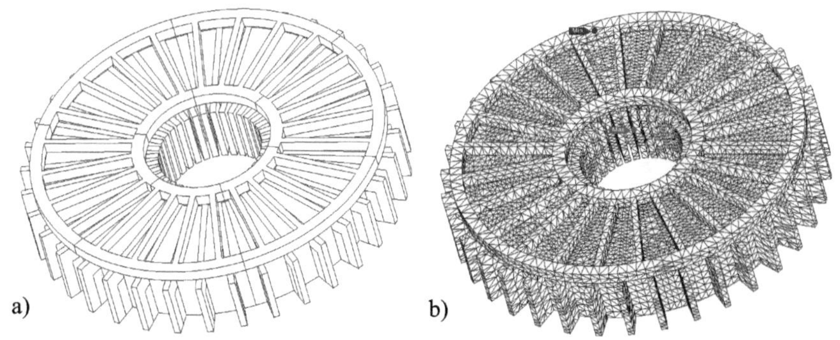

Abbildung 22.4: Preprocessing am Beispiel des planaren Asynchronmotors

22.2.2 Processing

Die Vorgehensweise des Processings erfolgt gem. Kap. 22.1.2.

22.2.3 Postprocessing

In Abb. 22.5 ist die magnetische Flussdichte B in farblicher Codierung dargestellt. Hier bedeuten helle und rote Farben eine hohe Flussdichte und dunklere und blaue Farben eine niedrige Flussdichte. Dargestellt ist der Stator und der Kurzschlussläufer (Kurzschlussstäbe mit Kurzschlussringen).

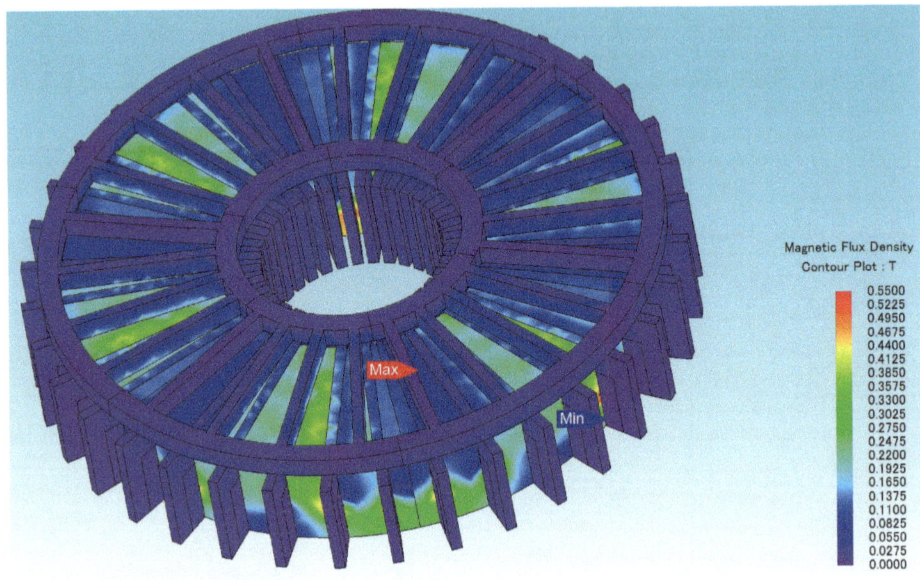

Abbildung 22.5: Postprocessing am Beispiel des planaren Asynchronmotors

22.2.4 Musterbau des planaren Asynchronmotors

In Abb. 22.6 ist der Prototyp des planaren Asynchron-Scheibenläufermotors ersichtlich. In Abb. 22.6 a) ist die Frontansicht mit Halteplatte und Motorwelle erkennbar. Abb. 22.6 b) bildet die Rückansicht nach erfolgter Montage. Die Motor-Seitenansicht ist Abb. 22.6 c) zu entnehmen. Erkennbar ist der mittig angeordnete Scheibenläufer (Doppel-Kurzschlusskäfigrotor, Rotor), welcher links- und rechtsseitig mit einem Kurzschlusskäfig versehen ist. Beide Statoren, bestehend aus jeweils einer Platine mit Eisenrückschluss sind beidseitig am Rotor angebracht. Die Einstellung des Luftspalts erfolgt über Distanzhülsen. In Abb. 22.7 ist der zerlegt Scheibenläufermotor ersichtlich.

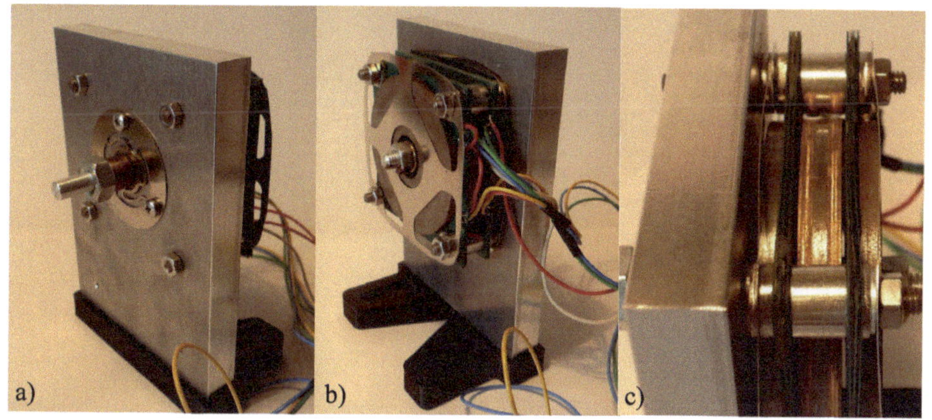

Abbildung 22.6: Musteraufbau des planaren Asynchron-Scheibenläufermotors

Der abmontierte Frontstator mit gedruckten Windungen in Abb. 22.7 a) ermöglicht den Blick auf den Doppel-Kurzschlusskäfig-Rotor in Abb. 22.7 b). Hinter diesem befindet sich der zweite Stator. Die Doppelstatoranordnung ermöglicht die Kompensation der auftretenden Rotor-Axialkräfte. Alle erforderlichen Bezeichnungen sind in Tab. 22.2 hinterlegt. Bezüglich der Fertigung sei angemerkt, dass die beiden Eisenrückschlüsse der Statoren wie auch der Rotor aus Scheiben, bestehend aus Pulververbundwerkstoff, hergestellt wurden.

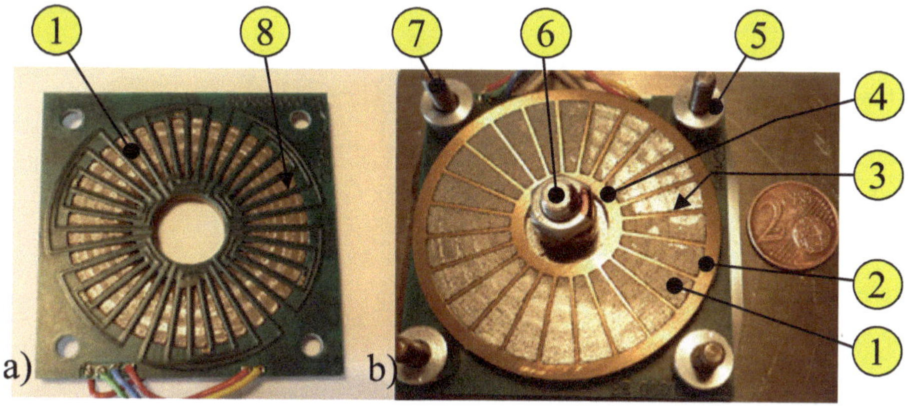

Abbildung 22.7: Detailansicht mit Stator (links) und Rotor (rechts)

Der Pulververbundwerkstoff dient der Flussführung und zeichnet sich durch eine sehr

Tabelle 22.2: Bezeichnungen und Simulationsergebnisse des Asynchron-Scheibenläufermotors von Abb. 22.7

Nr.	**Bezeichnung**	**Nr.**	**Bezeichnung**
1	Pulververbundwerkstoff (Rotor, Stator)	5	Distanzhülse (Stator)
2	Kurzschlussring außen (Rotor)	6	Antriebswelle (Rotor)
3	Kurzschlussstab (Rotor)	7	Halteschraube (Stator)
4	Kurzschlussring innen (Rotor)	8	gedruckte Windung (Stator)

Moment bei f_{min}	max. Moment M_{max}
0,17 Nm bei 50 Hz	0,28 Nm bei 150 Hz

niedrige spezifische elektrische Leitfähigkeit aus. Die Statorwicklungen wurden auf Platinen im Druckverfahren hergestellt. Die erforderlichen Konturen für die Leiterbahnen und Kurzschlussstäbe wurden gefräst. In Abb. 22.8 ist der simulierte Motormomentenverlauf über der Ansteuerfrequenz ersichtlich. Die erzielten Simulationsergebnisse sind ebenfalls in Tab. 22.2 dokumentiert.

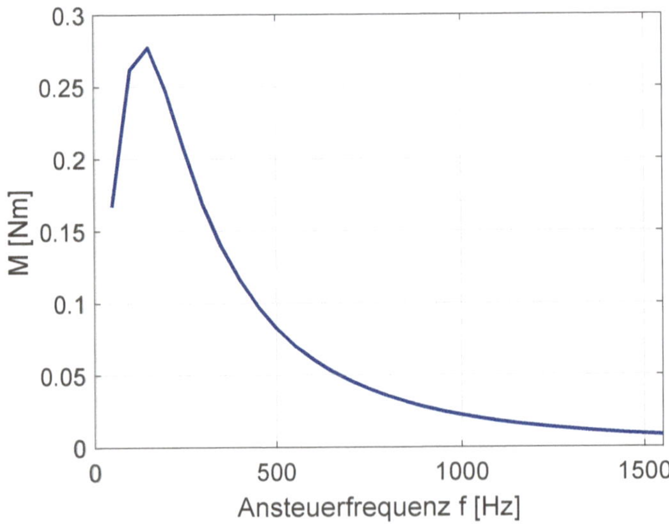

Abbildung 22.8: FEM-Simulationsergebnis – Motormomentenverlauf

Kapitel 23

Virtuelle Produktentwicklung

Die virtuelle Produktentwicklung (Virtual Prototyping) erlaubt eine kosteneffiziente Entwicklung. Iterationszyklen, welche einen Prototypenbau und dessen Tests vorsehen, finden dann sinnvollerweise am Ende eines Produktentwicklungszyklusses Eingang und verkürzen diesen damit. Eine CAE-basierte Optimierung unter Einbezug einer CAE-basierten Robustheitsbewertung wird beim virtuellen Prototyping immer wichtiger. Die Kombination von Optimierungen und Robustheitsbewertung führt zu zielführenden Strategien der Entwurfsoptimierung und damit zur Verkürzung des Produktentwicklungszyklusses. Eine zyklusverkurzende Maßnahme zur virtuellen Produktentwicklung bildet die effiziente Kopplung der FEM- mit einem Optimierungstool.

23.1 Kopplung zwischen FEM- und Optimierungstool

Die Optimierung hält in die virtuelle Produktentwicklung Einzug. Hierzu wurde in Abb. 23.1 die schematische Einbettung einer FEM-Software in eine Optimierungssoftware dargestellt. Ein parametrisiertes FEM-Modell wird über Schnittstellen mit einem Optimierungstool gekoppelt und Ein- und Ausgabevariablen festgelegt. Nach Wahl der Optimierungsstrategie und der Variablen variiert der Optimierer deren Inhalte und übergibt diese dem FEM-Tool. Das FEM-Tool berechnet das Modell und liefert nach Beendigung der Berechnung das Berechnungs- und Simulationsergebnis dem Optimierer zurück. Ein Algorithmus des Optimierers prüft das Ergebnis auf Plausibilität und entscheidet über die Optimierungsfortsetzung. Dieses Vorgehen erlaubt die Optimierung mit vielen unabhängigen Variablen (multikriterielle Optimierung).

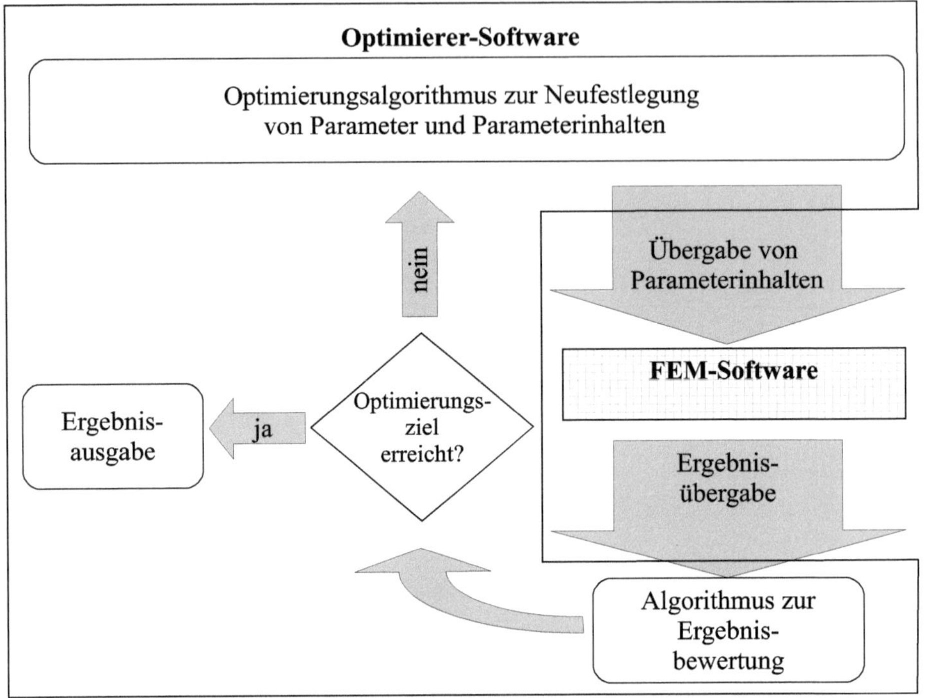

Abbildung 23.1: Einbettung der FEM in ein Optimierungstool

23.2 Mehrzieloptimierung – Pareto-Optimierung

Bei der Mehrzieloptimierung (multikriterielle Optimierung) werden an eine Problemlösung mehrere Anforderungen gestellt, die es bestmöglich zu erfüllen gilt. Diese Anforderungen sind typischerweise gegensätzlich, sodass ein Optimum bezüglich aller Funktionen nicht mit einer Lösung zu erreichen ist. Ein Beispiel ist die Pareto-Optimierung, benannt nach dem italienischen Ökonom Vilfredo Pareto (1848 - 1923). Ein Pareto-Optimum ist ein Zustand, in dem es nicht möglich ist, eine Lösung besser zu stellen, ohne zugleich eine andere Lösung schlechter zu gestalten. Die Menge der Pareto-optimalen Punkte heißt Pareto-Front. Ein Berechnungsergebnis einer Mehrzieloptimierung ist der Abb. 23.2 zu entnehmen. Ersichtlich ist eine Motormoment-Optimierung in Abhängigkeit von den geometrischen Parametern d_1 und d_2. Alle Punkte und Kreise kennzeichnen dabei eine Lösung. Die bestmöglichen Lösungen verteilen sich entlang der Pareto-Front. Mehrzieloptimierverfahren suchen bei der Pareto-Optimierung nicht nur nach einer möglichst guten Lösung, sondern nach einer Menge von Kompromisslösungen, aus denen der Anwender eine zur Realisierung auswählt. Weitere Beispiele zur Optimierung eines rotatorischen Antriebs (permanentmagnetisch erregten Synchronmaschine) sind der Dissertationsschrift [39] zu entnehmen.

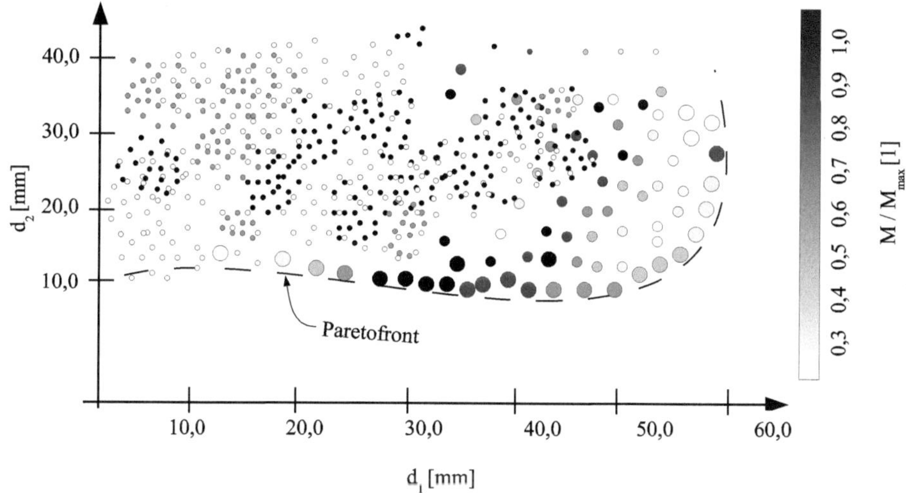

Abbildung 23.2: Simulationsergebnis einer Mehrzieloptimierung

23.3 Optimierungsbeispiel Elektromagnet

In Abb. 23.3 a) ist ein Tauchankermagnet mit Anker (1), Schulterstück (2), Boden mit Ankergegenstück (3), magnetischer Rückschluss (4) und Spule (5) ersichtlich. Der Tauchankermagnet wird einer Variablenzuweisung (Bemaßung) gem. Abb. 23.3 b) unterzogen. Die Variablen sind in Tab. 23.1 zusammengefasst. Für die anstehende Optimierung werden alle Variablen zur Variablenvariation freigegeben und mit Intervallgrenzen versehen. Das Optimierungsziel sei die maximale magnetische Kraft F_{mag} unter Berücksichtigung der ohmschen Verlustleistung P_V in der Spule. Der Optimierungsvorgang erfordert zudem die ständige Neuberechnung einer in das Wicklungsfenster angepassten Spule. Die Optimierung erfolgt mit dem Softwaretool OptiSLang. OptiSLang ist eine algorithmische Toolbox für Sensitivitätsanalysen, Optimierungen, Robustheitsbewertungen, Zuverlässigkeitsanalysen und Robust Design Optimization (RDO). Unter Einbezug der folgenden Lösungsmethoden

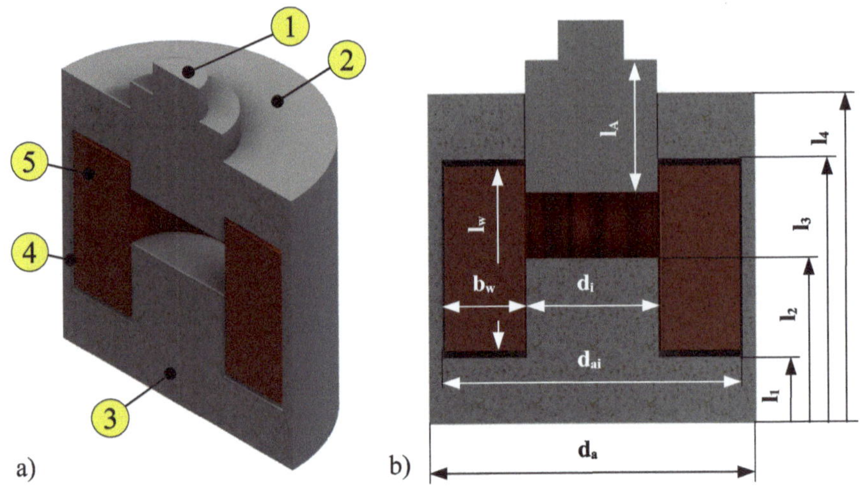

Abbildung 23.3: Beispiel Tauchankermagnet

- Monte Carlo-Methode,
- Partikelschwarm-Methode,
- Evolutionäre Methode

wurde im Fortgang die Optimierung des in Abb. 23.3 a) vorgestellen Tauchankermagneten vorgenommen. Die bei der Optimierung fixierten Variablen sind die Spannung, die Leitfähigkeit des Kupferdrahts, der Außendurchmesser d_a und der Luftspalt. Die verbleibenden Variableninhalte wurden dem Optimierer zur Variation freigegeben.

23.3.1 Monte Carlo-Methode

Die Monte Carlo-Methode sieht die mehrfache Simulation mathematisch- naturwissenschaftlicher Modelle mittels Zufallszahlen vor. Den gewählten Variablen werden Zufallswerte innerhalb ihrer Intervallgrenzen zugeordnet. Zufallszahlen sind realisierte Zufallsgrößen, welche festgelegten Verteilungen unterliegen. Zu nennen sind

- Gleichverteilte Zufallszahlen: In einem betrachteten Intervall sind die Zufallszahlen gleichverteilt.
- Nicht gleichverteilte Zufallszahlen: Zufallszahlen werden mit einer beliebigen Verteilungsfunktion erzeugt.

Tabelle 23.1: Benennungen aus Abb. 23.3 b)

Variable	**Bezeichnung**	**Variable**	**Bezeichnung**
b_w	Breite Wicklungsfenster	l_w	Wicklungsfensterlänge
d_a	Außendurchmesser	l_1	Bodendicke
d_{ai}	innerer Durchmesser magnetischer Rückschluss	l_2	Länge Ankergegenstück
d_i	Durchmesser Ankergegenstück	l_3	Länge Magnetkreis, innen
l_A	Ankerlänge	l_4	Magnetkreislänge
d_n	Drahtdurchmesser	U	Spannung

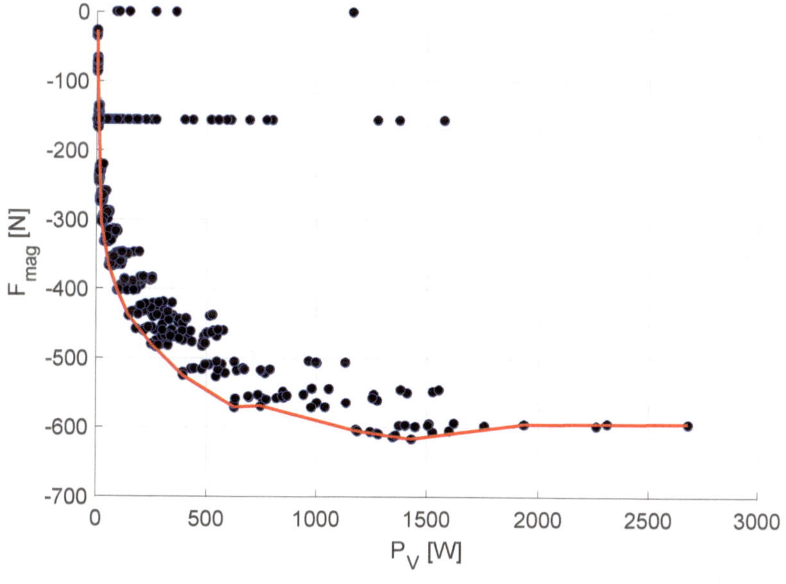

Abbildung 23.4: Optimierungsergebnis mittels Monte Carlo-Methode

In Abb. 23.4 sind die Ergebnisse der Magnetkraft F_{mag} über der Verlustleistung P_V der Spule abgebildet. Alle Punkte repräsentieren Magnetkreisdesigns. Die Werte der in Tab. 23.1 benannten Variablen wurden dabei innerhalb ihrer festgelegten Grenzen zufällig, ohne Beteiligung eines Entscheidungsalgorithmus, ausgewählt.

23.3.2 Partikelschwarm-Methode

Die Partikelschwarmoptimierung ist eine von der Natur inspirierte Methode. Sie ist ein schwarmintelligenzbasierter biologischer Algorithmus und ahmt das soziale Verhalten eines Bienenschwarms auf der Nahrungssuche nach. In Abb. 23.5 ist das mit dieser Methode erreichte Optimierungsergebnis dargestellt.

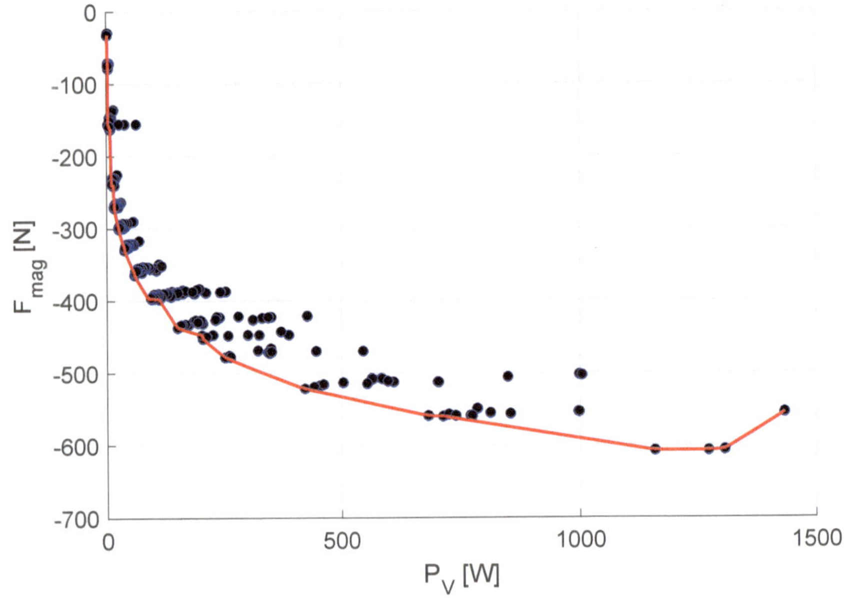

Abbildung 23.5: Optimierungsergebnis mittels Partikelschwarm-Methode

23.3.3 Evolutionäre Methode

Die Evolutionäre Methode ist wie die Partikelschwarm-Methode eine von der Natur inspirierte Methode. Die Methode imitiert die Evolution (Optimierung) in der Natur. Zu nennen sind:

- Überleben des Stärkeren,
- Evolution aufgrund von Mutation, Rekombination und Selektion.

Die Methode wurde für Optimierungsprobleme entwickelt, für die keine Gradienteninformationen verfügbar sind, wie z. B. binäre oder diskrete Suchräume. In Abb. 23.6 sind die Ergebnisse dargestellt, welche mittels einer evolutionären Strategie erzielt wurden.

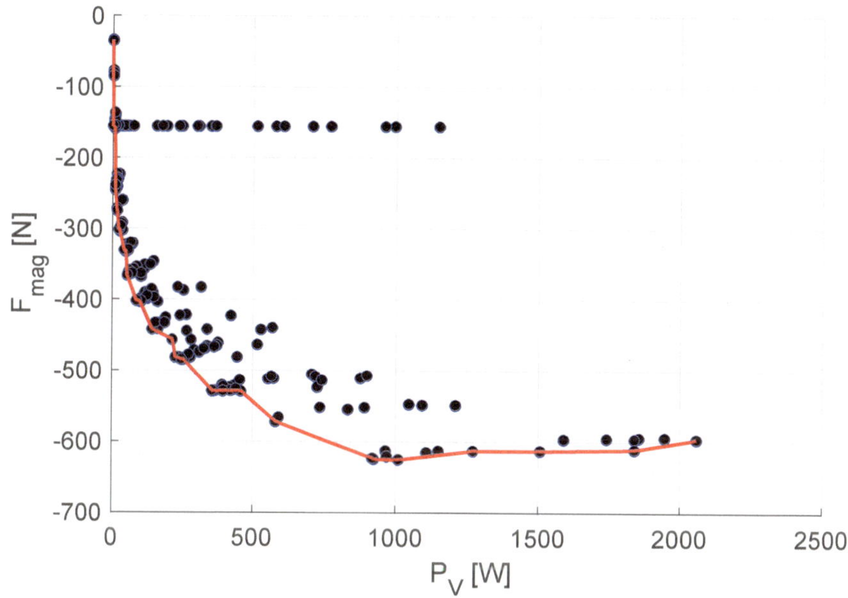

Abbildung 23.6: Optimierungsergebnis mittels evolutionärer Methode

23.3.4 Diskussion der Ergebnisse

Die Simulationsergebnisse werden wie folgt zusammengefasst:

- Bei der Monte Carlo-Methode sind aufgrund ihrer zufällig gewählten Variableninhalte mehr Designrechnungen zu erwarten, bis ein aussagefähiges Ergebnis vorliegt.
- Sowohl Partikelschwarm- wie auch die Evolutionsstrategien-Methode liefern durch die Nachahmung natürlicher Selektionsmechanismen (zielgerichtete Suche) mit weniger Designrechnungen bereits ein aussagefähiges Ergebnis.

Kapitel 24

Eigenwertprobleme

Viele naturwissenschaftlich-technische Vorgänge wie diejenigen, die beispielsweise den Abbildungen 7.1, 7.2 zu entnehmen sind, werden mittels Randwertaufgaben beschrieben. Sind beispielsweise bei den Schwingungsgleichungen der Abb. 7.2 nur die Resonanzfrequenzen der Differenzialgleichung von Interesse, so werden die Differenzialgleichungen der Randwertaufgaben in eine Abhängigkeit des Parameters λ überführt. Von Interesse sind diese Werte des Parameters (Eigenwerte), welche zu einer Lösung der Differenzialgleichung (Eigenlösungen, Eigenfunktionen) führen. Die zu den Eigenfunktionen gehörende Lösungen werden als Eigenwerte bezeichnet. Eigenfunktionen sind homogene Funktionen. Die Randwertaufgabe (Randwertproblem) wurde damit in eine Eigenwertaufgabe (Eigenwertproblem) überführt, deren Lösung beispielsweise nur für bestimmte Frequenzen (Resonanzfrequenzen) existiert. Erneut besteht das allgemeine Lösungsvorgehen in der Umwandlung (Reduktion) einer Eigenwertgleichung in eine Matrizengleichung, welche mit den bekannten Algorithmen gelöst werden kann. Empfehlenswerte Literatur hierzu ist [34], Kap. 7 sowie [51], Kap. 17.

24.1 Eigenwertproblem – Einführung

Im Vergleich zur Gl. (8.1) folgt eine weitere Form von Gleichungen

$$\mathcal{L}f \quad = \quad \lambda\, f,$$

welche die allgemeine Form der Eigenfunktion

$$\mathcal{L}f \quad = \quad \lambda\, \mathcal{M}f \tag{24.1}$$

annimmt. Hierbei sind $\mathcal{L}$ und $\mathcal{M}$ lineare Operatoren. Für den Parameter λ speziell zulässige Werte werden als Eigenwerte bezeichnet, welche zur Lösung von f, der Eigenfunktion, führen.

24.2 Eigenwertproblem – Momentenmethode

Die Anwendung der Methode überführt eine Eigenfunktion in eine Matrix-Eigenwertgleichung, welche mit den aus der Literatur bekannten Methoden gelöst werden kann und ist in der Anwendung vergleichbar mit dem Vorgehen in Kap. 8. Bei der Eigenfunktion Gl. (24.1) werden Basisfunktionen ϕ_1, ϕ_2, ϕ_3, ...

$$f = \sum_{j=1}^{N} a_j \, \phi_j \tag{24.2}$$

gewählt, in Gl. (24.1) eingesetzt ergibt sich

$$\sum_{j=1}^{N} a_j \, \mathcal{L}\phi_j = \lambda \sum_{j=1}^{N} a_j \, \mathcal{M}\phi_j.$$

Die Bildung des inneren Produkts unter Einbezug der Wichtungs- oder Testfunktionen w_1, w_2, ..., w_m führt zu

$$\sum_{j=1}^{N} a_j \, \langle w_k, \mathcal{L}\phi_j \rangle = \lambda \sum_{j=1}^{N} a_j \, \langle w_k, \mathcal{M}\phi_j \rangle,$$

dabei ist k = 1, 2, 3, ..., welche in der Matrix-Eigenwertgleichung

$$(l_{jk}) \; (a_j) = \lambda \; (m_{jk}) \; (a_j) \tag{24.3}$$

notiert wird. Hierbei ist

$$(m_{jk}) = \begin{pmatrix} \langle w_1, \mathcal{M}\phi_1 \rangle & \langle w_1, \mathcal{M}\phi_2 \rangle & \dots \\ \langle w_2, \mathcal{M}\phi_1 \rangle & \langle w_2, \mathcal{M}\phi_2 \rangle & \dots \\ \dots & \dots & \dots \end{pmatrix},$$

(l_{jk}) die Matrix gemäß Gl. (8.3) und (a_j) der Spaltenvektor gemäß Gl. (8.4). Die Gl. (24.3) kann nur Lösungen haben, wenn

$$det \mid l_{jk} - \lambda\, m_{jk} \mid \quad = \quad 0 \tag{24.4}$$

gilt. Die Determinante ist ein Polynom von λ, mit Lösungen λ_1, λ_2, λ_3 ... . Dabei sind λ_l die Eigenwerte der Matrixgleichung Gl. (24.3) welche die Eigenwerte der Funktion Gl. (24.1) approximieren. Die dazugehörigen Matrizen $(a_j)_1$, $(a_j)_2$, $(a_j)_3$, ... sind Eigenvektoren der Gl.(24.3) und sind Koeffizienten der Funktionen

$$f_i^a \quad = \quad (\phi_n)^T \; (a_n)_i \,, \tag{24.5}$$

welche der Eigenfunktion der Gl. (24.1) annähern. In Gl. (24.5) ist (Φ_n) die Matrix der Basisfunktionen Φ_n. Der Erfolg der MOM hängt vom Einfallsreichtum in der Wahl der passenden Basisfunktion Φ_n und der Wichtungsfunktion w_n ab. Die spezielle Wahl $w_n = \Phi_n$ wird als Galerkin-Methode bezeichnet.
Existiert der lineare Operator $\mathcal{M}$, so folgt mit Gl. (24.1)

$$\mathcal{M}^{-1}\mathcal{L}f \quad = \quad \lambda\, f.$$

Das Innere Produkt $\langle w_k, \mathcal{M}\phi_j \rangle$ ist damit identisch mit $\langle w_k, \phi_j \rangle$.

24.3 Eigenwertproblem – kanonische Form

Die kanonische Form der Eigenwertgleichung wird oft mit

$$\mathcal{L}f \quad = \quad \lambda\, f$$

dargestellt, was besagt, dass eine symmetrische Matrix durch ihre Eigenwertmatrix dargestellt werden kann, wenn $\mathcal{M}$ den Einheitsoperator bildet.

Kapitel 25

Eigenwertproblem-MOM – Lösung von $-d^2u/dx^2 = \lambda u$

Das Beispiel dient zur Verdeutlichung des im Kap. 24 vorgestellten Konzepts. Eingeführt wird zudem in die Normierung von Funktionen zum Zwecke des Vergleichs untereinander.

25.1 Aufgabenbeschreibung

Gelöst werden soll das Eigenwertproblem

$$-\frac{d^2u}{dx^2} = \lambda u$$

mit den Randbedingungen $u(0) = u(1) = 0$, dessen Eigenwerte

$$\lambda_l = (l\pi)^2; \; l = 1, 2, 3, ...$$

und Eigenfunktionen

$$u^l = \sqrt{2}\sin(l\pi x) \tag{25.1}$$

bereits aus der Literatur bekannt sind.

25.2 Lösungsweg und Lösung

Mit dem linearen Operator

$$\mathcal{L} \quad = \quad -\frac{d^2}{dx^2}$$

folgt die Darstellung

$$\mathcal{L}u \quad = \quad \lambda\, u. \tag{25.2}$$

Die Vorgehensweise erfolgt gemäß der Momentenmethode. Gewählt wird die Näherungs- oder Ansatzfunktion

$$\begin{aligned} u &= \sum_{j=1}^{N} a_j\, u_j \qquad (25.3)\\ u_j &= x - x^{j+1} \\ w_k &= x - x^{k+1}, \end{aligned}$$

welche die Dirichlet-Randbedingungen u(0) = u(1) = 0 erfüllt. Gewählt wird bei der Galerkin-Methode die Wichtungsfunktion w_k, welche gleich der Basisfunktion u_j ist. Durch Einsetzen in Gl. (25.2) folgt die Gleichung

$$\sum_{j=1}^{N} a_j \underbrace{\langle w_k, \mathcal{L}u_j\rangle}_{Term1} \quad = \quad \lambda \sum_{j=1}^{N} a_j \underbrace{\langle w_k, u_j\rangle}_{Term2}, \tag{25.4}$$

deren Terme im Fortgang entwickelt werden.

25.3 Lösung für 1'ter Ordnung

Die Basisfunktion Gl. (25.3) besteht bei $N = 1$ aus einem Term. Es schließt sich die Entwicklung der Terme 1 und 2 der Gl. (25.4) an.

- Term 1: Die Entwicklung der Matrix (l_{jk}) erfolgt mit

$$\begin{aligned} (l_{jk}) &= \langle w_k, \mathcal{L}u_j\rangle \\ &= \langle x - x^{k+1}, \mathcal{L}\left(x - x^{j+1}\right)\rangle \\ &= \int_0^1 \left(x - x^{k+1}\right) \frac{-d^2}{dx^2} \left(x - x^{j+1}\right)\, dx. \end{aligned}$$

Die zweifache Anwendung der partiellen Integration liefert

$$\int_{x=0}^{x=1} \left(x - x^{k+1}\right) \frac{-d^2}{dx^2} \left(x - x^{j+1}\right) dx = \underbrace{\left[\left(x - x^{k+1}\right) \frac{-d}{dx} \left(x - x^{j+1}\right)\right] \Big|_{x=0}^{x=1}}_{0} - \int_{x=1}^{x=0} \left(1 - (k+1)x^k\right) \frac{-d}{dx}\left(x - x^{j+1}\right) dx$$

$$- \int_0^1 \left(1 - (k+1)x^k\right) \frac{-d}{dx}\left(x - x^{j+1}\right) dx = \underbrace{- \left[\left(1 - (k+1)x^k\right)\left(-(x - x^{j+1})\right)\right] \Big|_0^1}_{0} + \int_0^1 \left(k(k+1)x^{k-1}\left(x - x^{j+1}\right)\right) dx,$$

was zu

$$\begin{aligned}\int_0^1 \left(k(k+1)x^{k-1}\left(x - x^{j+1}\right)\right) dx &= \int_0^1 (k^2+k)x^k - (k^2+k)x^{k+j}\, dx \\ &= \left[\frac{k^2+k}{k+1}\, x^{k+1} - \frac{k^2+k}{k+j+1}\, x^{k+j+1}\right] \Bigg|_{x=0}^{x=1} \\ &= \left[\frac{k(k+1)}{k+1} - \frac{k^2+k}{k+j+1}\right]\end{aligned}$$

und schließlich aufgrund des gemeinsamen Nenners zur Matrix (l_{jk})

$$(l_{jk}) = \frac{j\,k}{j+k+1}$$

führt.

- Term 2: Die Entwicklung der Matrix (m_{jk}) erfolgt mit

$$\begin{aligned}(m_{jk}) &= \langle w_k, u_j\rangle \\ &= \langle x - x^{k+1}, x - x^{j+1}\rangle \\ &= \int_\Omega \left(x^2 - x^1\, x^{j+1} - x^{k+1}\, x^1 + x^{k+1}\, x^{j+1}\right) dx \\ &= \int_\Omega \left(x^2 - x^{j+2} - x^{k+2} + x^{k+j+2}\right) dx.\end{aligned}$$

Tabelle 25.1: Koeffizienten für N = 4

	(m_{jk})				(l_{jk})			
	j				j			
k	**1**	**2**	**3**	**4**	**1**	**2**	**3**	**4**
1	$\frac{1}{30}$	$\frac{1}{20}$	$\frac{5}{84}$	$\frac{11}{168}$	$\frac{1}{3}$	$\frac{1}{2}$	$\frac{3}{5}$	$\frac{2}{3}$
2	$\frac{1}{20}$	$\frac{8}{105}$	$\frac{11}{120}$	$\frac{32}{315}$	$\frac{1}{2}$	$\frac{4}{5}$	1	$\frac{8}{7}$
3	$\frac{5}{84}$	$\frac{11}{120}$	$\frac{1}{9}$	$\frac{13}{105}$	$\frac{3}{5}$	1	$\frac{9}{7}$	$\frac{3}{2}$
4	$\frac{11}{168}$	$\frac{32}{315}$	$\frac{13}{105}$	$\frac{32}{231}$	$\frac{2}{3}$	$\frac{8}{7}$	$\frac{3}{2}$	$\frac{16}{9}$

Durch gliedweise Integration folgt

$$\begin{aligned}
(m_{jk}) &= \left(\frac{1}{3}\,x^3 - \frac{1}{j+3}\,x^{j+3} - \frac{1}{k+3}\,x^{k+3} + \frac{1}{k+j+3}\,x^{k+j+3}\right)\Bigg|_0^1 \\
&= \frac{1}{3} - \frac{1}{j+3} - \frac{1}{k+3} + \frac{1}{k+j+3} \\
&= \frac{j\;k\;(k+j+6)}{3\;(j+3)\,(k+3)\,(k+j+3)}.
\end{aligned}$$

Damit folgt die zu lösende Matrizengleichung

$$(l_{jk})\;(a_j) \quad = \quad \lambda\;(m_{jk})\;(a_j). \tag{25.5}$$

Die Konvergenz der Lösung wird mit zunehmender Zahl N der Basisfunktionen gezeigt. Die erforderlichen Matrizenelemente wurden in Tab. 25.1 bis $N = 4$ zusammengestellt. Für $N = 1$ folgt aus Gl. (25.5) das Ergebnis

$$\frac{1}{3}\,a_1 \quad = \quad \lambda\,\frac{1}{30}\,a_1.$$

Der Eigenwert $\lambda_1 = \lambda_1^{(1)} = 10$ kann direkt abgelesen werden. Der exakte Wert für λ beträgt $(1 \cdot \pi)^2 = 9{,}9$. Die Schreibweise (1) kennzeichnet $N = 1$. Es verbleibt noch die Bestimmung von a_1 der Eigenfunktion. Die Vergleichbarkeit mit Gl. (25.1) wird durch die Normierung der approximierten Eigenfunktion $u_1^{(1)} = a_1(x - x^2)$ gem.

$$
\begin{aligned}
\|u_1^{(1)}\| &= \sqrt{\langle u_1^{(1)}, u_1^{(1)} \rangle} \\
&= \sqrt{\int_0^1 \left(a_1^2(x - x^2)\right)^2 \, dx} \\
&= a_1 \, \frac{1}{\sqrt{30}} \\
&= 1
\end{aligned}
$$

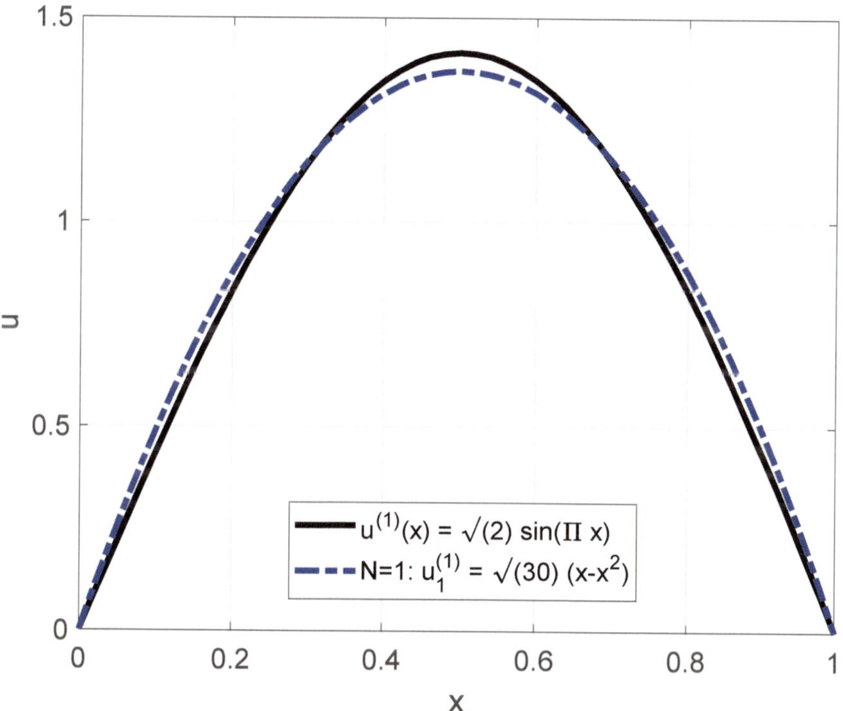

Abbildung 25.1: Vergleich von Funktions- mit Eigenfunktionsverlauf ($N = 1$)

erreicht, womit $a_1 = \sqrt{30}$ und die Eigenfunktion $u_1^{(1)}$

$$
u_1^{(1)} = \sqrt{30} \, (x - x^2)
$$

wird. Ein Vergleich mit Gl. (25.1) ist Abb. 25.1 zu entnehmen.

25.4 Lösung für 2'ter Ordnung

Für die Ordnung $N = 2$ entspricht die Lösung des ersten Terms der 1'ter Ordnung

$$u_1^{(2)} = \sqrt{30}\,(x - x^2) = u_1^{(1)}.$$

Gl. (25.3) besteht bei $N = 2$ aus zwei Termen, womit Gl. (25.5) zu

$$\begin{pmatrix} \frac{1}{3} & \frac{1}{2} \\ \frac{1}{2} & \frac{4}{5} \end{pmatrix} \begin{pmatrix} a_1 \\ a_2 \end{pmatrix} = \lambda \begin{pmatrix} \frac{1}{30} & \frac{1}{20} \\ \frac{1}{20} & \frac{8}{105} \end{pmatrix} \begin{pmatrix} a_1 \\ a_2 \end{pmatrix}$$

und

$$\frac{1}{3}\,a_1 + \frac{1}{2}\,a_2 = \lambda \left(\frac{1}{30}\,a_1 + \frac{1}{20}\,a_2\right) \tag{25.6}$$

$$\frac{1}{2}\,a_1 + \frac{4}{5}\,a_2 = \lambda \left(\frac{1}{20}\,a_1 + \frac{8}{105}\,a_2\right) \tag{25.7}$$

wird. Die Eigenwerte werden mit Hilfe von Gl. (24.4)

$$det|l_{jk} - \lambda\, m_{jk}| = 0$$

ermittelt, womit durch Einsetzen

$$det\left|\begin{pmatrix} \frac{1}{3} & \frac{1}{2} \\ \frac{1}{2} & \frac{4}{5} \end{pmatrix} - \lambda \begin{pmatrix} \frac{1}{30} & \frac{1}{20} \\ \frac{1}{20} & \frac{8}{105} \end{pmatrix}\right| = det\begin{vmatrix} \frac{1}{3} - \lambda\frac{1}{30} & \frac{1}{2} - \lambda\frac{1}{20} \\ \frac{1}{2} - \lambda\frac{1}{20} & \frac{4}{5} - \lambda\frac{8}{105} \end{vmatrix} = 0$$

folgt. Die Entwicklung der Determinante führt zur quadratischen Gleichung

$$\frac{1}{25200}\,\lambda^2 - \frac{13}{6300}\,\lambda + \frac{1}{60} = 0,$$

welche auf die Mitternachtsformel

$$\lambda_{1/2} = \frac{\frac{13}{6300} \pm \sqrt{\left(\frac{13}{6300}\right)^2 - 4\,\frac{1}{25200}\,\frac{1}{60}}}{2/25200}$$

führt. Die Lösung sind die Eigenwerte

$$\begin{aligned} \lambda_1 = \lambda_1^{(2)} &= 42 \\ \lambda_2 = \lambda_2^{(2)} &= 10, \end{aligned}$$

wobei der exakte Wert für $\lambda_2 = (2 \cdot \pi)^2 = 39,5$ ist. Damit verbleibt noch die Bestimmung von a_1 und a_2 mit dem folgenden Vorgehen. Das Einsetzen von λ_2 in die Gleichungen (25.6) und (25.7) führt zum Ergebnis Null. Das Einsetzen von λ_1 führt auf $a_2 = -2/3\ a_1$

$$\begin{aligned} u_2^{(2)} &= a_1\,(x - x^2) - a_2\,(x - x^3) \\ &= a_1\,(x - x^2) - \frac{2}{3}\,a_1\,(x - x^3) \\ &= a_1 \left((x - x^2) - \frac{2}{3}\,(x - x^3) \right). \end{aligned}$$

Der verbleibende Koeffizient a_1 wird durch die Normierung

$$\begin{aligned} \|u_2^{(2)}\| &= \sqrt{\langle u_2^{(2)}, u_2^{(2)} \rangle} = 1 \\ &= \sqrt{\int_0^1 u_2^{(2)}\,dx} = 1 \\ &= \sqrt{\int_0^1 \left[a_1 \left((x - x^2) - \frac{2}{3}\,(x - x^3) \right) \right]^2 dx} = 1 \\ &= a_1 \sqrt{\int_0^1 \left[\left((x - x^2) - \frac{2}{3}\,(x - x^3) \right) \right]^2 dx} = 1 \\ &= a_1\,\frac{1}{\sqrt{1890}} = 1 \end{aligned}$$

ermittelt. Es verbleibt

$$\begin{aligned} a_1 &= \sqrt{1890} \\ a_2 &= -\frac{2}{3}\,\sqrt{1890}, \end{aligned}$$

was auf die Eigenwertgleichung

$$u_2^{(2)} = \sqrt{1890}\,(x - x^2) - \frac{2}{3}\,\sqrt{1890}\,(x - x^3)$$

führt. Eine Gegenüberstellung ist Abb. 25.2 zu entnehmen.

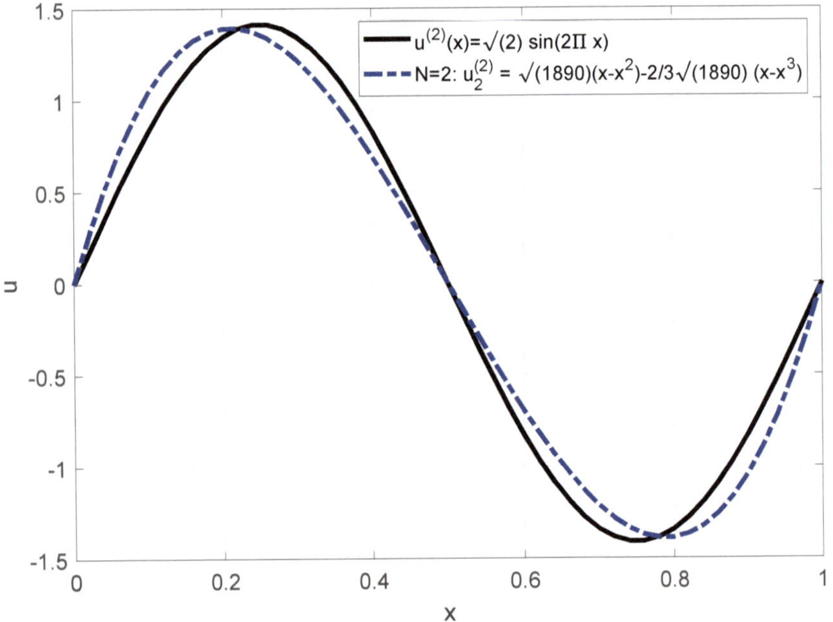

Abbildung 25.2: Vergleich von Funktions- mit Eigenfunktionsverlauf ($N = 2$)

Kapitel 26

Gemeinsamkeiten von Methoden zur Lösung von DGLs

Benannt werden die Gemeinsamkeiten der Methoden

- Method of Moment (MOM),
- Integraltransformation,
- Green'sche Methode

zur Lösung von Differenzialgleichungen. Alle Methoden gemeinsam ist die Bildung des inneren Produkts

$$\langle f, g \rangle \quad = \quad \int_c f \; g \; d\Omega,$$

was die Integration der Funktionen f und G im Intervall c über den Bereich Ω vorsieht. Die Methoden werden einzeln und in aller Kürze vorgestellt.

26.1 Momentenmethode (MOM)

Die zu lösende Funktion wird als Reihe einer selbst gewählten Funktion (Basisfunktion) entwickelt. Die Reihenglieder beinhalten Koeffizienten. Durch Bildung des inneren Produktes mit einer Wichtungsfunktion und Überführung in eine Matrizengleichung wird die Lösung der gesuchten Funktion bestimmt. Galerkin sieht vor, die Wichtungsfunktion gleich der Basisfunktion zu wählen.

Es sei

$$\mathcal{L}f \quad = \quad g,$$

wobei $\mathcal{L}$ ein linearer Operator, f die unbekannte, zu bestimmende Funktion und g die bekannte Funktion im Lösungsbereich Ω ist. Zur Lösungsfindung wird f als Reihe

$$f \quad = \quad \sum_{j=1}^{N} a_j \, \phi_j$$

eingeführt. Dabei sind a_j die unbekannten Entwicklungskoeffizienten und ϕ_j die Entwicklungs- oder Basisfunktionen. Damit folgt die inhomogene Gleichung

$$\sum_{j=1}^{N} a_j \, \mathcal{L}\phi_j \quad = \quad g.$$

Eine Wichtungs- oder Testfunktion w_1, w_2, w_3 wird definiert und mit dieser das innere Produkt

$$\sum_{j=1}^{N} a_j \, \langle w_k, \mathcal{L}\phi_j \rangle \quad = \quad \langle w_k, g \rangle$$

mit k = 1, 2, 3, ... gebildet. In Matrixschreibweise folgt

$$[l_{jk}] \ [a_j] \quad = \quad [g_k] \, ,$$

wobei

$$[l_{jk}] \quad = \quad \begin{pmatrix} \langle w_1, \mathcal{L}\phi_1 \rangle & \langle w_1, \mathcal{L}\phi_2 \rangle & \ldots \\ \langle w_2, \mathcal{L}\phi_1 \rangle & \langle w_2, \mathcal{L}\phi_2 \rangle & \ldots \\ \ldots & \ldots & \ldots \end{pmatrix}$$

$$[a_j] \quad = \quad \begin{pmatrix} a_1 \\ a_2 \\ . \\ . \end{pmatrix}$$

$$[g_k] = \begin{pmatrix} \langle w_1, g\rangle \\ \langle w_2, g\rangle \\ . \\ . \end{pmatrix}$$

ist. Die Bestimmung der Koeffizienten a ist mit

$$[a_j] = [l_{jk}^{-1}]\ [g_k]$$

möglich. Dies entspricht der Lösung von f. Die Ausdrücke zur Lösung von f werden mit

$$[\phi_n] = [\phi_1 \quad \phi_2 \quad \phi_3 \quad ...]$$

und

$$\begin{aligned} f &= [\phi_j]\ [a_j] \\ &= [\phi_j]\ [l_{jk}^{-1}]\ [g_k] \end{aligned}$$

gekürzt wiedergegeben. Siehe hierzu auch Kap. 8.

26.2 Integraltransformation

Unter einer Integraltransformation versteht man einen Zusammenhang zwischen zwei Funktionen $f(t)$ und $F(p)$ der Form des inneren Produkts

$$F(p) = \int_{-\infty}^{+\infty} K(p,t)\ f(t)\ dt. \tag{26.1}$$

Die Funktion $F(p)$ ist die *Bildfunktion* mit dem *Bildbereich* als Definitionsbereich. Die Funktion $f(t)$ heißt *Originalfunktion.* Ihr Definitionsbereich heißt *Originalbereich.* Die Funktion $K(p,t)$ heißt der *Kern der Transformation.* Die Variable t ist eine reelle veränderliche Variable. Die Variable $p = \delta + j\omega$ ist eine komplexe Variable. Eine verkürzte Schreibweise der Transformation erreicht man durch die Einführung des Symbols T mit

$$F(p) = T\{f(t)\}.$$

Integraltransformationen eignen sich zur Lösung von gewöhnlichen und partiellen Differentialgleichungen, von Integralgleichungen und Differenzengleichungen. Methoden von Integraltransformationen werden häufig Operatorenmethoden genannt. Die beiden wichtigsten Integraltransformationen sind die *Fourier-Transformation* und die *Laplace-Transformation* [3]. Die Laplace-Transformation ist dadurch gekennzeichnet, dass der Kern der Transformation von Gl. (26.1)

$$K(p,t) = e^{-pt}$$

ist. Die mathematische Methode wird als Laplace-Transformation bezeichnet. Zudem werden einzelne Schritte innerhalb der Methode als Laplace-Transformation benannt. Die Laplace-Transformation wird auf lineare Differenzialgleichungen mit konstanten Koeffizienten angewendet. Die Lösung der Differenzialgleichung erfolgt in folgenden drei Schritten:

1. Überführung der gegebenen Differenzialgleichung mit Hilfe der Laplace-Transformation in eine lineare algebraische Gleichung.
2. Lösen der algebraischen Gleichung. Die Lösung der linearen algebraischen Gleichung ist die Bildfunktion der gesuchten Lösung.
3. Rücktransformation (inverse Laplace-Transformation) der Bildfunktion. Dies ergibt die Lösung der gesuchten Differenzialgleichung (Originalfunktion).

26.3 Green'sche Methode

Gelöst werden soll

$$\nabla^2 u(r) = f(r)$$

Mit dem linearen Differenzialoperator $\mathcal{L} = \nabla^2$ folgt

$$\mathcal{L}u(r) = f(r).$$

Die Multiplikation mit dem inversen linearen Operator in der allgemeinen Darstellung ist

$$\begin{aligned}\mathcal{L}^{-1}\mathcal{L}u(r) &= \mathcal{L}^{-1}f(r)\\ u(r) &= \mathcal{L}^{-1}f(r).\end{aligned}$$

Es ist G die Green'sche Funktion und δ die Dirac'sche Deltafunktion

$$\delta(r-r_0) = \mathcal{L}G(r,r_0).$$

Durch Integration über den Bereich Ω folgt

$$\int_\Omega \delta(r-r_0)\,dr = \int_\Omega \mathcal{L}G(r,r_0)\,dr = 1.$$

Es schließt sich die Multiplikation

$$\begin{aligned}\mathcal{L}u(r)\underbrace{\int_\Omega \delta(r-r_0)\,dr}_{=1} &= \int_\Omega \mathcal{L}G(r,r_0)\,dr\,f(r)\\ \mathcal{L}u(r) &= \mathcal{L}\int_\Omega f(r)\,G(r,r_0)\,dr\end{aligned}$$

an. Durch Kürzen mit dem linearen Operator folgt die Lösung nach der gesuchten Funktion $u(r)$ durch Bildung des inneren Produkts mit

$$\begin{aligned}u(r) &= \int_\Omega G(r,r_0)\,f(r)\,dr\\ &= \langle G(r,r_0), f(r)\rangle\,.\end{aligned}$$

Siehe hierzu auch Kap. 6.

Kapitel 27

Wissenswertes zur Modellbildung

Im Vorfeld der Modellbildung eines naturwissenschaftlich-technischen Systems gilt es zu klären, welche Aussagen das Modell tätigen, für welchen Zweck das Modell erstellt werden und welcher Aufwand hierfür investiert werden soll. Im Fortgang werden derartige Gedanken in den Punkten

- Kategorien der Modellbildung,
- Analytik contra Numerik

zusammengefasst.

27.1 Kategorien der Modellbildung

Die zu unterscheidenden Modelle werden in die Kategorien A bis D nach zunehmenden Komplexitätsgrad gegliedert:

- **Kategorie A**: Mathematisches, analytisches Modell auf der Basis von Integral-, Differenzialgleichungen zur Nachbildung eines naturwissenschaftlich-technischen Systems. Das Modell dient zur Darstellung rudimentärer Zusammenhänge und Untersuchungen sowie zur Erarbeitung eines grundlegenden Verständnisses eines naturwissenschaftlich-technischen Systems.
- **Kategorie B**: Mathematisches, physikalisches Modell basierend auf Integral-, Differenzialgleichungen unter Einbindung von Messwerten, Datentabellen (look-up-Tables). Modelle der Kategorie B sind aus diesem Grund keine rein analytischen Modelle, da ggf. unter Einbindung von Mess- und Datentabellen oder durch

Umschalten zwischen Modellstrukturen Unstetigkeiten auftreten können. Modelle der Kategorie B dienen bspw. zur Grobdimensionierung im Entwicklungsprozess. Die erzielten Ergebnisse sind Eingangsgrößen für Modelle der Kategorie C und D.

- **Kategorie C**: Numerisches Modell unter Einsatz von numerischen Methoden zur Nachbildung naturwissenschaftlich-technischer Systeme.

- **Kategorie D**: Modelle, welche sich aus der Kombination von Modellen der Kategorie B und C ergeben. Die Kategorie D bietet den höchsten Grad der Modellbildung, deren Fehler in der Vorhersage ein Minimum und der zu spendierende Aufwand ein Maximum einnimmt.

27.2 Analytik contra Numerik

In Tab. 27.1 findet eine zusammenfassende Gegenüberstellung von analytischen und numerischen Methoden für die Magnetaktorsimulation statt. Als Vertreter der analytischen Methode sei hier die Reluktanz- und als Vertreter der numerischen Methode die Finite-Element-Methode genannt. Aus der Gegenüberstellung können folgende Ergebnisse abgeleitet werden:

- Der Nachteil der Reluktanzmethode ist gerade der Vorteil der FEM-Methode und umgekehrt.

- Die gleichzeitige Anwendung beider Methoden führt zu einem Erkenntnisgewinn.

- Der Anspruch an den Anwender der Reluktanzmethode ist die Kenntnis über die Verläufe magnetischer Flüsse sowie ggf. Kenntnis über partielle Flussdichte-Inhomogenitäten (Sättigungserscheinungen).

- Der Anspruch an den Anwender der FEM liegt in der sinnvollen Diskretisierung des FEM-Gebietes begründet.

- Eine Annäherung der Simulationsergebnisse swe Reluktanz-Methode an die FEM-Simulationsergebnisse wird durch die Erhöhung der Reluktanzanzahl in einem magnetischen Netzwerk erreicht.

Tabelle 27.1: Gegenüberstellung analytischer und numerischer Methoden

	Analytische Methode	**Numerische Methode**
Vertreter	Reluktanzmethode	Finite-Element-Methode (FEM)
Modellbildung (Preprocessing)	Nachbildung der Geometrie mit magnetischen Widerständen (Reluktanzen) und magnetischen Spannungsquellen.	Die Diskretisierung des räumlichen Gebietes (Luftraum, Eisenkreis) ermöglicht Festlegung der Knotenkoordinaten sowie Zuweisung von Randbedingungen.
Gleichungslösung (Processing)	a) Gleichung linear: Analytische Lösung möglich b) Gleichung nichtlinear: Numerische Methode erforderlich. Aufstellen und Lösen der Matrizen-Gleichung.	Numerische Lösung: Aufstellen und Lösen der Matrizen-Gleichungen.
Ergebnisdarstellung (Postprocessing)	- analytische Gleichungen - statische Kennlinien und transiente Verläufe	- grafische Darstellung - farbliche Codierung der Ergebnisse
Vorteil:	Stoffliche und geometrische Zusammenhänge aus Gleichungen ersichtlich.	Anspruchsvolle geometrische Anordnungen möglich, daraus resultiert die Anwendung der FEM in der Phase der Feindimensionierung.
Nachteil:	Einfache geometrische Anordnungen möglich, daraus resultiert die Anwendung der Reluktanzmethode in der Phase der Grobdimensionierung.	Keine stofflichen, geometrischen Zusammenhänge erkennbar.

Kapitel 28

Nützliche Normen

In diesem Kapitel werden empfohlene und nützliche Normen zur Erstellung von Dokumentationen, Thesen, wissenschaftlicher Berichte und dergleichen aufgelistet.

- DIN 1301-Teil 1: „Einheiten – Einheitennamen, Einheitenzeichen". In der Norm sind Einheiten des Internationalen Einheitensystems (SI) sowie weitere empfohlene Einheiten mit Größe, Einheitenname, Einheitenzeichen und Definitionen aufgeführt [6].

- DIN 1301-Beiblatt: Das Beiblatt enthält keine weiteren Normen, sondern zusätzliche Informationen zum Teil 1 [5].

- DIN 1302: „Allgemeine mathematische Zeichen und Begriffe". Diese Norm legt mathematische Zeichen und Begriffe sowie ihre Benennungen fest [7].

- DIN 1303: „Vektoren, Matrizen, Tensoren – Zeichen und Begriffe". In der Norm werden Zeichen und Begriffe behandelt, die Vektoren, Matrizen und Tensoren betreffen. Dabei wird die algebraische Struktur dargestellt [8].

- DIN 1304-Teil 1: „Formelzeichen – Allgemeine Formelzeichen". In dieser Norm werden Formelzeichen für physikalische Größen festgelegt. Zudem sind allgemeine Formelzeichen aufgeführt, die in Physik und Technik Anwendung finden [9].

- DIN 1338: „Formelschreibweise und Formelsatz". Diese Norm gilt für die Schreibweise und den Satz mathematischer, physikalischer und chemischer Formeln. Sie dient dem Verfasser (Studierende, Korrektoren, ...) zur Erstellung guter Formelsätze [18].

- DIN 4895 Teil 1: „Orthogonale Koordinatensysteme – Allgemeine Begriffe“. Diese Norm befasst sich mit Koordinatensystemen in dreidimensionalen euklidischen Räumen und mit der Darstellung physikalischer Größen in solchen Koordinatensystemen [22].

- DIN 4895 Teil 2: „Orthogonale Koordinatensysteme – Differentialoperatoren der Vektoranalysis“. In dieser Norm werden Differenzialoperatoren der Vektoranalysis in ihren orthogonalen Koordinaten dargestellt [21].

Im Fortgang sind Normen bezüglich Schwingungen und Wellen gelistet:

- DIN 1311 Teil 1: „Schwingungen und schwingungsfähige Systeme“. Diese Norm legt Begriffe zu Schwingungen und schwingungsfähigen Systemen vorwiegend im Bereich der Mechanik fest [11].

- DIN 1311 Teil 2: „Schwingungen und schwingungsfähige Systemen“. Diese Norm legt Begriffe zu Schwingungen und schwingungsfähigen Systemen vorwiegend im Bereich der Mechanik fest und gibt zusätzlich Leitlinien für deren Anwendung. Behandelt werden schwingungsfähige Systeme mit einem Freiheitsgrad [12].

- DIN 1311 Teil 3: „Schwingungen und schwingungsfähige Systeme“. Diese Norm legt Begriffe der Schwingungstechnik und Mechanik für mehrere Freiheitsgraden fest [13].

- DIN 1311 Teil 4: „Schwingungslehre – Schwingende Kontinua, Wellen“. Diese Norm beinhaltet Definitionen über Kontinua, Gleichungen des schwingenden Kontinuums, Schwingungen des Kontinuums und Wellen [10].

Es schließt sich eine zusammenfassende Auflistung von Normen an, in welchen zeitabhängige Größen und Wechselstromgrößen behandelt werden:

- DIN 5483 Teil 1: „Benennungen der Zeitabhängigkeit“. Diese Norm beinhaltet die Beschreibung gleichbleibender und periodischer Vorgänge, des mehrphasigen Sinusvorgangs, des Mehrphasenvorgangs, sinusverwandter Vorgänge, Schwingungen, des Impulses, impulsförmiger Vorgänge, des Stoßes, der periodischen Impulsfolge, des modulierten Pulses, des Sprungs und dessen Differentialquotienten, des linearen Anstiegsvorgangs, des Keilvorgangs, Übergangsvorgangs, Ausgleichsvorgangs sowie des Rauschvorgangs [23].

- DIN 5483 Teil 2: „Formelzeichen". Diese Norm beinhaltet Formelzeichen für zeitabhängige Größen sowie Beispiele für zeitabhängige Größen [24].
- DIN 5483 Teil 3: „Komplexe Darstellung sinusförmig zeitabhängiger Größen". Diese Norm beinhaltet die komplexe Darstellung von Sinusgrößen, besondere komplexe Werte, die komplexe Darstellung eines zeitabhängigen Vektors, den Drehoperator, das Rechnen mit komplexen Größen [25].
- DIN 40110 Teil 1: „Wechselstromgrößen – Mehrleiter-Stromkreise". In dieser Norm werden Mess- und Rechengrößen von Wechselstromkreisen in ihren funktionalen Abhängigkeiten zusammenhängend dargestellt [19].
- DIN 40110 Teil 2: „Wechselstromgrößen – Zweileiter-Stromkreise". Diese Norm ist bei Berechnungen von Mehrleiter-Stromkreisen in der elektrischen Energietechnik anzuwenden [20].

Normen, in welchen die Grundlagen und Grundbegriffe der Messtechnik vorgestellt und Auswertungen von Messungen vorgenommen werden, sind ersichtlich in

- DIN 1319 Teil 1: „Grundlagen der Messtechnik – Grundbegriffe". In dieser Norm sind allgemeine Grundbegriffe der Metrologie (Wissensbereich, der sich auf Messungen bezieht) definiert und beschrieben [14].
- DIN 1319 Teil 2: „Grundlagen der Messtechnik - Begriffe für Messmittel". In dieser Norm sind Begriffe der Messtechnik definiert, die für die Anwendung von Messmitteln von Bedeutung sind [15].
- DIN 1319 Teil 3: „Grundlagen der Messtechnik – Auswertung von Messungen einer einzelnen Messgröße, Messunsicherheit". Diese Norm gilt für die Ermittlung des Werts einer einzelnen Messgröße und deren Messunsicherheit durch Auswertung von Messungen [16].
- DIN 1319 Teil 4: „Grundlagen der Messtechnik – Auswertung von Messungen, Messunsicherheit". Diese Norm gilt für die gemeinsame Ermittlung und Angabe der Messergebnisse und Messunsicherheiten von Messgrößen bei der Auswertung von Messungen [17].

Literaturverzeichnis

[1] BASTOS, J.; IDA, N.: *Electromagnetics and Calculation of Fields; 2 Auflage.* Springer, 1997

[2] BASTOS, J.; SADOWSKI, N.: *Electromagnetic Modeling by Finite Element Methods.* Marcel Dekker, Inc., 2003

[3] BRONSTEIN, I. N.; SEMENDJAJEW, K. A.; MUSILO, G. ; MÜHLIG, H.: *Taschenbuch der Mathematik.* 5. Auflage. Verlag Harri Deutsch, 2000

[4] BURKE-HUBBARD, B.: *Wavelets. Die Mathematik der kleinen Wellen.* Birkhäuser Verlag, 1997

[5] DIN-1301-1. *Einheiten Einheitenähnliche Namen und Zeichen; Beiblatt zu Teil 1.* Beuth Verlag GmbH, 1982

[6] DIN-1301-1: *Einheiten – Teil 1: Einheitennamen, Einheitenzeichen.* Beuth Verlag GmbH, 2002

[7] DIN-1302: *Allgemeine mathematische Zeichen und Begriffe.* Beuth Verlag GmbH, 1999

[8] DIN-1303: *Vektoren, Matrizen, Tensoren – Zeichen und Begriffe.* Beuth Verlag GmbH, 1987

[9] DIN-1304-1: *Formelzeichen – Teil 1: Allgemeine Formelzeichen.* Beuth Verlag GmbH, 1994

[10] DIN-1311: *Blatt 4: Schwingungslehre. Schwingende Kontinua, Wellen.* Beuth Verlag GmbH, 1974

[11] DIN-1311-1: *Schwingungen und schwingungsfähige Systeme; Teil 1: Grundbegriffe, Einteilungen.* Beuth Verlag GmbH, 2000

[12] DIN-1311-2: *Schwingungen und schwingungsfähige Systeme; Teil 2: Lineare, zeitinvariante schwingungsfähige Systeme mit einem Freiheitsgrad.* Beuth Verlag GmbH, 2002

[13] DIN-1311-3: *Schwingungen und schwingungsfähige Systeme; Teil 3: Lineare, zeitinvariante schwingungsfähige Systeme mit endlich vielen Freiheitsgraden.* Beuth Verlag GmbH, 2000

[14] DIN-1319-1: *Grundlagen der Messtechnik; Teil 1: Grundbegriffe.* Beuth Verlag GmbH, 1995

[15] DIN-1319-2: *Grundlagen der Messtechnik; Teil 2: Begriffe für Messmittel.* Beuth Verlag GmbH, 2005

[16] DIN-1319-3: *Grundlagen der Messtechnik; Teil 3: Auswertung von Messungen einer einzelnen Messgröße, Messunsicherheit.* Beuth Verlag GmbH, 1996

[17] DIN-1319-4: *Grundlagen der Messtechnik; Teil 4: Auswertung von Messungen, Messunsicherheit.* Beuth Verlag GmbH, 1999

[18] DIN-1338: *Formelschreibweise und Formelsatz.* Beuth Verlag GmbH, 2011

[19] DIN-40110-1: *Wechselstromgrößen; Teil 1: Zweileiterstromkreise.* Beuth Verlag GmbH, 1994

[20] DIN-40110-2: *Wechselstromgrößen; Teil 2: Mehrleiter-Stromkreise.* Beuth Verlag GmbH, 2002

[21] DIN-4895: *Orthogonale Koordinatensysteme – Teil 2: Differentialoperatoren der Vektoranalysis.* Beuth Verlag GmbH, 1977

[22] DIN-4895: *Orthogonale Koordinatensysteme – Teil 1: Allgemeine Begriffe.* Beuth Verlag GmbH, 1997

[23] DIN-5483-1: *Zeitabhängige Größen – Teil 1: Benennung der Zeitabhängigkeit.* Beuth Verlag GmbH, 1983

[24] DIN-5483-2: *Zeitabhängige Größen – Teil 2: Formelzeichen.* Beuth Verlag GmbH, 1982

[25] DIN-5483-3: *Zeitabhängige Größen – Teil 3: Komplexe Darstellung sinusförmig zeitabhängiger Größen.* Beuth Verlag GmbH, 1994

[26] EOM, H. J.: *Primary Theory of Electromagnetics.* Springer Verlag, 2013

[27] EYNARD, B.: *Zufallsmatrizen – Neue universelle Gesetze.* Spektrum der Wissenschaft, Heft 10, 2018

[28] FETZER, J.; HAAS, M.; KURZ, S: *Numerische Berechnung elektromagnetischer Felder – Band 627.* Expert Verlag GmbH, 2002

[29] FEYNMAN, R.; LEIGHTON, R.; SANDS, M.: *Lectures on Physics Vol. I.* Addison-Wesley Publishing Company, 1963

[30] FEYNMAN, R.; LEIGHTON, R.; SANDS, M.: *Lectures on Physics Vol. II.* Addison-Wesley Publishing Company, 1963

[31] FLETCHER, C.A.J.: *Computational Galerkin Methods.* Springer, 1984

[32] GRAF, J. H.; GUBLER, E.: *Einleitung in die Theorie der Bessel'schen Funktionen.* Verlag Wyss, 1898

[33] GREEN, G.: *An Essay on the Application of Mathematical Analysis to the Theories of Electricity and Magnetism.* https://arxiv.org/abs/0807.0088, Letzter Zugriff am 29.12.20

[34] HARRINGTON, R. F.: *Field Computation by Moment Methods.* Macmillan, 1968

[35] HERING, E.; STEINHARDT, H.: *Taschenbuch der Mechatronik.* Fachbuchverlag Leipzig, 2005

[36] JACKSON, J. D.: *Classical Electrodynamics. 4th Ed.* John Wiley and Sons, Inc., 1998

[37] JUNG, M.; LANGER, U.: *Methode der finiten Elemente für Ingenieure; 2. Auflage.* Springer/Vieweg, 2013

[38] KIEPERT, L.: *Integral-Rechnung Band II – Theorie der gewöhnlichen Differential-Gleichungen.* Helwingsche Verlagsbuchhandlung, 1922

[39] KROTSCH, J.: *Mehrkriterielle Optimierung permanentmagneterregter Synchronmotoren in Außenläuferbauweise unter besonderer Berücksichtigung der Radial-kräfte.* Dissertationsschrift, Friedrich-Alexander-Universität, Erlangen-Nürnberg, 2016

[40] KUCHLING, H.: *Taschenbuch der Physik.* Verlag Harri Deutsch, 1991

[41] LEE, Y. H.: *Introduction to Engineering Electromagnetics.* Springer Verlag, 2013

[42] LEIGHTHILL, M. J.: *Introduction to Fourier Analysis and generalised Functions.* Cambridge, 1959

[43] LIEDL, R.; KUHNERT, K.: *Analysis in einer Variablen.* B. I. Wissenschaftsverlag München, 1992

[44] MARSDEN, J. E.; TROMBA, A. J.: *Vector Calculus.* W. H. Freeman and Company, 2000

[45] MAXWELL, J. C.: *A Treatise on Electricity and Magnetism, Volume 1.* Cambridge University Press, 2010

[46] MORISCO, D.: *Berechnung der Stromverdrängung in Mehrleiteranordnungen in der Umgebung von bewegten ferromagnetischen Körpern durch Verknüpfung von Finite Elemente Methode und Teilleitermethode.* Dissertationsschrift TU Ilmenau; Cuvillier Verlag Göttingen, 2020

[47] MUNZ, C.D.; WESTERMANN, T.: *Numerische Behandlung gewöhnlicher und partieller Differenzialgleichungen; 2. Auflage.* Springer, 2009

[48] PAPULA, L.: *Mathematik für Ingenieure und Naturwissenschaftler – Band 2.* Verlag Vieweg/Teubner, 2009

[49] PHILIPPOW, E.: *Taschenbuch Elektrotechnik, Band 1: Allgemeine Grundlagen.* VEB Verlag Technik Berlin, 1976

[50] PLONSEY, R.; COLLIN R. E.: *Principles and Applications of Electromagnetic Fields.* Mc Graw-Hill Book Company, Inc., 1961

[51] RILEY, K. F.; HOBSON, M. P.; BENCE, S. J.: *Mathematical Methods for Physics and Engineering – Third Edition.* Cambridge University Press, 2015

[52] SADIKU, M. N. O.: *Numerical Techniques in Elektromagnetics – 2nd ed.* CRC Press LLC, 2001

[53] SAWITZKI, A.: *Zur Berechnung der elektromagnetischen Felder von ausgedehnten komplexen Systemen durch Erweiterung der Momentenmethode um eine effiziente Rasterung.* Dissertationsschrift, Technische Universität Ilmenau, 2017

[54] SCHWARZENBERG-CZERNY, A.: *On Matrix Factorization and Efficient Least Squares Solution.* Astronomy and Astrophysics Supplement, v.110, p.405, 1995

[55] SÜSSE, R.: *Theoretische Grundlagen der Elektrotechnik – Band 2.* Teubner Verlag, 2006

[56] SIMONYI, K.: *Theoretische Elektrotechnik, 10. Auflage.* Barth Verlag, Leipzig, 1993

[57] WEISSTEIN, E.: *Wolfram Mathworld – The web's most extensive mathematics resource.* https://mathworld.wolfram.com, Letzter Zugriff am 15.02.21

[58] WELLER, F.: *Numerische Mathematik für Ingenieure und Naturwissenschaftler.* Verlag Vieweg, 1996

Anhang A

A.1 MATLAB-Code – Wärmediffusionsskript

```
% -----------------------------------------------------------
% Reinhold-Wuerth Hochschule Campus Kuenzelsau
% Autor: Prof. Dr.-Ing. J. Ulm
% MATLAB-Programm zur Loesung der thermischen Diffusionsgleichung
% Datum: Sommer 2021
% -----------------------------------------------------------

function pde_Diffusion
close all;
clear all;
clc;

t = [0:0.5:4]; % Linearvektor
%t = linspace(0,1.0E-3,10); % Linearvektor
x = linspace(0,0.05,20); % Linearvektor<<<
%x = linspace(0,0.05,150); % Linearvektor
m = 0;                    % Ordnungszahl Symmetrieproblem der Ebene

% Loest Randwertprobleme elliptischer und parabolischer PDEs
u = pdepe(m,@pdex1pde,@pdex1ic,@pdex1bc,x,t);
% Matrix u: Zeilen beinhalten Weginfo, beginnend bei null
%           Spalten beinhalten Zeitinfo, beginnend bei null
```

```
% Rufe Funktion auf um Werkstoffname zu erhalten

Mat_Name = 'Kupfer'; % Figure-Titel


% Position Figure
links       =   20;    % Bezugskoordinate linker Bildrand (vertikal)
unten       =   300;   % Bezugskoordinate unterer Bildrand (horizontal)
breite      =   600;   % Bildbreite augehend von 'Bezugskoordinate
linker Bildrand'
hoehe       =   350;   % Bildhoehe ausgehend von 'Bezugskoordinate
unterer Bildrand'
figure('position',[links,unten,breite,hoehe]);
surf(x,t,u,'Linewidth',1.5);
set(gca,'Fontsize',12);
view(8,12);
%Titel = strcat('Werkstoff: ', Mat_Name, ' \kappa /
\kappa_0 = ',num2str(Faktor));
Titel = strcat('Werkstoff: ', Mat_Name);
title(Titel);
xlabel('(Linker Rand)        Weg x [m]          (rechter Rand)');
ylabel('Zeit t [s]');
zlabel('\varphi_h [°C]');
%print -depsc2 -tiff Diff1.eps

links       =   700;    % Bezugskoordinate linker Bildrand (vertikal)
unten       =   300;   % Bezugskoordinate unterer Bildrand (horizontal)
breite      =   600;   % Bildbreite augehend von 'Bezugskoordinate
linker Bildrand'
hoehe       =   350;   % Bildhoehe ausgehend von 'Bezugskoordinate
unterer Bildrand'
figure('position',[links,unten,breite,hoehe]);

%plot(rot90(u,3),'Linewidth',1.2);
plot(x,rot90(u,3),'Linewidth',1.2);
```

```
Titel = strcat('Werkstoff: ', Mat_Name);
set(gca,'Fontsize',12);
xlabel('(Linker Rand)          Weg x [m]          (rechter Rand)');
ylabel('[°C]');
title(Titel);
legend('4,0 s','3,5 s','3,0 s','2,5 s','2,0 s','1,5 s',
'1,0 s','0,5 s','0,0 s')
grid on;

% Beispiele fuer Bildausgaben
%print -depsc2 -tiff Diff2.eps
%print -depsc2 -tiff Name.eps
%print -dpng Name.png
%print -dbmp Name.bmp


% ------------------------------------------------------------------
% Partielle Differenzialgleichung
% Angaben aus Kuchling; Taschenbuch der Physik
function [c,f,s] = pdex1pde(x,t,u,DuDx)
Rho    = 8933; % kg/m^3;
cth    = 383;  % J/(kg K);
Lamda = 384;   % W/(m K);
c       =  Rho * cth / Lamda;
f       =  DuDx;
s       =  0;

% ------------------------------------------------------------------
% Anfangsbedingung (initial conditions)
function u0 = pdex1ic(x)
u0 = 0;


% ------------------------------------------------------------------
% Randbedingungen
```

```
function [pl,ql,pr,qr] = pdex1bc(xl,ul,xr,ur,t)
% l = linker Rand, Anfang des Probekoerpers bei x = 0
% r = rechter Rand, Ende des Probekoerpers bei x = x_max

% Randbedingung Beispiel 1- Kupfer - Referenz COMSOL
% mit Randbedingung u0=0
% Temperatur = 100;
% pl = ul-Temperatur;
% ql = 0;
% pr = ur-0;
% qr = 0;
%print -depsc2 -tiff Diffusion_Beispiel_1.eps

% Randbedingung Beispiel 2 - Diff-Laenge gegnueber Bsp. 1 halbiert
% mit Randbedingung u0=0
Temperatur = 100.0;
pl = ul-Temperatur;
ql = 0;
pr = ur;
qr = 20;
%print -depsc2 -tiff Diffusion_Beispiel_2.eps

% Randbedingung Beispiel 3 - Diff-Laenge gegnueber Bsp. 1 halbiert
% mit Randbedingung u0=0
% Temperatur = 100;
% pl = ul-Temperatur;
% ql = 0;
% pr = 0;
% qr = ur-1 ;
%print -depsc2 -tiff Diffusion_Beispiel_3.eps

% -------------------------------------------------------------
```

A.2 MATLAB-Code – Magnetfelddiffusionsskript

```
% -------------------------------------------------------------
% Reinhold-Wuerth Hochschule Campus Kuenzelsau
% Autor: Prof. Dr.-Ing. J. Ulm
% MATLAB-Programm zur Loesung der Magnetfeld-Diffusionsgleichung
% Datum: Sommer 2021
% -------------------------------------------------------------

function pde_Diffusion
close all;
clear all;
clc;

t = [0E-4:2E-4:1.4E-3]; % Linearvektor
%t = linspace(0,1.0E-3,10); % Linearvektor
x = linspace(0,0.010,50); % Linearvektor
m = 0;                   % Ordnungszahl Symmetrieproblem der Ebene

% Loest Randwertprobleme elliptischer und parabolischer PDEs
u = pdepe(m,@pdex1pde,@pdex1ic,@pdex1bc,x,t);
% Matrix u: Zeilen beinhalten Weginfo, beginnend bei null
%           Spalten beinhalten Zeitinfo, beginnend bei null


% rufe Funktion auf um Werkstoffname zu erhalten
[my_kappa,Mat_Name] = Permeabilitaet_kappa(0.1);

% Position Figure
links       =   20;    % Bezugskoordinate linker Bildrand (vertikal)
unten       =   300;   % Bezugskoordinate unterer Bildrand (horizontal)
breite      =   600;   % Bildbreite augehend von 'Bezugskoordinate
linker Bildrand'
hoehe       =   350;   % Bildhoehe ausgehend von 'Bezugskoordinate
unterer Bildrand'
```

```
figure('position',[links,unten,breite,hoehe]);
surf(x,t,u,'Linewidth',1.5);
set(gca,'Fontsize',12);
view(8,12);
%Titel = strcat('Werkstoff: ', Mat_Name, ' \kappa /
\kappa_0 = ',num2str(Faktor));
Titel = strcat('Werkstoff: ', Mat_Name);
%title(Titel);
xlabel('(Linker Rand)        Weg x [m]         (rechter Rand)');
ylabel('Zeit t [s]');
zlabel('B [T]');
%print -depsc2 -tiff Diff_B_Galerkin_01.eps


links       =   700;    % Bezugskoordinate linker Bildrand (vertikal)
unten       =   300;   % Bezugskoordinate unterer Bildrand (horizontal)
breite      =   600;   % Bildbreite augehend von 'Bezugskoordinate
linker Bildrand'
hoehe       =   350;   % Bildhoehe ausgehend von 'Bezugskoordinate
unterer Bildrand'
figure('position',[links,unten,breite,hoehe]);
%plot(rot90(u,3),'Linewidth',1.2);
plot(x,rot90(u,3),'Linewidth',1.2);
Titel = strcat('Werkstoff: ', Mat_Name);
set(gca,'Fontsize',12);
xlabel('(Linker Rand)        Weg x [m]         (rechter Rand)');
ylabel('B [T]');
legend('1,4 ms', '1,2 ms', '1,0 ms', '0,8 ms', '0,6 ms',
'0,4 ms', '0,2 ms', '0,0 ms');
%title(Titel);
grid on;

% Beispiele fuer Bildausgaben
%print -depsc2 -tiff Diff_B_Galerkin_02.eps
%print -depsc2 -tiff Diff_B_Galerkin_02.eps
```

```
%print -depsc2 -tiff Name.eps
%print -dpng Name.png
%print -dbmp Name.bmp


% --------------------------------------------------------------
% Partielle Differenzialgleichung
function [c,f,s] = pdex1pde(x,t,u,DuDx)
[my_kappa,Mat_Name] = Permeabilitaet_kappa(u);
c       =  my_kappa;
f       =  DuDx;
s       =  0;

% --------------------------------------------------------------
% Anfangsbedingung (initial conditions)
function u0 = pdex1ic(x)
u0 = 0;


% --------------------------------------------------------------
% Randbedingungen
function [pl,ql,pr,qr] = pdex1bc(xl,ul,xr,ur,t)
% l = linker Rand, Anfang des Probekoerpers bei x = 0
% r = rechter Rand, Ende des Probekoerpers bei x = x_max

% Randbedingung Beispiel 1- Kupfer - Referenz COMSOL
% mit Randbedingung u0=0
% Tesla = 1.0;
% pl = ul-Tesla;
% ql = 0;
% pr = ur-0.2;
% qr = 0;
%print -depsc2 -tiff Diffusion_Beispiel_1.eps

% Randbedingung Beispiel 2 - Diff-Laenge gegnueber Bsp. 1 halbiert
```

```
% mit Randbedingung u0=0
Tesla = 1.0;
pl = ul-Tesla;
ql = 0;
pr = ur;
qr = 1;
%print -depsc2 -tiff Diffusion_Beispiel_2.eps

% Randbedingung Beispiel 3 - Diff-Laenge gegnueber Bsp. 1 halbiert
% mit Randbedingung u0=0
% Tesla = 1.0;
% pl = ul-Tesla;
% ql = 0;
% pr = 0;
% qr = ur-1 ;
%print -depsc2 -tiff Diffusion_Beispiel_3.eps

% --------------------------------------------------------------

% --------------------------------------------------------------
function [my_kappa,Mat_Name] = Permeabilitaet_kappa(B)
% --------------------------------------------------------------
% zur Verfuegung stehende Werkstoffe

Werkstoff_M = 2; % waehle Werkstoff aus (1 ... 5)
perm        = 3; % 1 = differenzeille Permeab.;
                 % 2 = Permeabilitaet
                 % 3 = Permeabilitaet des Vakuums
if Werkstoff_M == 1 % Vacoflux 50
    Mat_Name= ['Vacoflux50'];
    H_mat   = [0 13 20 22 26 30 34 39 45 52 60 69 79 91 104 138 242
    447 782 2393 5514 15000 50000 ];
    B_mat   = [0 0.04 0.1 0.16 0.26 0.43 0.65 0.86 1.09 1.28 1.42
     1.51 1.59 1.65 1.71 1.81 1.95 2.07 2.15 2.25 2.28 2.30 2.40];
```

```
    kappa    = 2.5.*10.^6;
elseif Werkstoff_M == 2 % Kupfer
    Mat_Name= ['Kupfer'];
    H_mat    = [0 10          25000      50000];
    B_mat    = [0 1.2566E-5   0.0314159  0.062831853];
    kappa    = 56.2.*10.^6;
elseif Werkstoff_M == 3
    Mat_Name= ['9SMn28K'];
    H_mat    = [ 0 396 793 1031 1190 1587 3174 5952 9920
    19841 30158 50000];
    B_mat    = [ 0 0.6 0.97 1.15 1.24 1.39 1.53 1.63 1.7 1.75 1.77 1.8 ];
    kappa    = 4.5.*10.^6; % Leitfaehigkeit geschaetzt
elseif Werkstoff_M == 4
    Mat_Name= ['11SMn 30'];
    H_mat    = [0 1250  2500 5000 10000 15000 20000 25000 30000 35000
         40000 45000 50000 ];
    B_mat    = [0 0.95 1.29 1.65 1.81 1.89 1.95 2 2.02 2.04 2.05
    2.07 2.09];
    kappa    = 4.55.*10.^6;
elseif Werkstoff_M == 5
    Mat_Name= ['100Cr6'];
    H_mat    = [0 100 300 500 1250 2500 5000 10000 15000 20000 25000
     30000 35000 40000 45000 50000];
    B_mat    = [0 0.01 0.10 0.21 0.63 1.17 1.37 1.47 1.54 1.58 1.60 1.63
    1.65 1.66 1.67 1.69];
    kappa    = 4.65.*10.^6;
else
    error('Waehle Werkstoff aus!!!')
end

my_0    =    4*pi*10^-7;

if perm == 1
    % Differenzielle Permeabilitaet
    dB  =    diff(B_mat);
```

```
    dH  =   diff(H_mat);
    my_mat          =   zeros(size(H_mat));
    my_mat(1:end-1) =   dB./dH;
    my_kappa        =   interp1(B_mat,my_mat,B,'pchip') .* kappa;

elseif perm == 2
    % Permeabilitaet
    my_mat      =   B_mat./(H_mat+eps);
    my_mat(1)   =   my_mat(2); % unterdruecke NAN-Ausgabe
    my_kappa    =   interp1(B_mat,my_mat,B,'pchip') .* kappa;

elseif perm == 3
    % Permeabilitaet des Vakuums
    my_kappa    = kappa.*my_0;
else
   error('Waehle Permeabilitaet aus!!!')
end

% ---------------------------------------------------------------
```

A.3 Toolvergleich – MATLAB vs. COMSOL

Gegenübergestellt werden die beiden Simulationsergebnisse eines eindimensionalen Felddiffusionsvorgangs in einem unendlich langen Kupferkörper mit einer spezifischen elektrischen Leitfähigkeit $\kappa = 56\ 10^6\ 1/(\Omega m)$ und konstanter Permeabilität μ_0. Als Randbedingung wurde einseitig die Flussdichte von 1 T vorgegeben. In der Abb. A.1 ist das mit der MATLAB PDE-Toolbox und in Abb. A.2 das mit COMSOL Multiphysics erzielte Ergebnis ersichtlich. In beiden Ergebnisdarstellungen wurde die Zeit t als Scharparameter gewählt. Die Ergebnisse beider Tools stimmen sehr gut überein. Der MATLAB-Code kann dem Anhang A.2 entnommen werden.

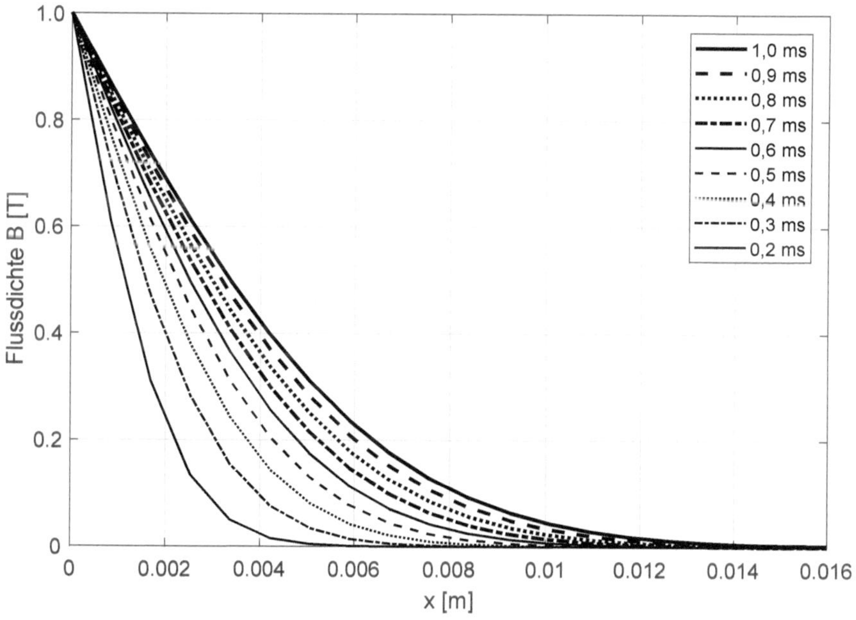

Abbildung A.1: MATLAB-PDE-Toolbox-Simulationsergebnis

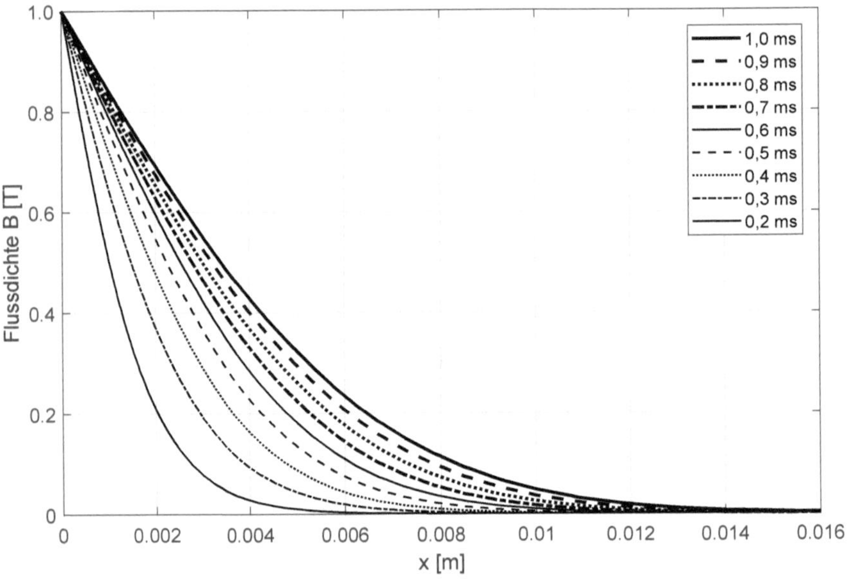

Abbildung A.2: COMSOL Multiphysics-Simulationsergebnis

Anhang B

Campus Künzelsau – Inside

Der Campus Künzelsau zeichnet sich durch seine Studiengänge Elektrotechnik, Automatisierungstechnik & Elektromaschinenbau aus. In den Bachelorstudiengängen liest der Autor die Module „*Elektrische Maschinen*“ und „*Konstruktion Antriebssysteme*“ und im Masterstudiengang Elektrotechnik, in dessen Schwerpunkt Elektromagnetische Systeme (EMS) die Module „*Theorie der clcktromagnetischen Felder*“ und die „*Elektromagneto-mechanischen Energiewandler*“.

Abbildung B.1: Neues Forschungsgebäude am Campus Künzelsau (Foto: Wilhelm Feucht)

Seine Forschungsschwerpunkte umfassen

- Elektromagnetische Energiewandler,

- Magnetische Sensortechnik,
- Magnetische Werkstoffprüfung,
- Analytische und numerische Berechnungsmethoden/Simulationstechniken.

Das *Institut für schnelle mechatronische Systeme (ISM)*, aus welchem zahlreiche Patente, Veröffentlichungen und Preise in der Zusammenarbeit mit der regionalen Industrie hervorgingen, wurde 2010 gegründet. Im Rahmen des Campusausbaus 2019 wurde ein Forschungsgebäude, das Gebäude im Vordergrund von Abb. B.1 errichtet und ebenfalls 2019 zudem das *Institut für Digitalisierung und elektrische Antriebe (IDA)* gegründet, welches 2020 seine Arbeit im Erdgeschoss (400 m^2) aufnahm. Für den Aufbau und die Leitung wurde Prof. Dr.-Ing. Jürgen Ulm als geschäftsführender Direktor bestellt. Ihm zur Seite steht Prof. Dr.-Ing. Ingo Kühne als stellvertretender Institutsdirektor und Institutsassistentin Fr. Dr. Anna Konyev. Im Jahr 2020 erhielt Prof. Ulm zudem eine Forschungsprofessur für Elektromagnetische Systeme. Die inhaltliche Grundausrichtung von IDA liegt in der angewandten Forschung im Themenfeld Digitalisierung elektromagnetischer Antriebe, Sensorik und Messtechnik:

- IDA unterstützt regionale Firmen, indem es insbesondere KMUs einen Zugang zur Forschung und Entwicklung in Verbindung mit der Hochschule ermöglicht,
- IDA deckt Engpässe in der Forschung und Entwicklung (F&E) in Unternehmen ab, indem diese F&E-Aufgaben an IDA auslagern,
- IDA unterstützt bei der Verwirklichung eigener Ideen und verhilft zu innovativen Produkten.

Weitere Infos bezüglich beider Institute können jeweils der Homepage

- https://www.hs-heilbronn.de/ida,
- https://www.hs-heilbronn.de/ism

entnommen werden.

Mein herzlicher Dank gilt an dieser Stelle meinem Team beider Institute für die Bereitstellung der Bilder und die Unterstützung bei der Erstellung dieses Buches!
Herzliche Grüße
Jürgen Ulm

Index

Alle Abbildungen und Tabellen wurden vom Autor selbst erstellt.